“绿水青山海报”效果图

“乡村振兴宣传海报”效果图

季节变化效果图

人物照片修饰效果图

“保护野生动物”宣传展板效果图

“体育杂志封面”效果图

“全民健身宣传展板”效果图

“风景明信片”效果图

初夏时光效果图

唐诗鉴赏效果图

运动会集锦效果图

四季变换效果图

动物乐园效果图

文字和海鸥飞翔逐帧动画效果图

“水滴滴落”动画效果图

“海纳百川”变形文字动画效果图

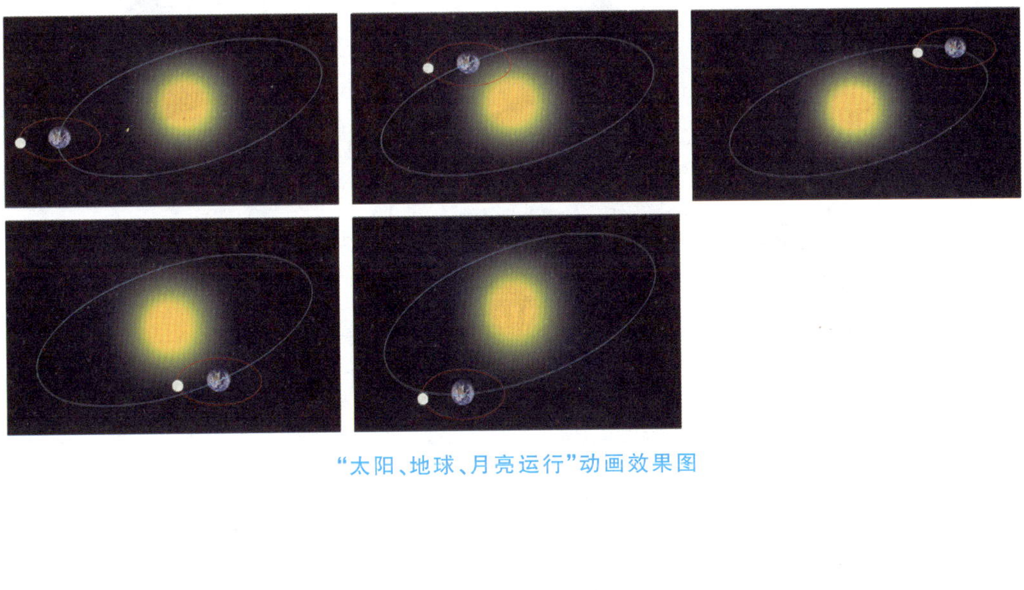

“太阳、地球、月亮运行”动画效果图

"古韵茶香"动画效果图

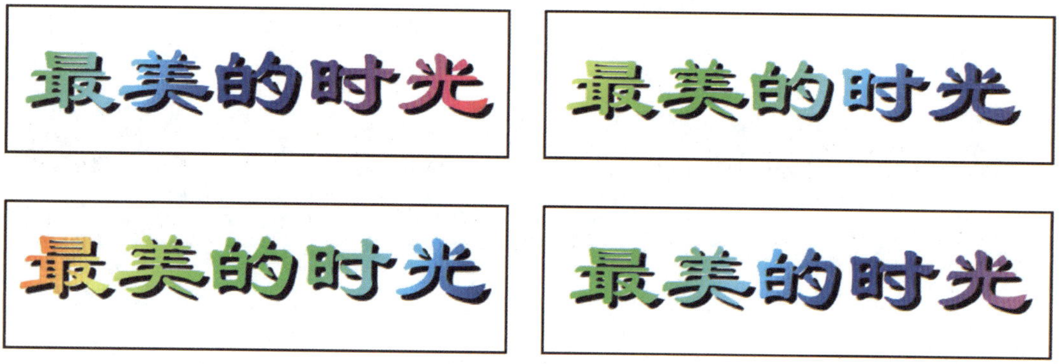

"遮罩文字"动画效果图

"折扇展开"动画效果图

多媒体技术与应用

张栩之 朱小英 卜令珍 主编

宫云凤 张雪 孙海涛 于海玲 孙立新 副主编

清华大学出版社

北京

内容简介

本书共分为5章，分别介绍了多媒体技术概述、图形图像处理技术、音频信息采集与处理、音视频编辑与处理技术和动画编辑与处理技术，简述了多媒体技术的基础知识，重点介绍了Adobe Photoshop 2022、Adobe Audition 2022、Adobe Premiere Pro 2022、Adobe Animate 2022四个软件的应用以及多媒体制作的方法和技巧。

本书结构合理、思路清晰、语言简洁流畅、实例丰富。采用成果导向教育教学理念，每个实例均以成果为目标导向，以实例引领的形式，通过制作完整的案例，将多媒体常用软件功能与实际应用相结合，强调其实际应用。本书结构由实例讲解、知识点讲解和综合实例组成，意在培养读者独立完成多媒体作品的设计与开发能力。

本书面向多媒体技术初学者，既可作为高等院校多媒体技术、多媒体技术与应用课程的教材，也可作为多媒体技术培训班的培训教材，还可作为广大多媒体开发爱好者的参考书。

图书在版编目(CIP)数据

多媒体技术与应用/张栩之，朱小英，卜令珍主编. —北京：清华大学出版社，2024.3
ISBN 978-7-302-65407-0

Ⅰ. ①多… Ⅱ. ①张… ②朱… ③卜… Ⅲ. ①多媒体技术—高等学校—教材 Ⅳ. ①TP37

中国国家版本馆CIP数据核字(2024)第043288号

责任编辑：聂军来
封面设计：刘　键
责任校对：袁　芳
责任印制：刘　菲

出版发行：清华大学出版社
网　　址：https://www.tup.com.cn，https://www.wqxuetang.com
地　　址：北京清华大学学研大厦A座　　**邮　　编**：100084
社 总 机：010-83470000　　**邮　　购**：010-62786544
投稿与读者服务：010-62776969，c-service@tup.tsinghua.edu.cn
质量反馈：010-62772015，zhiliang@tup.tsinghua.edu.cn
课件下载：https://www.tup.com.cn，010-83470410
印 装 者：三河市龙大印装有限公司
经　　销：全国新华书店
开　　本：185mm×260mm　　**印　　张**：14.5　　**插　　页**：3　　**字　　数**：341千字
版　　次：2024年5月第1版　　**印　　次**：2024年5月第1次印刷
定　　价：56.00元

产品编号：104643-01

前言

随着计算机软硬件技术和信息技术的迅猛发展，多媒体信息逐渐成为网络信息的主流，多媒体应用几乎渗透到社会生活的各个领域。多媒体技术不再是计算机专业人员才需要学习、才能够学懂的技术，而是成为现代社会普及性极高的实用技术。借助多媒体技术，人们的学习、工作形式不再单一，越来越多样化，休闲、娱乐方式更加丰富多彩。

多媒体技术具有很强的实用性和交互性，它融合了文字、图形、图像、音频、视频、动画等多种媒体形式，具有综合处理多种媒体信息的能力。远程教育、视频会议、游戏、娱乐的应用和发展都离不开多媒体技术的支撑。可以说，多媒体技术为信息技术的发展开辟了新的领域，使得人们的学习、工作乃至生活方式都发生了变革。

党的二十大报告提出："要坚持教育优先发展、科技自立自强、人才引领驱动，加快建设教育强国、科技强国、人才强国，坚持为党育人、为国育才，全面提高人才自主培养质量，着力造就拔尖创新人才，聚天下英才而用之。"本书以党的二十大精神为指导，根据课程标准和初学者的认知规律，从实际应用的角度出发，主要介绍了多媒体技术基本理论，并由浅入深地介绍了多媒体常用软件的使用方法和技巧；采用 OBE(outcome-based education，成果导向教育)教学理念，每个实例均以成果为目标导向；以学生为本，采用逆向思维方式编写教材。通过讲解实例的制作过程，将软件功能和实际应用相结合，培养读者运用多媒体软件设计和制作多媒体作品的能力，并将其运用在具体的生活、工作及学习中。

本书共 5 章，第 1 章为多媒体技术概述，介绍了多媒体基础概念、关键技术和常用多媒体软件及应用领域；第 2 章为图形图像处理技术；第 3 章为音频信息采集与处理；第 4 章为音视频编辑与处理技术；第 5 章为动画编辑与处理技术。通过对典型案例的分析及制作过程的讲解，帮助读者从实际情况出发，培养设计和制作多媒体作品的能力。

本书教学以实践操作为主，采用一体化教学方式，让学生边学边练，建议教学学时为 64 课时或上机学时不少于 48 课时。具体教学学时安排如下表所示。

学时安排

章节	教学内容	学时
1	多媒体技术概述	6
2	图形图像处理技术	16
3	音频信息采集与处理	10

续表

章节	教学内容	学时
4	音视频编辑与处理技术	14
5	动画编辑与处理技术	14
机动		4
合计		64

为提高学习效率和教学效果，随书提供的实例配套素材文件包括所有图片、视频、声音、动画文件均可供读者免费下载。本书为新形态教材，为重难点设置了二维码，读者可通过移动设备扫描二维码，随时随地获得视频讲解。

本书由烟台南山学院张栩之、朱小英、卜令珍担任主编，烟台幼儿师范高等专科学校宫云凤、鞍山师范学院张雪、绥化学院孙海涛、绥化学院于海玲、烟台南山学院孙立新担任副主编。在本书的编写过程中，得到了烟台南山学院、南山铝业股份有限公司东海热电厂领导的大力支持，几所院校的师生为本书提供了大量素材支持，在此表示诚挚的感谢。

Adobe 的一系列软件一般每次发布新版后会不断地更新完善，直至再次发布新版本。每次更新略有不同，如 2023 年 8 月再次更新的 Adobe 2023 版，与 Adobe 2022 版相比，新版本增加了 AI 科技，使得编辑更加便捷，但实际应用差别不大。为保证教材编写整体稳定、流畅，我们选择了经过长时间测试的 Adobe 2022 版系列软件，若有读者需要学习了解 Adobe 2023 版，只需针对更新功能单独学习即可。

由于多媒体应用软件更新频繁，加之编者水平有限，如有遗漏或不足之处，恳请各位专家和读者批评、指正。欢迎大家对书中的内容提出宝贵意见，以便我们及时改正。

编　者

2023 年 12 月

目录

第1章

多媒体技术概述

本章主要阐述多媒体的相关概念、多媒体软件技术、多媒体系统的构成、常用的多媒体软件、多媒体技术的应用领域。在信息技术飞速发展的今天,各个领域都可以看到多媒体技术的应用,多媒体技术给我们的学习、生活和工作带来了翻天覆地的变化,成了我们学习、生活和工作中不可或缺的一部分。

课程思政

党的二十大报告指出:“推进教育数字化,建设全民终身学习的学习型社会、学习型大国。”引导学生多了解多媒体技术,学会将所学理论与实践相结合,并学以致用。同时扩展学生思维,培养其非线性的思维,使课程学习不再枯燥。

1.1　多媒体概念及其主要特性

学习目标及要求

(1) 理解媒体、多媒体的概念。

(2) 了解多媒体主要特征。

育人目标

(1) 培养学生用联系和发展的眼光看问题的能力。

(2) 培养学生的创新意识及逻辑思维能力。

1.1.1　媒体

媒体是指信息传递、存储、转换、交流的载体。例如,书本、报纸、广播、磁盘、电视、计算机、光盘、磁带等相关设备皆属媒体，如图 1-1 所示。计算机领域的媒体主要包含两种特定含义：一是信息存储与传输的实体，如磁盘、光盘、网络等；二是信息的表现形式，如文本、图形、图像、音频、视频、动画等。

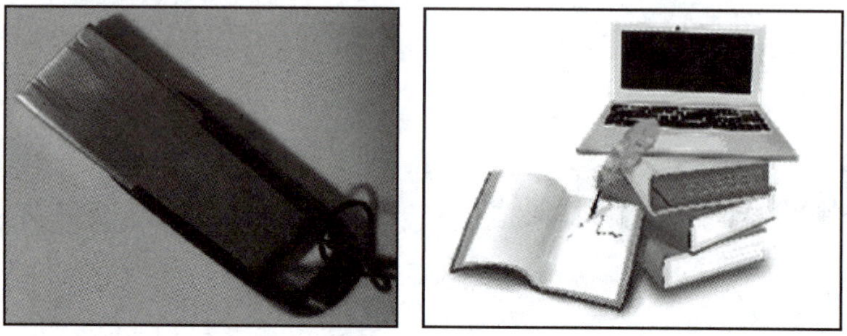

图 1-1　媒体

1.1.2　多媒体

多媒体一词源自英文 multimedia，是一个复合词，由 multiple(多)和 media(媒体)复合而成。multiple 有多样的、多重的意思，media 则指媒介、媒体，两者组合在一起就是多种媒体、多重媒体之意。换言之，多媒体是指融合了两种或两种以上的媒体。

1.1.3　多媒体的主要特性

(1) 多样性：多媒体使计算机中信息表达形式不再局限于文字，而是采用了多种信息形式，如图形、图像、音频、视频等，使我们的表达方式更加丰富、自由。

(2) 集成性：多媒体的集成性表现在内容元素的集成和设备的集成。从内容元素上看，多媒体的内容是由文字、图像、图形、音频、视频、动画等多种媒体元素集成而来的；从设备上看，需要多种处理媒体的设备集成处理。

(3) 交互性：交互性指一种更加有效地控制和使用信息的手段，能增加对信息的注意和理解、延长信息的保存时间、使人们获取信息和使用信息的方式从被动变为主动。

(4) 动态性：用户可以按照自己的目的和认知对信息内容进行重新组织，增加、删除或修改节点，建立新的链接。

(5) 实时性：多媒体中涉及的一些媒体元素，会随着时间的变化而变化。例如，音频和视频信息都具有很强的时间特性。

1.2　多媒体关键技术

学习目标及要求

(1) 了解多媒体关键技术。

(2) 了解各关键技术原理及应用方向。

育人目标

(1) 培养学生的发散思维能力。

(2) 培养学生勤于思考、善于观察的能力。

多媒体技术是信息化社会发展到一定阶段的产物,网络环境的改善及传输带宽的增加皆为多媒体技术发展带来了契机。多媒体技术(multimedia technology)是指利用计算机对文本、图像、图形、动画、音频、视频等多种媒体进行数字化加工处理,使用户可以与之实时信息交互的技术。

1.2.1 数据压缩技术

多媒体技术正朝着高分辨率和高速度化的方向发展。多媒体中包含的大量图片、音频、视频等元素占用内存空间过大,对数据的传输、处理速度存在一定的影响,往往需要压缩之后才能达到一个可以保存或便于传输的大小。因此,数据压缩技术是多媒体的关键技术之一。针对多媒体信息数据占用空间大的现象,可以利用有损压缩和无损压缩两种方法对多媒体数据进行压缩。

1.2.2 数据存储技术

多媒体信息的保存既与数据压缩技术有关,又与数据存储技术相关。数据的存储介质从打孔纸卡、磁带、磁盘、光盘、磁光盘、移动硬盘、存储卡、U 盘等一路发展而来。近年来,随着多媒体技术和计算机网络的发展,存储介质也逐渐从硬盘、U 盘存储转向云存储。云存储是一种更加便捷、高效的数据访问和存储方式,具有更好的数据安全性能和更高效的文件备份方法。

1.2.3 多媒体信息检索技术

多媒体信息检索是根据用户的要求,对图形、图像、文本、声音、动画等多媒体信息进行检索,以得到用户所需的信息。多媒体信息检索有广阔的应用前景,例如被广泛用于电视会议、远程教学、远程医疗、电子图书馆、艺术收藏和博物馆管理、地理信息系统、遥感和地球资源管理、计算机协同工作等方面。

1.2.4 超文本/超媒体技术

超媒体是超文本的延伸,是超文本发展到一定阶段的产物。超媒体技术主要用于媒体元素之间的互连或交叉引用,是一种采用非线性网状结构,能对文本、图像、音频、视频、动画等多媒体信息进行组织和管理的技术。

1.2.5 流媒体技术

流媒体是指采用流式传输技术在网络上连续实时播放的媒体,如音频、视频或多媒体文件。流媒体技术也称流式媒体技术。所谓流媒体技术就是把连续的影像和声音信息经过压缩处理后放到流媒体服务器上,由流媒体服务器向用户计算机顺序或实时地传送各个压缩文件，让用户一边下载一边观看、收听，而不必等整个压缩文件下载到自己的计算机上才可以观看的网络传输技术。目前主要采用点播和广播两种基本传输形式。点播是指客户端与服务器主动连接，广播是指用户被动接收数据流。其具体工作原理就是先在用户使用端的计算机上创建一个缓冲区，在播放前预先下载小段数据作为缓冲，在网络实际连线速度小于播放所耗的速度时，播放程序会取用小段缓冲区内的数据，以此避免播放中断，也使播放品质得以保证。

1.2.6 虚拟现实、增强现实和混合现实技术

虚拟现实技术通过综合应用计算机图像、模拟与仿真、传感器、显示系统等技术和设备，以模拟仿真的方式，给用户提供一个真实反映操纵对象变化与相互作用的三维图像环境所构成的虚拟世界，并通过特殊设备(如头盔和数据手套)，提供给用户一个与该虚拟世界相互作用的三维交互式用户界面。用户在虚拟环境中进行体验和交互，从而产生身临其境的体验感，如图 1-2 所示。

图 1-2 虚拟现实使用实例

虚拟现实技术自发展以来得到了广泛的应用，近年来被广泛应用在城市规划、室内设计、文物保护、交通模拟、虚拟现实游戏、工业设计、远程教育等领域。

增强现实技术是一种新兴技术，它将真实世界的信息和虚拟世界的信息结合在一起。通过实时地计算摄影机影像的位置及角度，再加上相应的图像技术，把虚拟世界融入现实世界，以便用户交互操作。

混合现实技术是一种介于虚拟现实技术和增强现实技术之间的一种技术组合，也是虚拟现实技术和增强现实技术发展到新阶段的产物。

1.3 多媒体系统

学习目标及要求

(1) 掌握多媒体系统的构成。
(2) 了解常用的多媒体软件。

育人目标

(1) 培养学生的数字理念，助其打造智慧学习生活空间。

(2) 培养学生善用多媒体等新技术提高学习效率的意识。

1.3.1 多媒体系统的构成

多媒体系统主要由多媒体硬件系统和多媒体软件系统构成，本书在后续章节将陆续为读者介绍多媒体软件系统里常用的多媒体开发工具和多媒体应用软件的使用，多媒体系统的构成如图 1-3 所示。

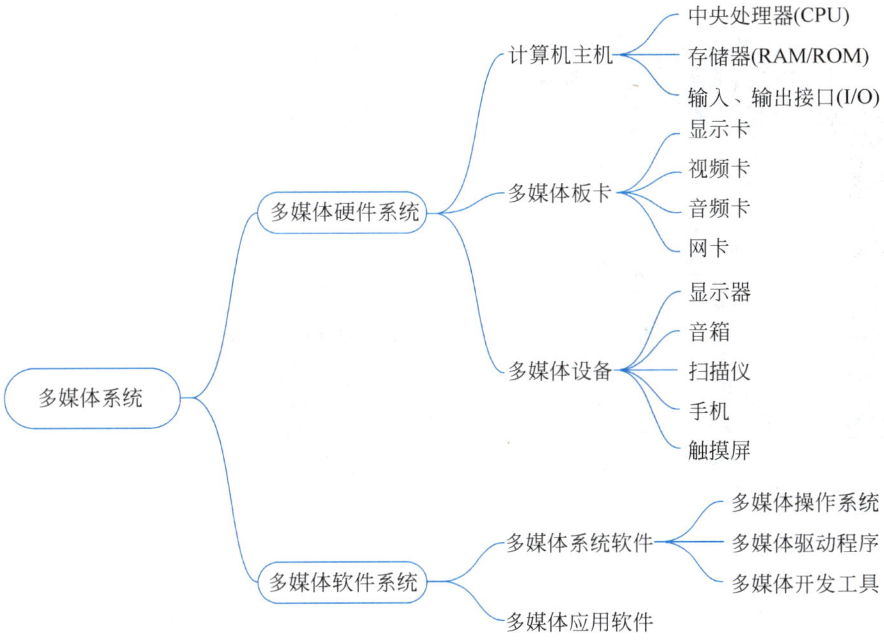

图 1-3 多媒体系统的构成

1.3.2 常用的多媒体软件

1. 文件格式转换软件

目前市面上有很多格式转换工具，可以实现文本、图片、音频、视频、动画各种格式的转换。例如格式工厂(Format Factory)、迅捷图片/视频转换器、万能格式转换器等，利用格式工厂可以完成文本、图片、音频、视频、动画等几乎所有格式之间的转换，不仅可以将图像文件转换为 JPG、PNG、BMP、GIF、TIF 等格式，还可以将音频文件转换为 MP3、WMA、FLAC、M4A、WAV 等格式，将视频文件转换为 MP4、MKV、WMV、AVI 等格式。

2. 图片浏览和处理软件

1) 图片浏览软件

图片浏览软件是一种可帮助用户在计算机端查看、修改和共享图片的软件。例如

ACDSee、2345 看图王、美图看看、Honey View、光影看图、幻灯片等。这类软件大多支持多种图片格式，且应用方便，自带的放大镜功能可以清晰展现图片细节，允许用户对图片进行尺寸调整、色彩增强、添加文字和水印等。尤其是幻灯片，它支持 60 多种过渡特技，还包括全屏幕浏览、拖拉放大、旋转、阴影等其他特性。

2）图文排版软件

（1）秀米是一款无须下载安装就可以图文排版的网页应用。在秀米首页单击“新建一个图文”超链接，打开“图文排版”页面。其页面主要包含素材区、编辑区和功能按钮，操作方法简单便捷，如图 1-4 所示。

图 1-4　秀米图文排版界面

（2）吾道幻灯片公众号里提供了几种图文排版方法可供用户自行设计排版。例如整图铺满但图片内容留白放文字，如图 1-5 所示；利用蒙版来进行图文排版，如图 1-6 所示；利用规则或不规则色块进行图文排版，如图 1-7 所示。

图 1-5　铺满留白添加文字

图 1-6　蒙版图文排版

图 1-7　色块图文排版

3）图片处理软件

常用的图片处理软件包括 Adobe Photoshop、Adobe Illustrator、CorelDRAW、Inpaint、美图秀秀及醒图等。

（1）Adobe Photoshop 简称 PS，是一款集图形图像处理、媒体设计于一体，功能强大的专业图像处理软件，被广泛应用于平面设计、广告摄影、UI 设计、游戏设计、室内设计等领域。Adobe Photoshop 工作界面如图 1-8 所示。

图 1-8　Adobe Photoshop 工作界面

（2）Inpaint 是一款可以从图片上去除不必要的物体，让用户轻松摆脱照片上的水印、划痕、污渍、标志等瑕疵的实用型软件。多余的线、人物、文字等不需要在图片中出现的内容，在被选定后，Inpaint 会自动擦除。此外，Inpaint 还会根据附近图片区域重建已擦除的区域，使其处理过的图片看上去没有痕迹，完美无瑕，Inpaint 工作界面如图 1-9 所示。

3. 音频录制剪辑软件

常用的音频处理软件包括 GoldWave、Audition、SonyVegas 等，可以实现声音的编辑、播放、录制和转换。Adobe Audition（AU）是 Adobe 系统公司旗下的一款专业化音频剪辑软件，可以跟 Adobe Premiere Pro 和 After Effects 等主流视频剪辑软件无缝衔接，

图 1-9 Inpaint 工作界面

它支持多种音频特效和格式，并且拥有强大的音频编辑和混合功能，因此被广泛应用于电影业和广告业的音频制作。Adobe Audition 工作界面如图 1-10 所示。

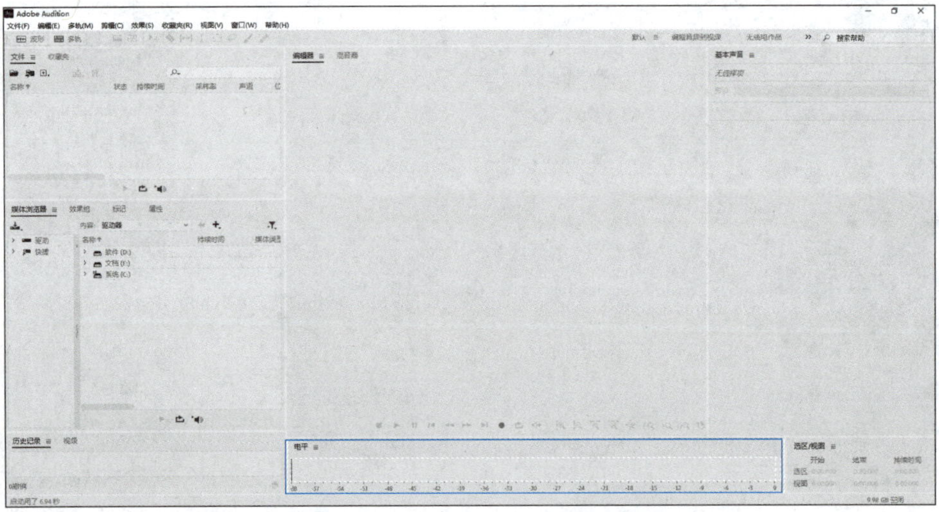

图 1-10 Adobe Audition 工作界面

4. 视频剪辑软件

随着移动设备的发展和多媒体软件的开发，常用软件都开发出 PC 端和移动端，视频剪辑类软件也是如此，移动端常用的视频剪辑工具有剪影 App、快影 App 和快剪辑 App 等。PC 端目前常用的视频剪辑软件有 Adobe Premiere、会声会影、剪映和 Adobe After Effects 等，每款软件都有其各自的特色，如剪映容易上手，适合新手；Adobe After Effects 简称 AE，除视频剪辑外更注重特效的制作，常和 Adobe Premiere 搭配使用，可用于图像设计、视频编辑与网页开发，是一款兼容性较好、高效、易学且精确的视频剪辑软件，深受视频编辑业余爱好者和专业人士的青睐。Adobe Premiere 工作界面如图 1-11 所示。

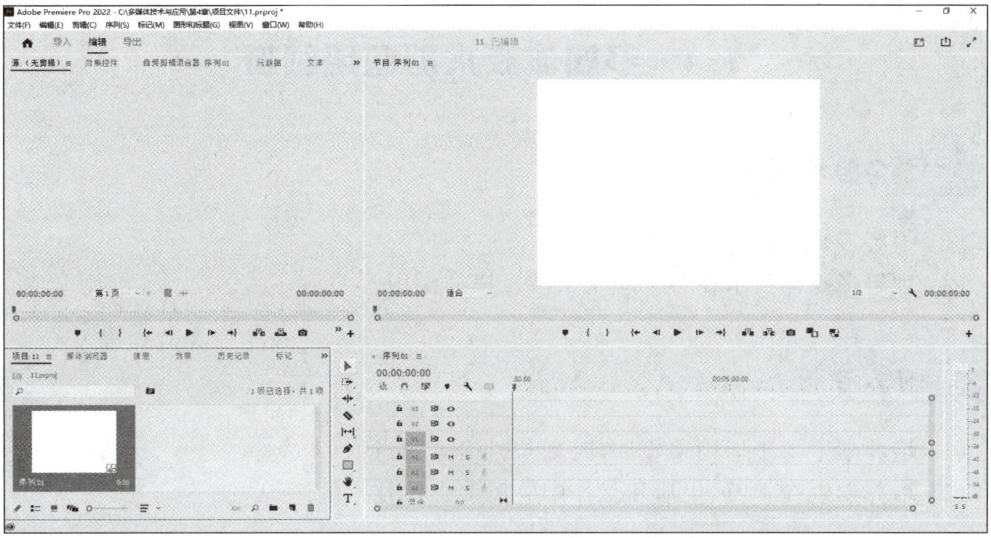

图 1-11　Adobe Premiere 工作界面

5. 动画编辑处理软件

动画一般分为三维动画和二维动画，三维动画的编辑处理常用软件有 3D Studio Max 和 Autodesk Maya，二维动画的编辑处理常用软件有 Adobe Animate 和 Anime Studio Pro。3D Studio Max 常简称 3d Max 或 3ds Max，是现在比较流行的一款三维动画制作软件，其制作流程简洁高效，可以用来渲染动画场景。Adobe Animate 是由 Flash 更名的一款专业动画制作软件，主要用于二维动画和交互式动画的制作。它支持大多数动画格式，软件功能强大、易学、易用，被广泛应用于二维动画制作领域。Adobe Animate 工作界面如图 1-12 所示。

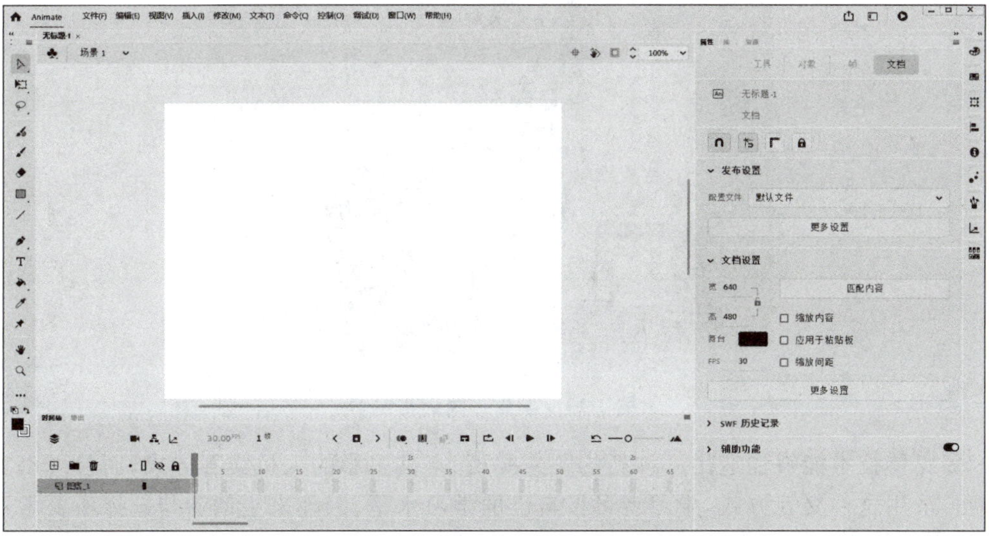

图 1-12　Adobe Animate 界面

1.4 多媒体技术的应用领域

学习目标及要求

（1）了解多媒体技术的应用领域。

（2）理解多媒体技术在各个应用领域发挥的作用。

育人目标

（1）培养学生善于运用多媒体，时刻与时俱进的意识。

（2）培养学生在学习、生活和工作中应用多媒体技术的意识。

随着信息技术的发展，多媒体技术在各行各业的应用都发生了翻天覆地的变化。多媒体的表现形式也从单一化走向集成化和多元化。多媒体搭建了信息传递的桥梁，为人们的信息交流提供了便捷，也让人们的日常生活变得更舒适、丰富多彩，目前多媒体技术已在我国很多领域得到应用。

1.4.1 教育领域

多媒体技术的应用改变了传统的教学模式，使教材构成和学习方式发生了重要变化。多媒体技术可用声像图文并茂的电子教材取代部分纸质教材，以更直观鲜活的方式向学生展示丰富的知识，改变了以往固化的阅读和学习方式，更好地实现因材施教，寓教于乐。学生在线远程学习如图1-13所示。

图1-13 学生在线远程学习

多媒体技术能够创造出一种新的图文并茂、丰富多彩的人机交互方式，而且可以实时反馈。采用这种交互方式，学习者可按自己的学习水平、兴趣来主动参与选择所要学习的内容。此外，基于互联网的远程教学，使身处异地的学生、教师和科研人员突破时空的限制，及时地交流信息、共享资源。目前已经开发出用于多媒体交互式教学的综合计算机网络系统，这是一种必然的趋势。多媒体远程教学相当于创建了一个虚拟教室，能提供实时的交互功能，提供的电子白板之类的多媒体教学工具更利于教师和学生的双向交流。可以预见，今后多媒体技术将更多地应用于现代教学实践，多媒体技术的发展也将推动整体教育的发展。

1.4.2 信息管理领域

多媒体信息管理是多媒体技术与数据库技术相结合，用计算机管理数据、文字、图形、静态图像、声音资料及视频资料等。利用多媒体技术，把文件、图纸、照片、录音、录像等，通过扫描仪、录音机和录像机等设备输入存储设备中，在数据库技术支持下，通过计算机进行播放和显示等，实现资料的查询。

1.4.3 商业广告领域

多媒体系统声像图文并茂，对宣传广告效果有特殊的优势。目前多媒体技术与一些大型商场、车站、机场、酒店等多媒体广告系统及液晶显示屏、电视墙等显示设备相结合，可以完成商品展示、宣传等广告功能，这种广告具有丰富多彩、生动细致的特点，能给人一种震撼的视觉冲击，如图 1-14 所示。

图 1-14 多媒体商业应用

1.4.4 通信领域

目前，多媒体技术在通信中的应用比较广泛。通信主要是将人们的情感、信息、诉求传递给其他人或是传达到其他地方，古时候就有飞鸽传书、家书抵万金之说，在多媒体技术发展初期，用电报进行即时通信，按字收费。在多媒体技术和通信技术不断发展的今天，通信设备和通信方式也多种多样，从语音通信到实时视频通信，我国通信技术的不断改革和创新，已经基本满足了人们日常的需求。多媒体技术将文字、图片、音频等多种技术相结合，将成果展现在人们面前，给人们更好的技术体验。因为学业、工作原因远在异乡的游子可以通过 QQ、微信等社交软件和家人视频，聊解思乡之苦。此外，还可以通过腾讯会议、钉钉等软件实现跨地区会议或开展教学活动，如图 1-15 所示。随着第五代移动通信(5th generation mobile communication,5G)网络的发展,技术会越来越完善,网络的速度也会越来越快,这些都将大大提高人们的通信质量。

图 1-15 远程会议

1.4.5 医疗领域

现代先进医学诊断技术的特点是以现代物理技术为基础,借助计算机技术对医学图像进行数字化重构。现阶段医疗领域备受关注,声波、电子计算机断层扫描(computed tomography,CT)这类医学检测方法的创新得益于现代计算机多媒体技术的发展,其在医疗检测方面表现出不可估量的潜力。多媒体技术在病理诊断中发挥作用的同时,也带动了医疗信息系统网站数据库的形成和健全。相关工作人员依靠医疗信息系统网站数据库能实时处理计算机中患者的各种信息数据,形成视频存储收集的关键模式。多媒体技术在医疗领域里的这些应用既便于医学教学工作的深化落实,又便于实现真正意义上的智慧医疗。

1.4.6 电子出版领域

电子出版是多媒体传播应用的一个重要领域。多媒体大容量存储技术及互联网为人们提供了方便快捷的信息处理、存储和传递方式,它是信息爆炸的一条解决路径。利用多媒体技术制作的光盘出版物,在音像娱乐、电子图书、游戏及产品广告的光盘市场上曾一度呈现迅速发展的销售趋势。出版物不仅改变了传统图书的发行、阅读、收藏、管理等方式,也将对人类传统文化概念产生巨大影响。

只读光盘(CD-ROM)具有存储容量大、使用收藏方便、数据不易丢失等优点,可广泛用于游戏、教育、资料存储等方面。它在某些领域取代了传统的纸质出版物,成为图文并茂的电子出版物。尤其适用于各种大容量的出版物,如字典、辞典、百科全书、年鉴、大型画册等。国外许多书籍、期刊、手册等都已发行 CD-ROM 版本。

1.4.7 工业和科学计算领域

现代化企业的综合信息管理和生产过程的自动化控制,都离不开对多媒体信息的采集、监视、存储、传输,以及综合分析处理和管理。利用多媒体技术综合处理多种信息,可以使信息处理综合化、智能化,从而提高工业生产和管理的自动化水平。此外,多媒体技术在工业生产实时监控系统中，尤其在生产现场设备故障诊断和生产过程参数监测等方面有着非常重大的实际应用价值，特别是在一些危险环境中，多媒体实时监控系统起着越来越重要的作用。

将多媒体技术用于科学计算可视化，可将本来抽象、枯燥的数据用三维图像动态显示，使研究对象的内因与外形变化同步显示。将多媒体技术应用于模拟实验和仿真研究，会大力促进科研与设计工作的发展。

1.4.8 电子商务领域

使用多媒体技术可以将商品信息以多种媒体的形式（如文本、图像、视频等）展现出来，使得商品的介绍更加全面、生动，从而更好地吸引用户关注。此外，随着移动互联网和多媒体技术的发展，多媒体营销逐渐成为企业网络营销的主流方式。多媒体营销包括图片营销、视频营销和直播营销等营销方式，互联网上大部分的媒体都可以分享互动。事实上，随着多媒体技术的不断更新和发展，新的应用领域也将不断产生。

第2章

图形图像处理技术

Adobe Photoshop 简称 PS，是由 Adobe 公司开发和发行的一款专业的图像处理软件，主要处理像素构成的数字图像。该软件使用方便、性能稳定，被广泛应用于图像编辑和设计工作。本章主要介绍图像的基础知识和 Adobe Photoshop 2022 的具体应用，使读者对图形图像的编辑与处理有清晰的认识。本章所需素材如二维码 2-1 所示。

二维码 2-1
第 2 章素材

课程思政

通过自然、生态、环保、科技兴农等公益海报和展板的设计，传达坚持可持续发展，促进人与自然和谐共生的思想理念，并以“全民健身”“家国情怀”“政治认同”和“四个自信”为主线，培养学生独立思考问题、分析问题、解决问题以及团队合作的能力，培养学生的审美意识及审美能力。

2.1 图形图像的基础知识

学习目标及要求

(1) 了解常用图像文件格式及颜色模式。
(2) 掌握 Photoshop 工作界面的组成。
(3) 掌握常用功能面板的应用。
(4) 掌握 Photoshop 个性工作区的定制。

育人目标

让学生理解"理论来源于实践，并把理论应用于实践"的辩证思想，鼓励学生用辩证思维看待问题，理解世界。

2.1.1 常用颜色模式

颜色模式是用于表现颜色的一种数学算法，它将颜色表现为数字形式，不仅能确认图像中显示的颜色数量，还能影响图像文件大小。常用的颜色模式有位图模式、灰度模式、RGB 模式、CMYK 模式、Lab 模式等。

1. 位图模式

位图模式也称为黑白位图模式，只使用黑白两种颜色表示图像中的像素，不包含灰度和其他颜色。使用位图模式可以更完善地控制灰度图像的打印效果。

2. 灰度模式

灰度模式下，像素用 8 位二进制表示，能表现 256 级灰度，颜色十分细腻。将彩色图像文件转换为灰度模式文件时，所有颜色信息将丢失，虽然可通过执行"图像"→"模式"命令将灰度模式文件转换为彩色图像文件，但无法将原来的图像色彩还原。所以，在转换成灰度模式前要做好图像的备份工作。

3. RGB 模式

RGB 模式是 Photoshop 中常用的颜色模式，是一种加色模式。它通过红、绿、蓝三种色光叠加形成更多的颜色。RGB 模式图像有三个色彩信息通道：红色(R)、绿色(G)、蓝色(B)，若为 8 位，每个通道都由 8 位二进制表示色彩信息，即每一种色彩都有 256 个亮度级别。三种色彩叠加可以组合成 256×256×256 约 1678 万种颜色。

4. CMYK 模式

CMYK 代表了印刷上用的 4 种油墨颜色，分别为青色(C)、洋红色(M)、黄色(Y)、黑色(K)，每种油墨可使用的值都是 0～100%。与 RGB 模式不同，CMYK 模式是一种减色模式，常用于印刷品的设计与制作。CMYK 模式使用了色彩学中的减法混合原理，在印刷中通常都要进行四色分色，出四色胶片后，再进行印刷，是图片、插图最常用的一种印刷方式。

5. Lab 模式

Lab 模式是一种国际色彩标准模式。它是一种设备无关的颜色模型，也是一种基于生理特征的颜色模型。它由三个通道组成，分别是一个亮度通道 L、两个分别为 a 通道和 b 通道的颜色通道，其中，a 通道包括的颜色是从深绿色(低亮度值)到灰色(中亮度值)再到亮粉红色(高亮度值)；b 通道是从亮蓝色(低亮度值)到灰色(中亮度值)再到黄色(高亮度值)。Lab 模式所定义的色彩数量最多，且处理速度与 RGB 模式同样快。将 RGB 模式转换成 CMYK 模式时，Photoshop 自动将 RGB 模式转换为 Lab 模式，再转换为 CMYK 模式。Lab 模式在转换成 CMYK 模式时，色彩不会丢失或被替换。

2.1.2 常用的图像文件格式

(1) JPEG 格式：一种常用的图像格式，它采用有损压缩方式去除肉眼不易察觉、冗余的图像和色彩数据，占用空间小，在获得极高的压缩率的同时，也能展现丰富生动的图像。

(2) PNG 格式：一种无损压缩的位图格式，支持透明、半透明和不透明效果。

(3) BMP 格式：标准的 Windows 图像文件格式，支持多种 Windows 应用程序及颜色模式。其特点是包含的图像信息较丰富，几乎不进行压缩。

(4) TIF 格式：一种灵活的位图格式，具有可移植性，且支持多种颜色模式、通道、滤镜特效等，适合印刷和打印输出。

(5) GIF 格式：常用的动态图像格式。GIF 分为静态和动态两种。大部分专业软件都可以处理这种格式的文件，常用于印刷或打印输出。

(6) PSD 格式：Photoshop 的默认及专用文件格式，可以保存图层、参考线、色板、蒙版、通道、路径、图层样式等大部分信息，便于后期修改，其缺点是占用存储空间较大。

2.1.3 Photoshop 2022 界面简介

熟练掌握工作界面的内容是学习 Photoshop 的基础。Photoshop 2022 工作界面主要由菜单栏、属性栏、工具箱、图像编辑窗口、控制面板和状态栏组成，如图 2-1 所示。

图 2-1 Photoshop 2022 工作界面

(1) 菜单栏：将命令按不同功能分别放到“文件”“编辑”“图像”“图层”“文字”“选择”“滤镜”“3D”“视图”“增效工具”“窗口”“帮助”12 个菜单项中，执行菜单命令可以完成图像编辑、颜色调整、添加滤镜效果等操作。

(2) 属性栏：用户选择工具箱中任意工具后，会在 Photoshop 界面菜单栏下方出现与该工具相应的属性栏内容，可根据需要设置参数，选择工具不同，属性栏内容不同。

(3) 工具箱：Photoshop 的工具箱提供了众多工具，包括选择类工具、绘图类工具、填充类工具、编辑类工具等。每个工具都有特定的功能，通过一个或多个工具可完成图像的指定操作。在工具箱中，部分工具图标的右下角有一个黑色小三角标志，表示该工具为有多个隐藏工具的工具组。在有小三角的工具图标上按住鼠标左键或右击该图标，则弹出该工具组中的所有工具，将鼠标指针移动到需要的工具图标上单击，即可选择该工具。

(4) 图像编辑窗口：Photoshop 的工作窗口占 Photoshop 界面的主要位置，用于显示和编辑图像。当操作多个文件时，可以执行“窗口”→“排列”中相应命令，以不同的排列方式同时查看多个文件窗口。

(5) 状态栏：在 Photoshop 中，图像的状态显示在图像编辑窗口底部。状态栏的左侧显示当前图像缩放显示百分比；状态栏中间部分是图像的文件信息，单击黑色箭头图标 〉，在弹出的快捷菜单中可以选择当前图像的相关显示信息，如图 2-2 所示。

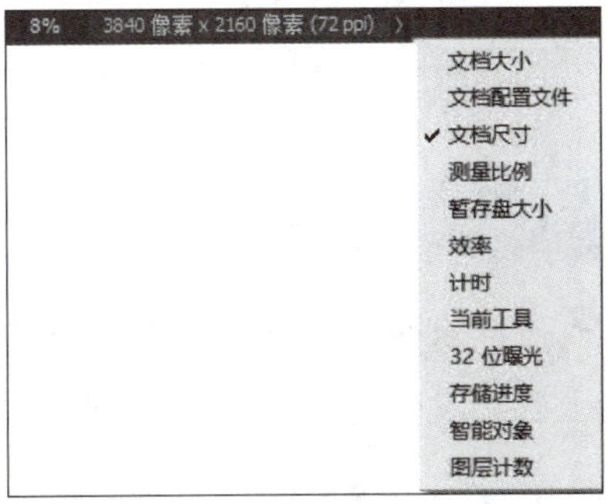

图 2-2 状态栏显示信息

(6) 控制面板：在 Photoshop 中，控制面板是处理图像不可缺失的部分。Photoshop 为用户提供了多个控制面板组，可以通过“窗口”菜单命令或快捷键方式打开或关闭控制面板。例如，执行“窗口”→“图层”命令或利用快捷键 F7 打开或关闭“图层”面板。单击控制面板右上方的 ≡ 按钮，弹出快捷菜单，执行指定菜单命令可以提高控制面板的功能性。

2.1.4 自定义工作区

利用 Photoshop 编辑图像时，可依据用户个人习惯自定义工作区，重新调整存储界面中控制面板和设置工具箱中工具排列方式以制定适合个人操作习惯的 Photoshop 界面。

执行“窗口”→“工作区”→“新建工作区”命令，如图 2-3 所示。弹出“新建工作区”对话框，如图 2-4 所示；输入名称，单击“存储”按钮，即可存储自定义工作区。在“窗口”→“工作区”命令中选择已保存的工作区名称即可使用自定义工作区。

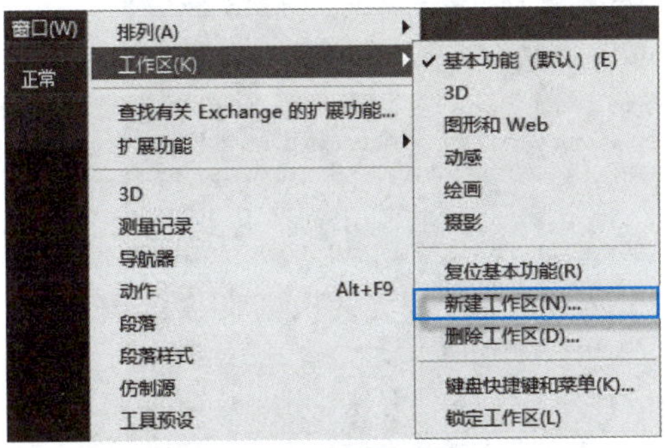

图 2-3 新建工作区

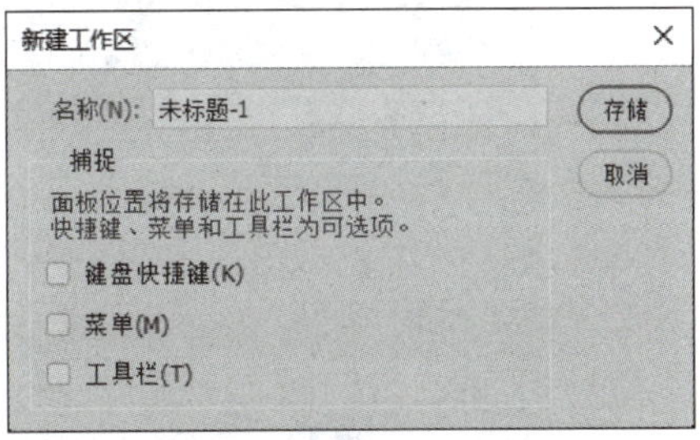

图 2-4 “新建工作区”对话框

如果要恢复使用 Photoshop 默认工作区状态，需执行“窗口”→“工作区”→“复位基本功能”命令。如果要删除自定义工作区，需执行“窗口”→“工作区”→“删除工作区”命令。

2.2 初识 Photoshop

学习目标及要求

(1) 理解图层的基本概念。
(2) 掌握图层相关操作。
(3) 掌握不同图像变换的区别及适用场合。
(4) 掌握裁剪工具、移动工具的应用。
(5) 掌握文字工具组的应用。
(6) 掌握选择类工具的使用。

育人目标

通过案例，引入“绿水青山就是金山银山”的重要发展理念，加强生态文明教育，引导学生树立崇尚自然、尊重自然的理念，增强学生投身生态文明建设的责任感和使命感。

2.2.1 案例一 制作绿水青山海报

利用“移动工具”“裁剪工具”“文字工具”等创建如图 2-5 所示海报效果；理解图层的基本概念，掌握对图层的基本操作，熟悉“移动工具”“裁剪工具”及“文字工具”的使用。

图 2-5 “绿水青山海报”效果图

(1) 执行“文件”→“新建”命令，弹出“新建文档”对话框，设置标题为“绿水青山”，“宽度”为“1200 像素”，“高度”为“800 像素”，“分辨率”为“72 像素/英寸”，“颜色模式”为“RGB 颜色”，“背景内容”为“白色”，参数设置如图 2-6 所示。

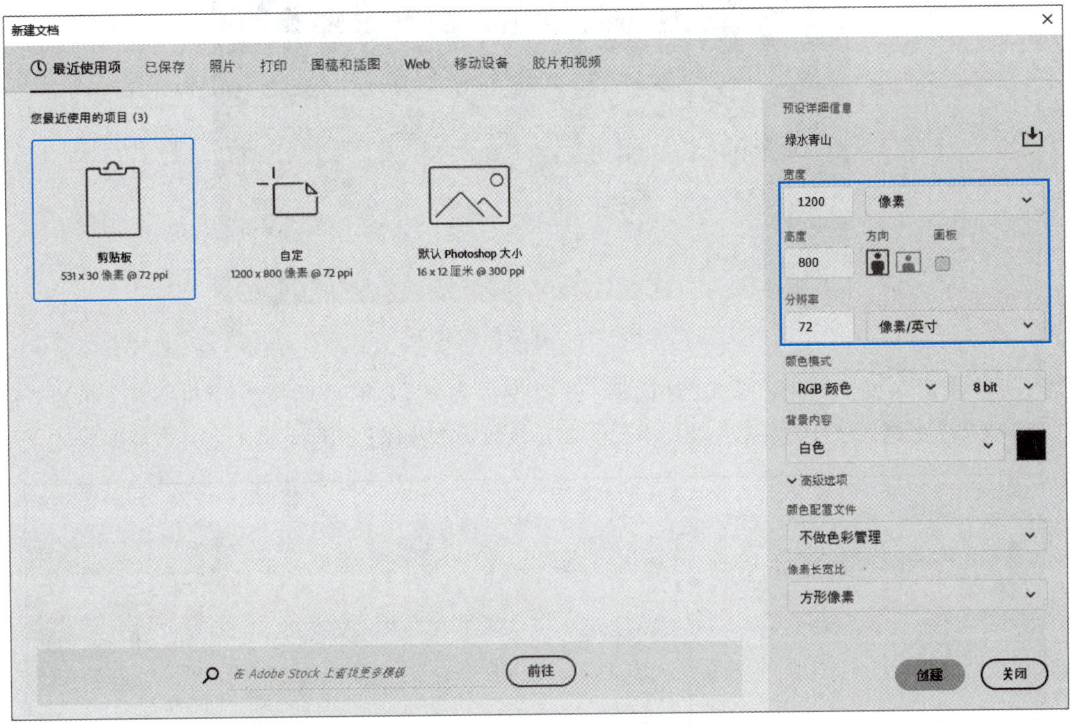

图 2-6 “新建文档”对话框参数设置

(2) 单击“创建”按钮，打开“绿水青山”图像编辑窗口。

(3) 执行“文件”→“打开”命令，打开素材文件夹中的“1. jpg”，选择“裁剪工具”，在属性栏中设置“裁剪尺寸”为“1200 像素 * 800 像素”，“分辨率”为“72 像素/英寸”，属性栏参数设置如图 2-7 所示。

图 2-7 “裁剪工具”属性栏参数设置

(4) 适当调整裁剪框的大小和图片位置，按 Enter 键完成裁剪操作，效果如图 2-8 所示。

(5) 选择“移动工具”，将“1. jpg”拖曳到“绿水青山”窗口中，生成“图层 1”，适当调整位置。

(6) 打开素材文件夹中的“2. png”，选择“移动工具”，将“2. png”拖曳到“绿水青山”窗口中，生成“图层 2”，在“图层”面板中将该图层命名为“标题”，执行“编辑”→“自由变换”命令，调整图像大小为“90%”，按 Enter 键完成自由变换，并将其放置于图像中心位置。

(7) 选择“标题”图层，单击“图层”面板下方的“添加图层样式”按钮，在快捷菜单

图 2-8　裁剪后效果

中选择“投影”，弹出“图层样式”对话框，设置投影参数：“不透明度”为“50%”，“角度”为“140 度”，“距离”为“10 像素”，“大小”为“3”，参数设置如图 2-9 所示。

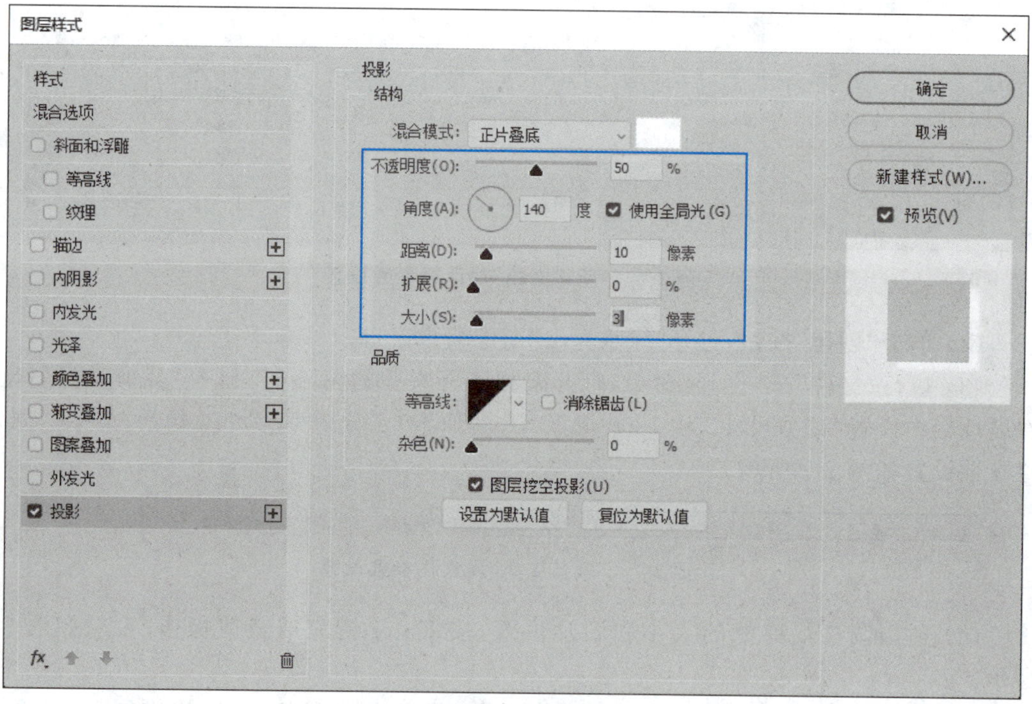

图 2-9　“投影”参数设置

(8) 在“图层样式”对话框左侧样式中选择“描边”，设置：“大小”为“5”，“位置”为“外部”，“颜色”为“白色”(R：255，G：255，B：255)，参数设置如图 2-10 所示。单击“确认”按钮，效果如图 2-11 所示。图层样式添加及设置过程如二维码 2-2 所示。

(9) 打开素材文件“3.jpg”，单击工具箱中的“快速选择工具”，在弹出的工具组中选择“魔棒工具”；在属性栏中设置“容差”为“32 像素”，“选择方式”为“不连续”，单击

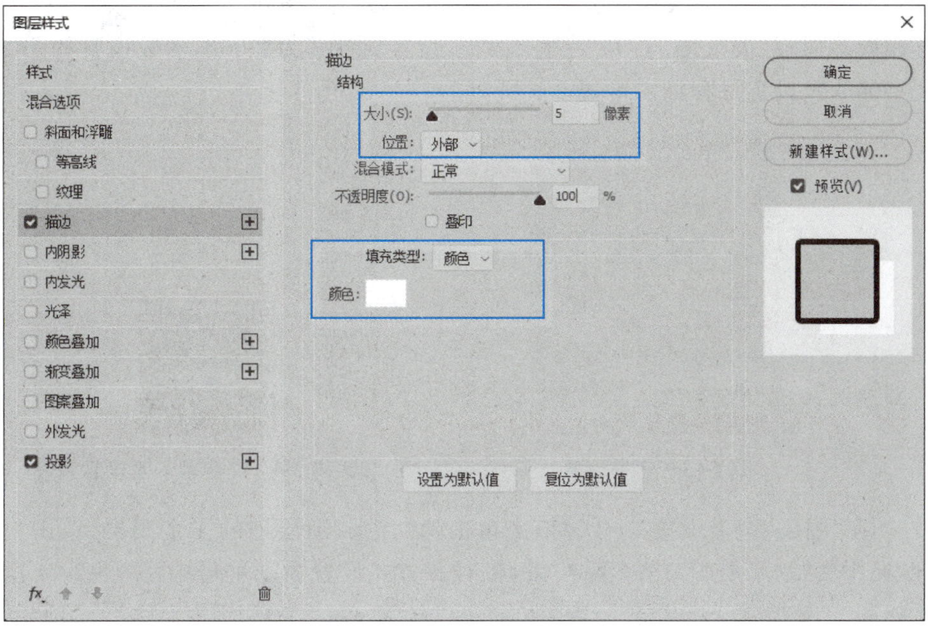

图 2-10　“描边”参数设置

图 2-11　添加图层样式后效果图

二维码 2-2　图层样式添加及设置过程

“3.jpg”的绿色圆形区域，创建选区。

(10) 选择“移动工具”，将选区图像拖曳到“绿水青山”窗口中，生成“图层 2”，按 Ctrl+T 组合键，调整图像大小为“61%”，将其放置于“标题”图像上方。

(11) 选择“横排文字工具” T，拖曳鼠标创建文字编辑区域，使文字编辑区域的位置及宽度等同于圆形所在图层的大小，在属性栏中设置“字体”为“黑体”，“字体大小”为“36 点”，“颜色”为“白色”，如图 2-12 所示。

图 2-12　文字格式设置

(12) 输入文字“保护绿水青山共建美好家园”，单击“横排文字工具”属性栏中的“切换字符和段落面板”按钮，打开“字符”面板，设置“字距”为“305”，参数设置如图 2-13 所示。文字输入及设置过程如二维码 2-3 所示。

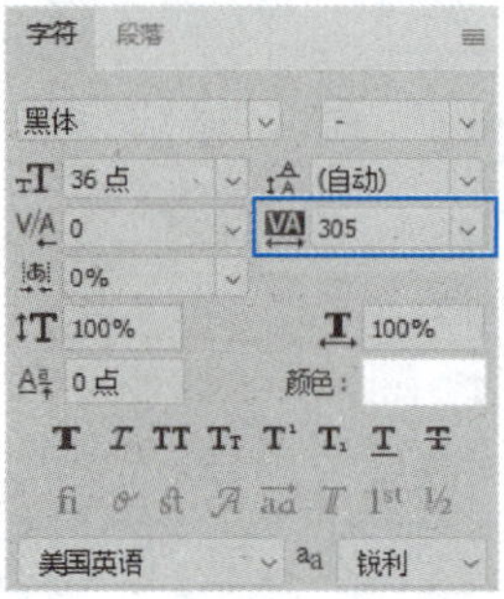

图 2-13　字符设置

二维码 2-3　文字输入及设置过程

(13) 在“图层”面板中按 Ctrl 键依次单击除“背景”图层外的 4 个图层，单击“移动工具”属性栏中的“水平居中对齐”按钮，将对齐方式设置为水平居中，如图 2-14 所示，最终效果如图 2-15 所示。

图 2-14　对齐设置

图 2-15　“绿水青山”海报效果图

(14) 执行“文件”→“存储”命令，选择文件存储位置，选择保存类型为“PSD”，将完成后的效果存储为“绿水青山.psd”。

(15) 在“图层”面板中右击所选图层，在弹出的快捷菜单中选择“合并可见图层”命令，完成图层合并。

(16) 执行“文件”→“存储为”命令，选择文件存储位置，更改保存类型为“.JPEG”，将完成后的效果存储为“绿水青山.jpg”。

2.2.2 案例二 制作乡村振兴宣传海报

利用“移动工具”“选框工具”“魔棒工具”及图像变换命令创建如图 2-16 所示的“乡村振兴宣传海报”效果，并掌握选择类工具的应用。

图 2-16 “乡村振兴宣传海报”效果图

(1) 执行“文件”→“打开”命令，打开素材文件夹“背景.jpg”“云.png”。

(2) 选择“移动工具”，将“云.png”复制到“背景.jpg”中，生成“图层 1”；执行“编辑”→“自由变换”命令，适当调整其位置及大小，将该图层命名为“云”。

(3) 打开素材文件夹中的“阳光.jpg”，选择“椭圆选框工具”，在属性栏中设置羽化为“30 像素”，拖曳鼠标选择“阳光.jpg”中的太阳区域。

(4) 使用移动工具将选区内容复制到“背景”中，生成“图层 1”，将该图层命名为“阳光”，适当调整图像大小和位置，效果如图 2-17 所示。

图 2-17 复制太阳区域并调整后的效果

(5) 切换至素材文件“阳光.jpg”，选择“魔棒工具”，在属性栏中设置容差为 32 像素，单击“阳光.jpg”中的白色鸟，创建选区。

(6) 选择“矩形选框工具”，在属性栏中设置选区方式，单击“从选区减去”，鼠标指针变为“－”标记，选择太阳区域实现选区相减，完成鸟选区。

(7) 选择“移动工具”，将鸟选区图像拖曳到“乡村振兴宣传海报”窗口中，生成“图层 1”，将该图层命名为“鸟群”，按 Ctrl+T 组合键适当调整图像大小、位置及角度，效果如图 2-18 所示。

图 2-18 调整鸟群角度及位置后效果

(8) 打开素材文件夹中的“渔船. png”，将内容复制到“背景”中，生成“图层 1”，将该图层命名为“渔船”。执行“编辑”→“自由变换”命令，适当调整图像大小、位置及角度。

(9) 选择“渔船”图层，单击“图层”面板下方的“添加图层样式”按钮 fx，选择“投影”，弹出“图层样式”对话框，设置投影参数：“不透明度”为“60%”，“角度”为“140 度”，“距离”为“20”，“扩展”为“3%”，“大小”为“5”，单击“确定”按钮，参数设置如图 2-19 所示。

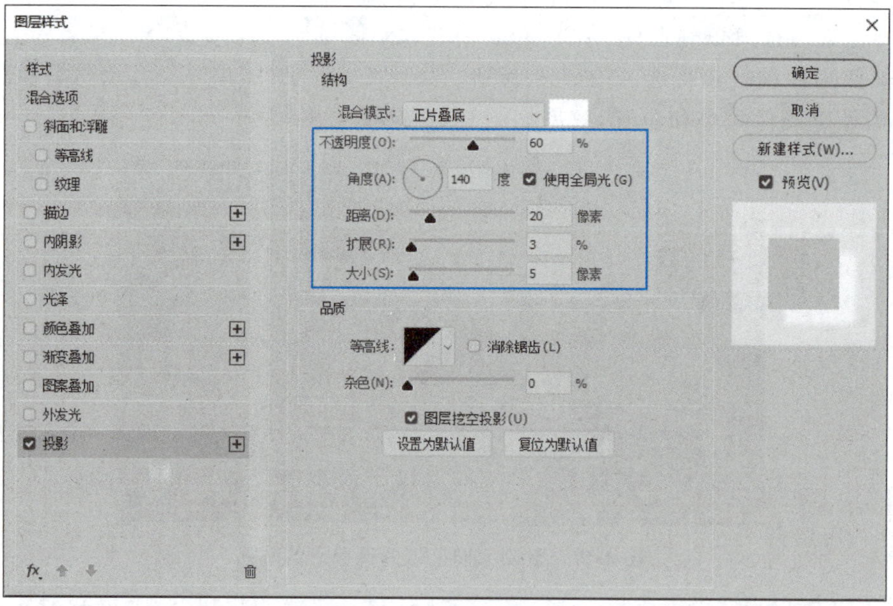

图 2-19 “投影”参数设置

(10) 在“图层”面板中，右击“渔船”图层，在弹出的快捷菜单中选择“复制图层”命令。打开“复制图层”对话框，如图 2-20 所示，单击“确定”按钮，生成“渔船 拷贝”图层，实现图层复制。

（11）选择“渔船 拷贝”所在图层，执行“编辑”→“变换”→“水平翻转”命令，调整“渔船”方向，按 Ctrl+T 组合键，调整渔船旋转角度、大小及位置，并适当更改投影参数，效果如图 2-21 所示。

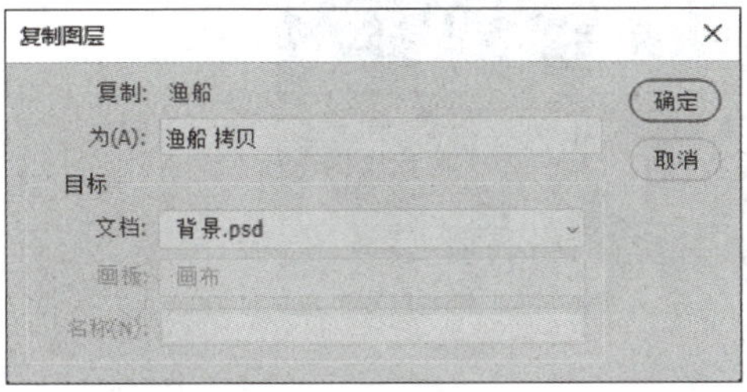

图 2-20　“复制图层”对话框

图 2-21　调整“渔船”后效果

（12）打开素材文件夹中的“梯田.jpg”，选择“魔棒工具”，在属性栏中设置“容差”为“50 像素”，单击“梯田.jpg”的“蓝色区域”。

（13）执行“选择”→“反选”命令，创建梯田选区，将选区内容复制到“乡村振兴宣传海报”中，将该图层命名为“梯田”，适当调整大小和位置后，执行“编辑”→“变换”→“变形”命令，适当调整“梯田”效果，效果如图 2-22 所示。“梯田”制作具体过程如二维码 2-4 所示。

图 2-22　梯田变形效果

二维码 2-4　“梯田”制作过程

（14）打开素材文件夹中的“人物.png”，将“人物.png”中的内容复制到“乡村振兴宣传海报”中，将该图层命名为“人物”。执行“编辑”→“自由变换”命令，适当调整图像大小和位置。

（15）打开素材文件夹中的“标题.png”，选择“移动工具”，将“标题.png”中内容复制到“背景”中，将该图层命名为“标题”，适当调整图片大小及位置，效果如图 2-23 所示。

（16）将完成后的效果存储为“乡村振兴宣传海报.psd”，并另存为“乡村振兴宣传海报.jpg”。

图 2-23 添加标题后效果

2.2.3 知识拓展

1. 图层基础操作

在 Photoshop 中，图层有着非常重要的作用。对图像进行编辑离不开图层，将图像文件在 Photoshop 中打开后，在“图层”面板中显示该文件包含的图层。

图层的基础操作有新建图层、复制图层、显示/隐藏图层、删除图层、重命名图层、调整图层顺序等，具体操作既可通过执行“图层”菜单栏中的相应命令实现，又可操作“图层”面板实现。“图层”面板如图 2-24 所示。

(1) 创建新图层：单击“图层”面板中的“创建新图层”按钮，即可在所选图层上方创建一个新的普通图层；按住鼠标左键拖曳当前所选图层至该按钮上可实现复制图层。

(2) 显示/隐藏图层：单击“图层”面板中的“指示图层可见性”按钮，可以完成图层的显示/隐藏操作。图层缩览图前有标志代表该图层为显示状态，无标志代表该图层为隐藏状态。

(3) 删除图层：单击“图层”面板中的“删除图层”按钮，或按住鼠标左键拖曳当前所选图层至该按钮上，都可删除当前所选图层。

(4) 重命名图层：双击“图层”面板中的图层名称位置，即可输入新图层名称。各图层名称应便于区分。

(5) 调整图层顺序：对当前所选图层向上或向下拖曳，直至出现两条淡蓝色直线，松开鼠标即可更改图层顺序，如图 2-25 所示。

2. 创建选区

1) 选框工具

利用选框工具可以创建规则选区。如图 2-26 所示，选框工具组包括“矩形选框工具”“椭圆选框工具”“单行选框工具”和“单列选框工具”。选框工具属性栏如图 2-27 所示。

(1) 羽化：设置选区边缘虚化、模糊效果。羽化像素值越大，选区边界越虚化，模糊范围越大。因边缘虚化，复制图片能够实现自然融合的效果，如图 2-28 所示。

图 2-24　“图层”面板

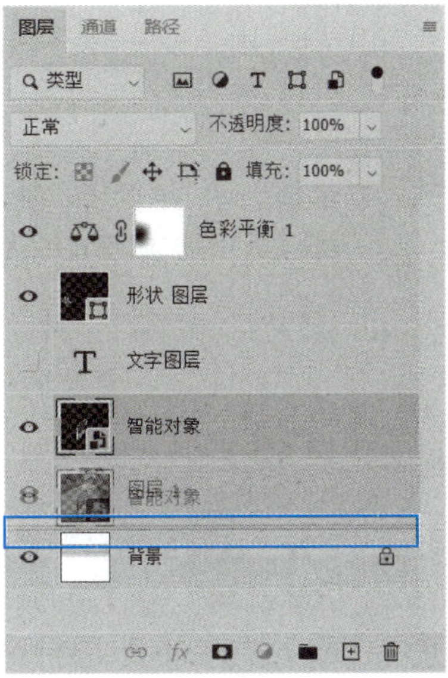

图 2-25　调整图层顺序

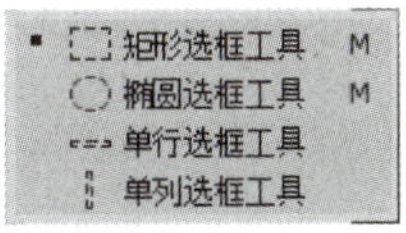

图 2-26　选框工具组

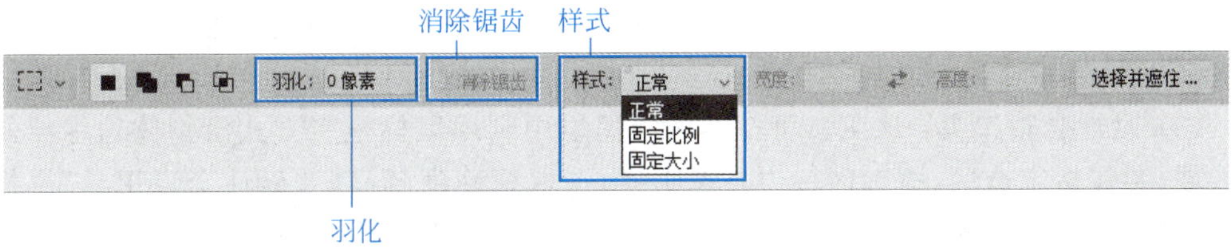

图 2-27　选框工具属性栏

图 2-28　羽化前后对比图

（2）消除锯齿：去除选区边界锯齿状边缘。

（3）样式：设置选区的大小或比例。

- 正常：拖曳鼠标，可以创建任意大小、任意宽高比的选区。
- 固定比例：拖曳鼠标，可以创建宽高比固定，但大小任意的选区，具体比例由宽度和高度值确定。例如利用“矩形选框工具”创建常用 16∶9 矩形选区，属性栏参数设置如图 2-29 所示。

图 2-29 矩形选区的属性栏参数

- 固定大小：单击可以创建固定宽度和高度的选区，单位默认为像素。例如利用“椭圆选框工具”创建直径为 200 像素的圆形选区，属性栏参数设置如图 2-30 所示。

图 2-30 直径为 200 像素的圆形选区属性栏参数

2）套索工具组

使用“套索工具”可以创建不规则选区。如图 2-31 所示，套索工具组包括套索工具、多边形套索工具和磁性套索工具。

（1）套索工具：该工具可在图像或图层中利用鼠标拖曳方式自由绘制选择区域，可制作不规则选区。常用于选取无规则、边缘复杂图形，如图 2-32 所示。

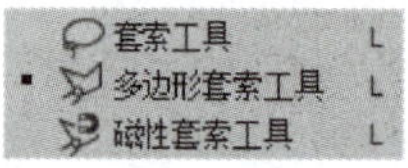

图 2-31 套索工具组

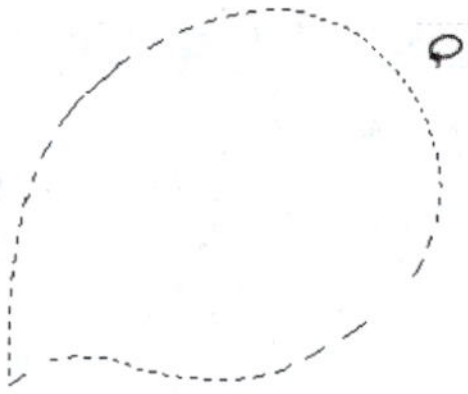

图 2-32 用“套索工具”选区

（2）多边形套索工具：该工具在图像中利用单击方式控制多边形选区的各个顶点，创建多边形选区。

（3）磁性套索工具：该工具可在图像或图层中利用鼠标拖曳方式沿物体边缘绘制选择区域，制作指定选区，所选区域边界越明显，选取精确度越高。“磁性套索工具”属性栏参数设置如图 2-33 所示。

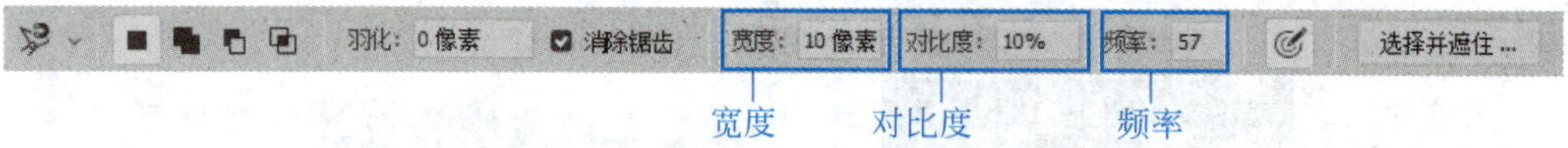

图 2-33 “磁性套索工具”属性栏参数

- 宽度：设置磁性套索的检测范围，取值范围为 1～256 像素。
- 对比度：设置磁性套索工具选取边界的灵敏度，取值范围为 1%～100%，对比度值越大，反差越大，选取范围越精确。
- 频率：设置创建选区时标记选区锚点的速度，取值范围为 0～100，值越大，单位时间内锚点数越多。

3）快速选择工具组

（1）对象选择工具可以在某一区域内查找并自动选择一个对象，属性栏常用参数如

图 2-34 所示。

图 2-34 "对象选择工具"属性栏

- 模式：分为"矩形"或"套索"，即利用"矩形选框工具"创建矩形选区或用"套索工具"绘制任意形状选区。
- 选择主体：自动选择当前区域中的主体。
- 选择并遮住：在有选区的情况下，通过"选择并遮住"设置得到精准可调整选区。

（2）快速选择工具可以快速创建大面积连续选区，属性栏常用参数如图 2-35 所示。

图 2-35 "快速选择工具"属性栏

- 画笔选项：单击可打开"画笔选项"，用于设置创建选区时的画笔笔尖大小、硬度、间距等。
- 画笔角度：画笔角度取值范围为－180°～180°。

（3）魔棒工具可以快速选取当前所选图层或所有图层中与单击位置颜色相同或相近的像素点，属性栏常用参数如图 2-36 所示。

图 2-36 "魔棒工具"属性栏

- 容差：设置颜色取样范围，取值范围为 0～255，默认值为"32"。容差越小，取样范围越小，选取颜色越相近。
- 连续：设置是否选取连续颜色取样范围。未勾选时，选择当前所选图层或所有图层中与取样点颜色在容差范围内的区域；勾选时，仅对与取样点在连续区域内颜色在容差范围内的区域取样。
- 对所有图层取样：未勾选时，仅对选中图层取样；勾选时，对所有图层取样。

3. 选区调整

1）"选择"菜单

执行"选择"菜单中的命令可实现对选区的相应操作，选择菜单如图 2-37 所示。部分命令说明如下。

（1）取消选择：取消当前选择的区域。

（2）反选：针对当前所选图层，将除当前所选择区域以外的区域变为新选区。

（3）主体：自动选择当前图像中的主要部分，如人物图像的主要人物、动物图像中的主要动物。

（4）变换选区：调整当前所选区域大小、形状及位置。

注意：变换选区和自由变换不同，变换选区不破坏选区内图像，仅改变选区大小、形状、区域及位置等，而自由变换会改变选区中图像的大小及角度。

2）“选择”快捷菜单

使用选择类工具，右击即可弹出“选择”快捷菜单，如图 2-38 所示。部分命令说明如下。

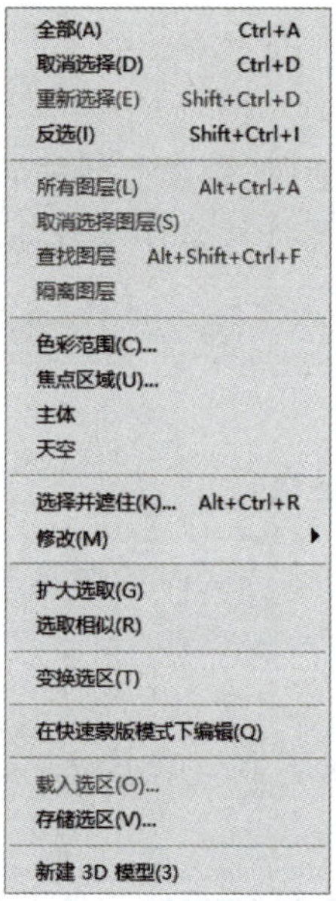

图 2-37 “选择”菜单

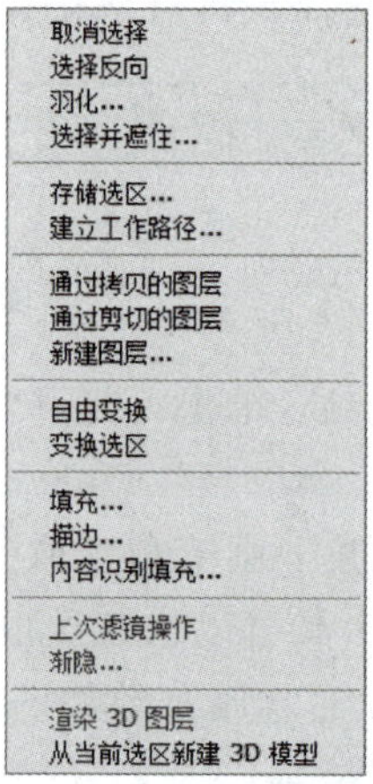

图 2-38 “选择”快捷菜单

（1）羽化：与选择类工具属性栏中的羽化作用相同，使用快捷菜单中的“羽化”命令可为当前选区添加羽化值。

（2）通过拷贝的图层：针对当前所选图层，将选区中图像复制到新图层，不破坏原图层像素。

（3）通过剪切的图层：针对当前所选图层，将选区中图像剪切到新图层，破坏原图层像素。

（4）内容识别填充：常用来去除不需要的区域，针对当前所选图层，将选区中图像用周围像素内容识别填充并生成新图层，不破坏原图层像素。

3）选区运算

可以创建选区的工具除“快速选择”工具外，具有相同选区运算方式，如图 2-39 所示。

（1）新选区：放弃原有选区，创建新的选区。

（2）添加到选区：在原有选区基础上加入新的选区。

（3）从选区减去：在原有选区基础上减去新的选区。

（4）与选区交叉：保留原有选区和新选区交叉重叠区域。

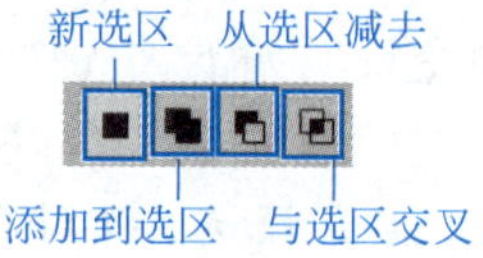

图 2-39 选区运算方式

两个椭圆选区，分别采用“新选区”“添加到选区”“从选区减去”“与选区交叉”运算，得到的选区结果如图 2-40 所示。

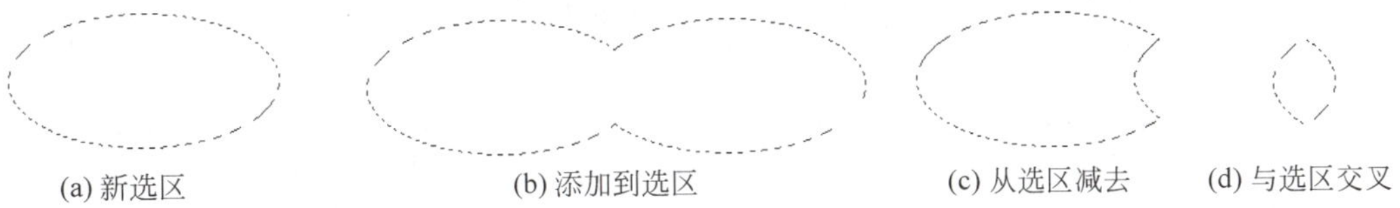

图 2-40　不同选区运算结果

4. 裁剪工具

“裁剪工具”可以根据预设比例或宽高分辨率等具体数值来控制图像显示区域或重新定义画布大小，还可以在属性栏中单击“拉直”按钮，修正歪斜物体，“拉直”修正前后效果对比如图 2-41 所示。

图 2-41　修正前后效果对比图

图片：修正前后效果对比图

5. 文字工具组

1）横排文字工具

“横排文字工具”用于单击创建单行且宽度任意的文本，编辑过程中按 Enter 键换段，按 Shift+Enter 组合键换行，通常用于创建单行横排文本；拖曳鼠标创建固定宽度的段落文本可自动换行，通常用来创建多行横排文本。属性栏常用参数如图 2-42 所示，效果如图 2-43 所示。

图 2-42　“横排文字工具”属性栏

(1) 切换文本方向：在横排与直排之间切换已输入文字的方向。执行“文字”→“文字排列方向”→“竖排”命令，将文字从水平方向变换为垂直方向。改变文字方向后效果如图 2-44 所示。

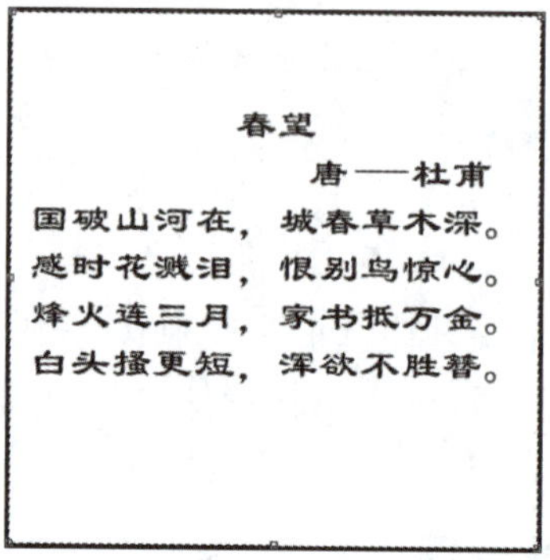

图 2-43　“横排文字工具”使用后的效果

图 2-44　文字排列方式改为竖排后的效果

(2) 设置字体大小：单位为“点”。既可以在下拉列表中选择字体大小，也可以在文本框中直接输入字体大小。

(3) 文本对齐方式：对齐方式从左至右，依次为左对齐文本、居中对齐文本、右对齐文本。

提示：直排文字工具的文本对齐方式从左至右，依次为顶对齐文本、居中对齐文本、底对齐文本。

(4) 设置文本颜色：默认颜色为前景色，单击后，在打开的“拾色器(文本颜色)”对话框中可修改文本颜色。

(5) 创建文字变形：选中文字内容后单击该按钮，打开“变形文字”对话框，可设置变形参数，变形效果如图 2-45 所示。

下弧　波浪　鱼形　鱼眼　挤压

图 2-45　文字变形效果

(6) 切换字符和段落面板：打开或关闭字符和段落面板。

2) 直排文字工具

设置及使用“直排文字工具” IT 方法与“横排文字工具”的大体相同，主要区别在于文字排列方向，前者通常用来创建竖向直排文本。

“直排文字工具”的“字符”面板菜单提供了“直排内横排”命令，该命令将直排文字中所选文字更改为横排效果，命令及效果如图 2-46 所示。

3) “字符”和“段落”面板

“字符”面板用于编辑文本字符，“段落”面板用于编辑段落文字。“字符”面板和“段落”面板如图 2-47 所示。

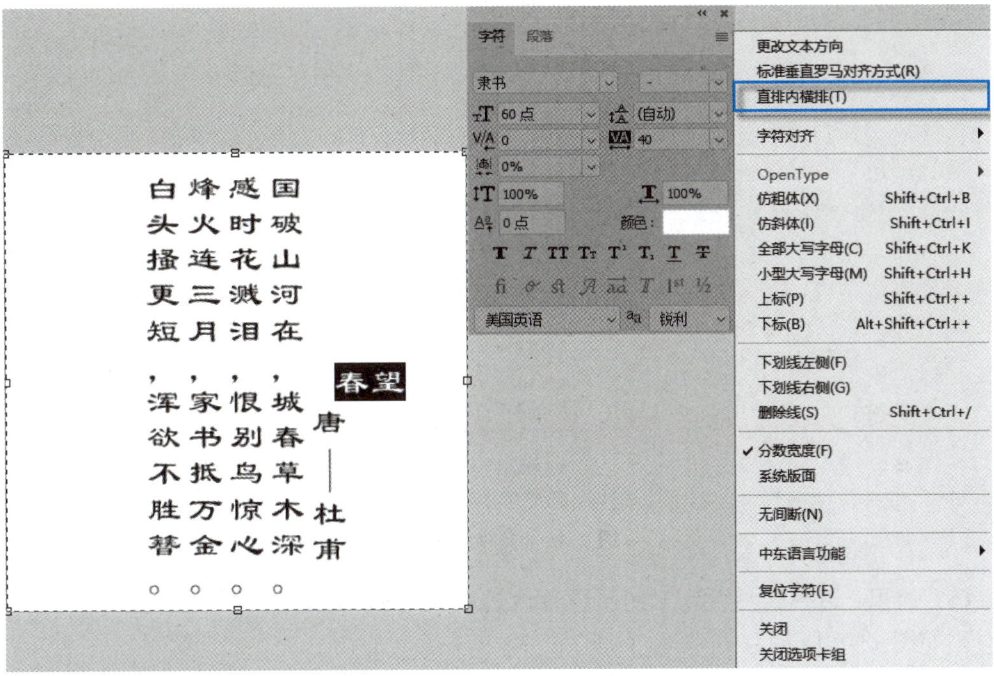

图 2-46　直排内横排效果

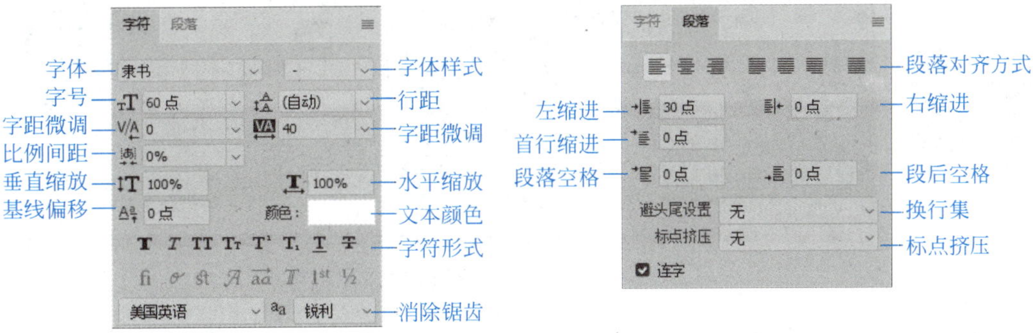

图 2-47　“字符”面板和“段落”面板

6. 图像变换

选中指定图层或选区按 Ctrl+T 组合键或执行“编辑”→“自由变换”命令，能够实现大小的调整及角度的自由变换。还可以执行“编辑”→“变换”级联菜单中的命令实现图像的变形效果，变换级联菜单如图 2-48 所示。

(1) 缩放：缩放和自由变换命令相同，均通过鼠标拖曳改变图像大小。

(2) 旋转：以中心点为圆心旋转。

注意：中心点的位置可以根据需要更改。

(3) 斜切：斜切命令可针对图层或选区进行拉伸或压缩，拖动鼠标仅沿着边界所在的水平或垂直线方向移动。

(4) 扭曲：扭曲命令可针对图层或选区进行扭曲，图像的编辑点可向任意方向伸展。

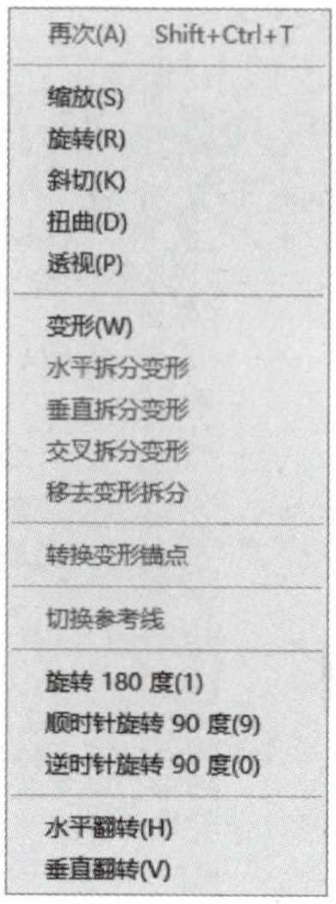

图 2-48 变换级联菜单

(5) 透视：透视工具可针对图层或选区透视，使图片看起来更有延伸感，透视前后效果对比如图 2-49 所示。

图片：透视前后效果对比

图 2-49 透视前后效果对比

注意：对文字图层进行扭曲或透视操作前，需先对该图层进行栅格化。

(6) 变形：图像边界的每个交点处都有调整柄，可以单独做任意调整，变形前后效果对比如图 2-50 所示。

图片：变形前后效果对比

图 2-50 变形前后效果对比

（7）翻转：分为水平翻转和垂直翻转，均是指以轴为中心的左右或上下翻转。

2.3　形状与路径

学习目标及要求

（1）掌握形状工具的使用及形状的运算。
（2）掌握使用形状工具创建路径的具体方法。
（3）掌握钢笔工具创建路径、运算及调整的方法。
（4）掌握将文字转换为形状的方法。

育人目标

加强生态文明教育，引导学生树立尊重自然、崇尚自然的理念，培养学生自觉增强生态保护和命运共同体意识，增强学生投身生态文明建设的责任感和使命感。

2.3.1　案例一　设计野生动物标志

利用“椭圆工具”“矩形工具”“自定义形状工具”设计如图 2-51 所示的野生动物标志（Logo），掌握各种形状工具的使用方法，掌握形状的组合运算。

（1）新建图像文件，设置标题为“Logo 设计”，“宽度”为“800 像素”，“高度”为“800 像素”，“分辨率”为“72 像素/英寸”，“颜色模式”为“RGB”，“背景内容”为“透明”。

（2）执行“视图”→“标尺”命令或按 Ctrl+R 组合键显示标尺，右击标尺，在弹出的快捷菜单中设置标尺刻度单位“像素”。执行“视图”→“新建参考线”命令，分别在“400 像素”处新建水平参考线和垂直参考线，如图 2-52 所示。

图 2-51　野生动物 Logo 效果图

图片：野生动物 Logo 效果图

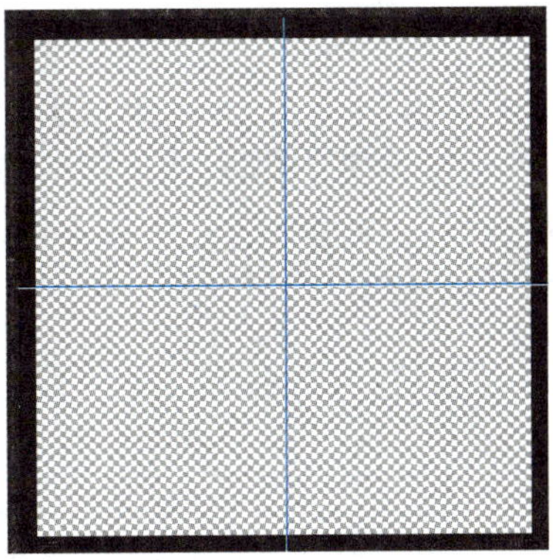

图 2-52　参考线效果

（3）右击工具箱中的“矩形工具”，在弹出的工具组中选择“椭圆工具”，在属性栏中设置参数，选择“工具模式”为“形状”，“填充”为“蓝色”（R：43，G：72，B：133），“描边”为“无颜色”，设置椭圆形状“比例”为“10∶7”，“椭圆工具”属性栏如图 2-53 所示。按 Alt 键以垂直和水平参考线交叉点为对称中心，绘制固定比例的椭圆，效果如图 2-54 所示。

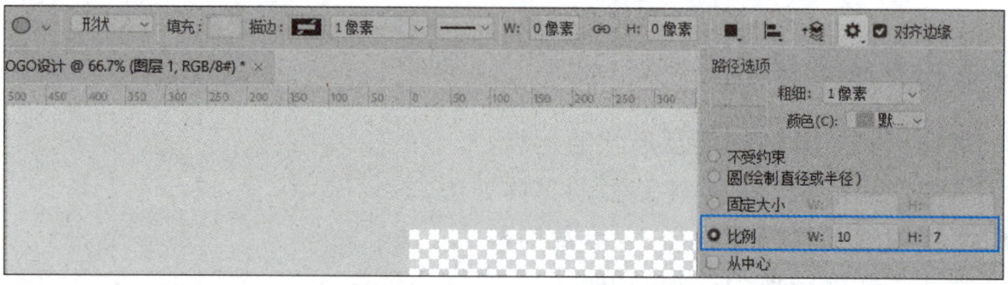

图 2-53 “椭圆工具”属性栏设置

（4）在“50 像素”处新建垂直参考线。设置“路径操作”为“排除重叠形状”，以图像中心为对称点绘制稍小椭圆，形成椭圆环的效果，如图 2-55 所示。

图 2-54 第一个椭圆绘制后的效果

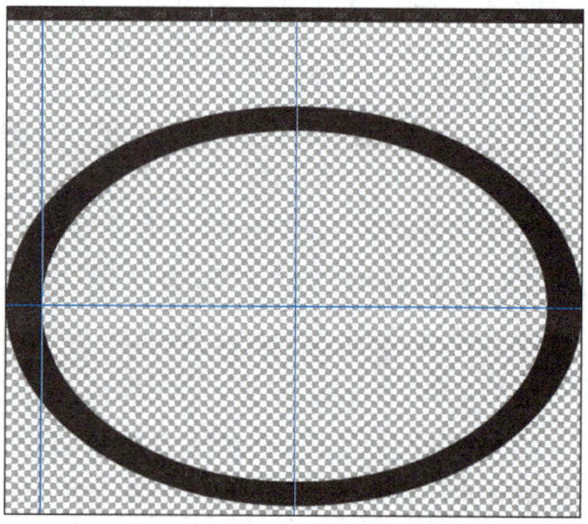

图 2-55 椭圆环的效果

（5）分别在“250 像素、550 像素”处新建水平参考线，在“90 像素、710 像素”处新建垂直参考线。

（6）单击“图层”面板中的“椭圆 1”图层缩览图，单击属性栏中的“设置其他形状和路径选项”按钮，设置宽和高均为“100 像素”的椭圆，展开形式为“从中心”，参数设置如图 2-56 所示。

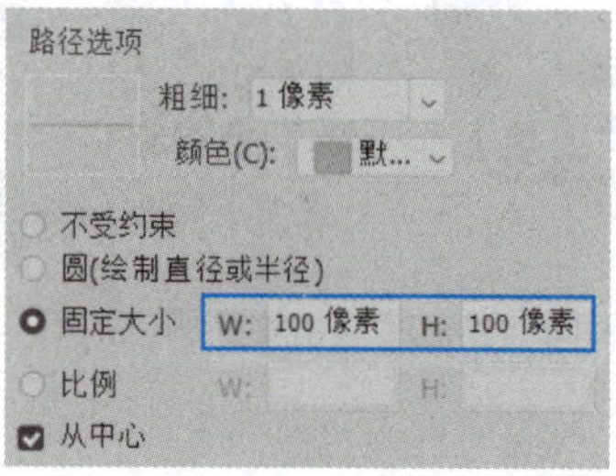

图 2-56 “路径选项”设置

（7）在第一条水平参考线与第二条垂直参考线相交的位置单击，绘制宽和高均为“100 像素”大小的正圆，设置“路径操作”为“合并形状”，用相同方法在第三条水平参考线与第四条垂直参考线相交的位置绘制宽和高均为“100 像素”大小的正圆，确认后的效果如图 2-57 所示。

（8）单击属性栏中的“设置其他形状和路径选项”按钮，设置椭圆形状宽和高均为“80 像素”。利用相同方法以相同参考线相交位置绘制大小为“80 像素”的正圆，设置“路径操作”为“减去顶层形状”，用相同方法绘制第二个小圆，效果如图 2-58 所示。

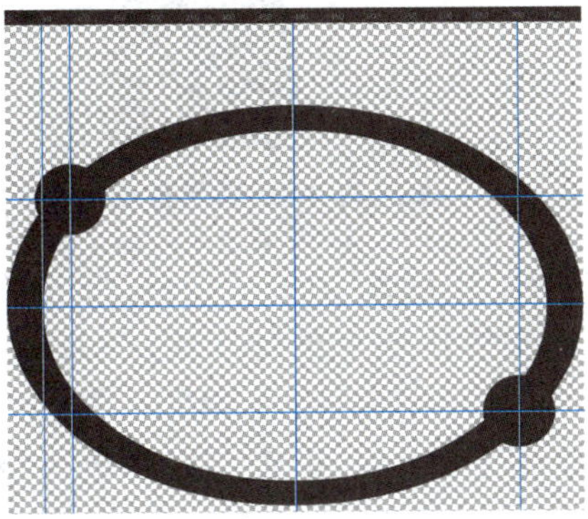
图 2-57　绘制固定大小椭圆后的效果

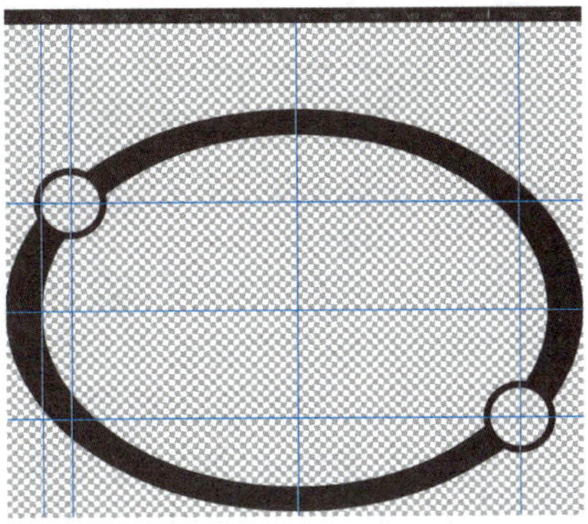
图 2-58　“减去顶层形状”后的效果

（9）选择“矩形工具”，“设置圆角半径”为“30 像素”，“矩形工具”属性栏如图 2-59 所示。以“400 像素”垂直参考线为对称轴，按 Alt 键在图像下方绘制圆角矩形，设置“路径操作”为“合并形状”，用相同方法绘制第二个圆角矩形，效果如图 2-60 所示。

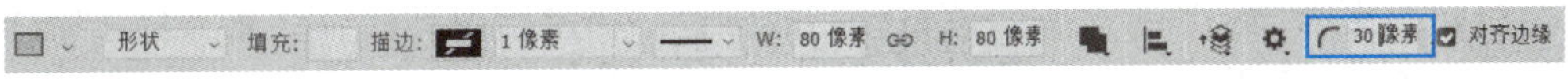

图 2-59　“矩形工具”属性栏设置

（10）选择“自定形状工具”，在属性栏的“形状”中选择“野生动物”组中的“犀牛”，如图 2-61 所示。在上方小圆环中绘制“犀牛”形状；利用相同方法在下方小圆环中绘制“猿”形状，按 Enter 键确认，效果如图 2-62 所示。蓝色形状绘制过程如二维码 2-5 所示。

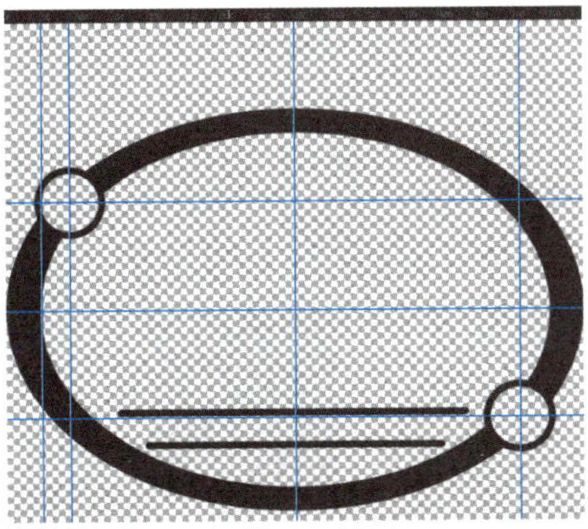
图 2-60　“矩形工具”使用后的效果

图 2-61　选择“犀牛”形状

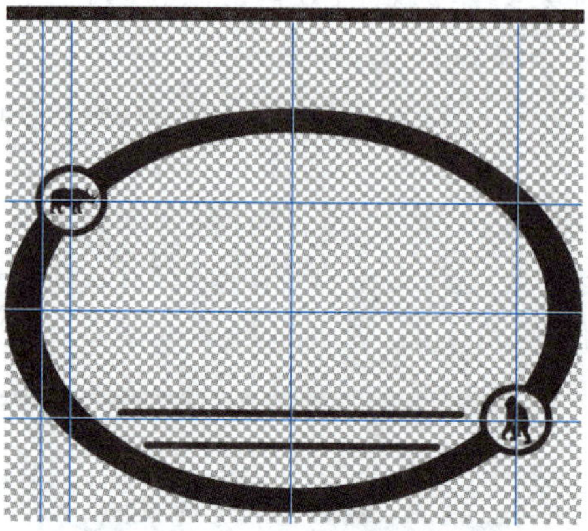

图 2-62 绘制“犀牛”和“猿”形状的效果图

二维码 2-5 蓝色形状绘制视频

(11) 选择“自定形状工具”，在属性栏的“形状”中选择“有叶子的树”组中的“苹果树”。设置“路径操作”为“新建图层”，按 Shift 键绘制等比例苹果树形状，按 Enter 键确认，适当调整大小及位置，生成新图层“苹果树 1”。

(12) 双击“苹果树 1”图层缩览图，弹出“拾色器”对话框，设置填充颜色为“绿色”(R：50，G：140，B：57)，效果如图 2-63 所示。

(13) 选择“自定形状工具”，设置“路径操作”为“新建图层”，在属性栏的“形状”中选择“野生动物”组中的“长颈鹿”，绘制等比例“长颈鹿”形状，生成新图层“长颈鹿 1”。利用“路径选择工具”适当调整位置。

(14) 设置“路径操作”为“合并形状”，在属性栏的“形状”中选择“野生动物”组中的“虎”，绘制等比例“虎”形状。适当调整“虎”的位置。利用相同方法，在“长颈鹿 1”图层分别绘制“大象”和“牡鹿”形状。

(15) 按 Shift 键单击“大象”和“牡鹿”形状，同时选择两个形状，执行“编辑”→“变换路径”→“水平翻转”命令，改变“大象”和“牡鹿”形状的方向。形状调整过程如二维码 2-6 所示。

图 2-63 绘制“苹果树”形状的效果图

二维码 2-6 形状调整视频

(16) 双击“长颈鹿 1”图层缩览图，弹出“拾色器”对话框，设置“填充颜色”为“黑色”(R：0，G：0，B：0)，执行“视图”→“清除参考线”命令，将参考线清除，效果如图 2-64 所示。

图 2-64　Logo 整体效果

(17) 将完成后的效果图存储为“Logo.psd”，并另存为“Logo.png”。

2.3.2　案例二　制作保护野生动物宣传展板

利用“渐变工具”“钢笔工具”“添加锚点工具”“删除锚点工具”“转换点工具”“直接选择工具”及图像变换命令，创建如图 2-65 所示的“保护野生动物”宣传展板效果，掌握形状及路径的调整。

图 2-65　“保护野生动物”宣传展板效果图

(1) 新建图像文件，设置标题为“保护野生动物宣传展板”，“宽度”为“21 厘米”，“高度”为“29.7 厘米”，“分辨率”为“72 像素/英寸”，“颜色模式”为“RGB”，“背景内容”为“白色”。

(2) 新建图层将其命名为“渐变”，选择“渐变工具” ，单击如图 2-66 所示属性栏中的“点按可编辑渐变”，弹出“渐变编辑器”对话框，设置“渐变颜色”为“蓝黄双色渐变”：蓝色(R：0，G：216，B：255)、黄色(R：255，G：194，B：0)，单击“确定”按钮。

图 2-66 “渐变工具”属性栏

(3) 鼠标沿图像从上到下拖曳同时按 Shift 键，为当前图层填充从蓝色到黄色的线性渐变，效果如图 2-67 所示。

图片：蓝黄渐变效果

图 2-67 蓝黄渐变效果

(4) 打开素材文件夹中的“LOGO. png”，将内容复制到“保护野生动物宣传展板”中，生成“图层 1”，将该图层命名为“logo”，适当调整图像大小和位置。

(5) 将“渐变”图层和“logo”图层锁定，“图层”面板效果如图 2-68 所示。

(6) 选择“横排文字工具” T，拖曳鼠标创建文字编辑区域，使文字编辑区域的位置及宽度等同于图像，输入文字“保护野生动物”，设置字体为“庞门正道粗书体”。

(7) 选择“保护”二字，设置字体大小为“160 点”，打开“字符”面板，设置字距为“－310”，参数设置如图 2-69 所示。选择“野生动物”四字，利用相同方法，设置字号大小为“60 点”，字距为“－150”。

图 2-68 锁定图层

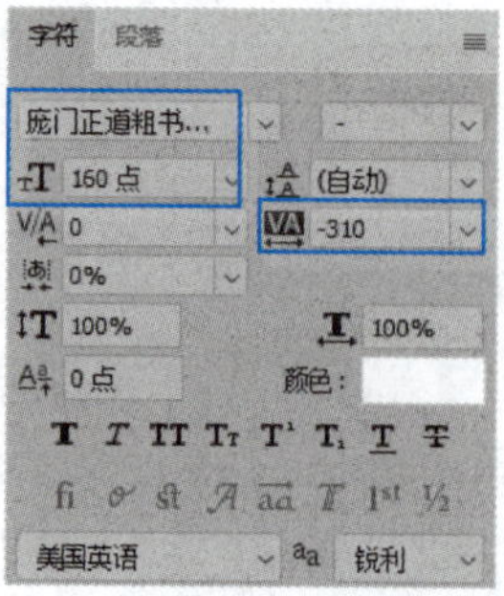

图 2-69 字距设置

(8) 选择“保护野生动物”文字图层，执行“文字”→“转换为形状”命令，将文字图层转换为形状图层。利用“路径选择工具”适当修改“野生”位置，利用“添加锚点工具”“删除锚点工具”“直接选择工具”和“转换点工具”将“保”字笔画变形，效果如图 2-70 所示。“文字转换为形状”及具体调整过程如二维码 2-7 所示。

(9) 选择“保护野生动物”图层，为图层添加“渐变叠加”图层样式(渐变颜色：蓝色_17；角度：120；缩放：50%)和“斜面和浮雕”图层样式(样式：枕状浮雕；大小：7 像素；软化：0 像素；角度：120)。

图 2-70　文字变形

二维码 2-7　文字变形调整过程

(10) 选择路径，选择“横排文字工具”，设置“字体”为“隶书”，“字号”为“30 点”，“字距”为“0”。将鼠标指针放到路径上，待鼠标指针变形，沿路径输入文字“就是保护自己”，如图 2-71 所示。适当调整文字位置，添加“投影”图层样式。沿路径输入文字的具体过程如二维码 2-8 所示。

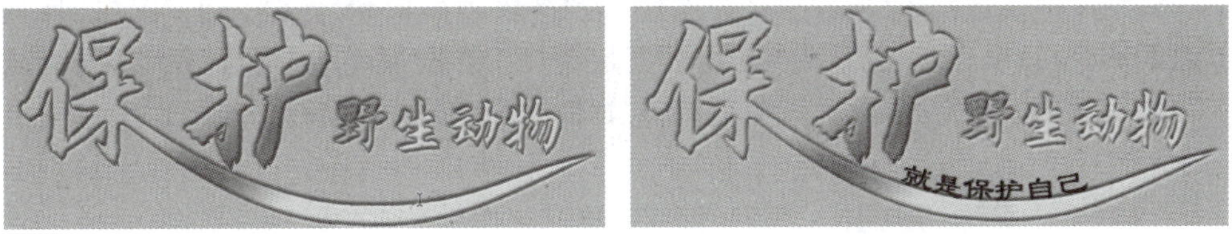

图 2-71　沿路径输入文字

(11) 在图像恰当位置单击输入“STOP KILLING”，设置“字体”为“黑体”，“字号”为“40 点”，“字距”为“－100”。“STOP”颜色为“红色”，“KILLING”颜色为“黑色”。适当调整文字位置。为图层添加“描边”图层样式(大小：2；位置：外部；颜色：白色)，效果如图 2-72 所示。

二维码 2-8　沿路径输入文字

图 2-72　“描边”图层样式效果

(12) 在图像恰当位置单击，输入文字“世界　动物日”，设置“字体”为“方正粗黑宋简体”，“字号”为“72 点”，“颜色”为“黑色”，“字距”为“20”。

(13) 选择“直排文字工具”↓T，在“世界　动物日”中间空格位置输入“野生”，设置字体为“方正粗黑宋简体”，“字号”为“36 点”，“颜色”为“黑色”，“字距”为“0”，仿斜体。

(14) 执行“视图”→“参考线”→“新建参考线版面”命令，弹出“新建参考线版面”对话框，参数设置如图 2-73 所示。移动“世界　动物日”图层和“野生”图层位于适当位置，如图 2-74 所示。

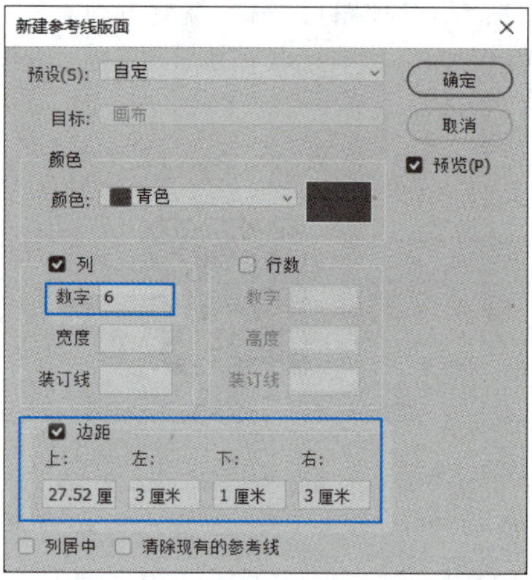

图 2-73 “新建参考线版面”对话框

图 2-74 “参考线及文字”效果

(15) 选择“矩形工具”，设置“路径操作”为“减去顶层形状”，在“野生”图层四周绘制矩形边框形状，并填充“黑色”，为“矩形 1”图层添加投影图层样式，执行“视图”→“清除参考线”命令，效果如图 2-75 所示。矩形边框具体绘制过程如二维码 2-9 所示。

图 2-75 “矩形边框”效果

二维码 2-9 绘制矩形边框过程

(16) 将“矩形 1”图层样式复制到“野生”图层和“世界　动物日”图层。

(17) 选择“自定形状工具”，设置“路径操作”为“减去顶层形状”，在属性栏的“形状”中选择“野生动物”组中的“大象”，在相应位置绘制“大象”形状，生成“大象 1”图层，选择“矩形工具”，在“大象 1”形状图层减去细长矩形。

(18) 选择“路径选择工具”，拖曳鼠标同时按住 Alt 键，复制若干细长矩形。选择“任意细长矩形路径”，修改个别细长矩形宽度，效果如图 2-76 所示。“大象”形状调整过程如二维码 2-10 所示。

(19) 将完成后的效果存储为“保护野生动物宣传展板.psd”，并另存为“保护野生动物宣传展板.jpg”。

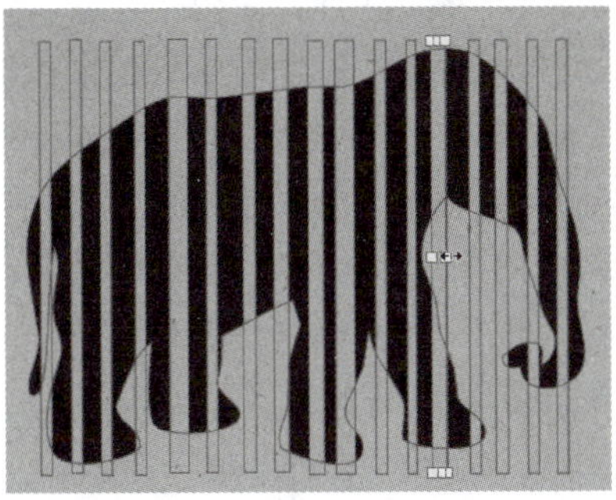

图 2-76　调整细长矩形宽度

二维码 2-10　“大象”形状调整过程

2.3.3　知识拓展

1. 渐变工具

“渐变工具”可以在图层或选区形成彩色渐变图像效果。“渐变工具”属性栏参数设置如图 2-77 所示。

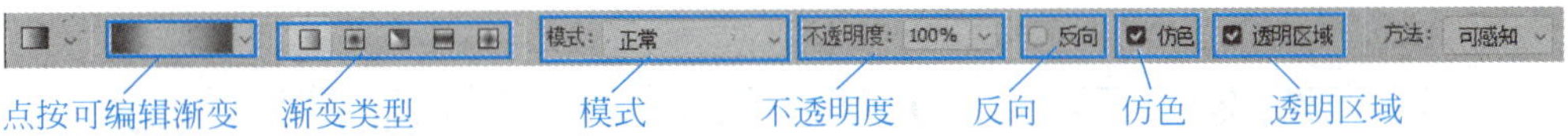

图 2-77　“渐变工具”属性栏参数

（1）点按可编辑渐变：选择和编辑渐变色彩。

单击“点按可编辑渐变”按钮，弹出“渐变编辑器”对话框，如图 2-78 所示。

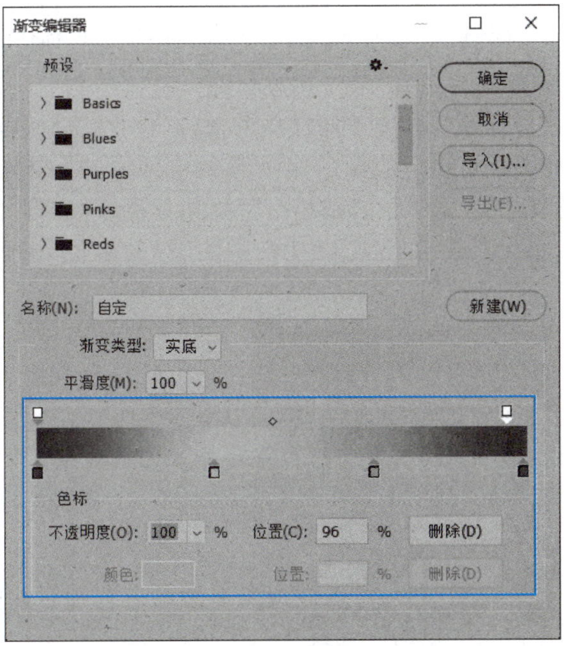

图 2-78　“渐变编辑器”对话框

单击颜色编辑框下方可增加“颜色色标”，选择“颜色色标”可在“颜色”选项中更改颜色；单击对话框下的“删除”按钮或按 Delete 键，可将该“颜色色标”删除。拖曳“颜色色标”或在“位置”选项中输入数值即可调整颜色位置。

单击颜色编辑框上方黑色色标，可调整“不透明度”选项数值，将颜色设置为半透明状态。

(2) 渐变类型：从左到右依次为线性渐变、径向渐变、角度渐变、对称渐变和菱形渐变。

(3) 模式：着色模式，模式中的各种设置决定了渐变效果与当前图层中的图像以何种模式进行混合，具体设置参考 2.4.3 小节中图层混合模式。

(4) 不透明度：勾选透明区域，透明类渐变的不透明度才能显现出来。

(5) 反向：反方向产生渐变效果。

(6) 仿色：更平滑设置渐变效果。

(7) 透明区域：可显示不透明度效果。

2. 钢笔工具

“钢笔工具”是最基本、最常用的抠图工具，可以根据需要绘制复杂不规则的路径或形状。按 Shift+P 组合键可在“钢笔工具”“自由钢笔工具”及“弯度钢笔工具”三者之间切换，属性栏常用参数如图 2-79 所示。

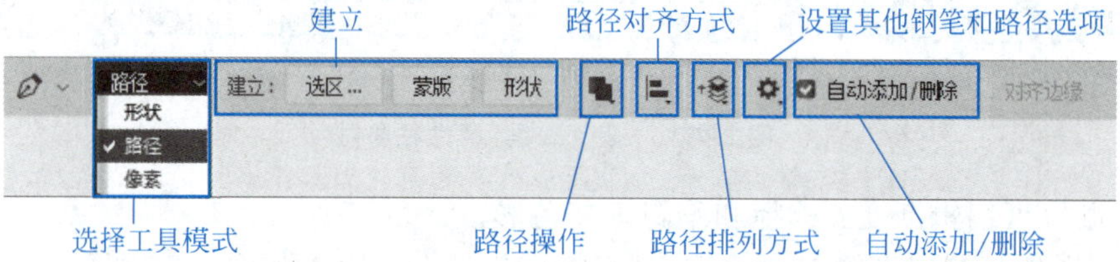

图 2-79 “钢笔工具”属性栏

(1) 选择工具模式：可选择不同的工具模式，包含“路径”“形状”“像素”3 个选项，但“像素”模式在位图下不可用。

(2) 建立：用于将选定路径转变不同性质的内容，包含“选区”“蒙版”“形状”3 项。

(3) 路径操作：此选项可设定绘制的多个路径组件如何运算组合，包含“新建图层”“合并形状”“减去顶层形状”“与形状区域相交”“排除重叠形状”和“合并形状组件”6 项。

(4) 路径对齐方式：与“移动工具”属性栏中的“对齐格式”相似，可将选中的多个路径按照一定的对齐方式进行排列。

(5) 路径排列方式：可设定选定路径与多个路径的排列关系。

(6) 设置其他钢笔和路径选项：可设置路径的粗细、颜色和橡皮带是否显示。

(7) 自动添加/删除：勾选此复选框后，将“钢笔工具”定位到所选路径时，“钢笔工具”会自动切换为“添加锚点工具”，可在已有路径上添加新锚点；当定位到已有锚点上方时“钢笔工具”会自动切换为“删除锚点工具”，可在原路径上删除已存在的锚点。

3. 自由钢笔工具

“自由钢笔工具”在绘制路径时，可通过拖曳鼠标的方式随意绘制路径轨迹，比“钢笔工具”更加灵便，其属性栏设置与钢笔工具基本相同。

磁性的：勾选该复选框，可以使“自由钢笔工具”同时具有“磁性钢笔工具”的效果。

4. 转换点工具

“转换点工具”能够将锚点在角点和平滑点之间切换。当角点转换为平滑点后，在锚点两侧会出现该锚点的控制柄，拖动控制柄可以改变曲线的形状。效果对比如图 2-80 所示。

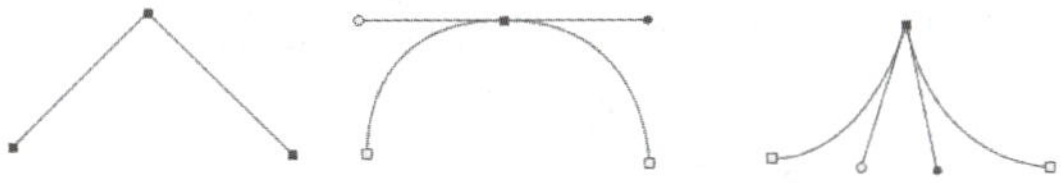

图 2-80 “转换点工具”调整锚点前后效果对比图

5. 矩形工具

“矩形工具”可以绘制矩形、正方形或圆角矩形，绘制时按 Shift 键可以绘制正方形；按 Alt 键可以绘制以起点为中心的矩形，属性栏常用参数如图 2-81 所示。

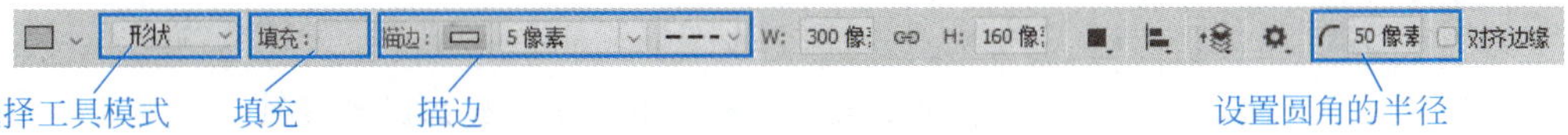

图 2-81 “矩形工具”属性栏

(1) 选择工具模式：可选择工具模式，包含“形状”“路径”“像素”3 项。

(2) 填充：用于指定形状图层的填充效果，包含“无颜色”“纯色”“渐变”“图案”4 项，可根据需要选择不同效果。

(3) 描边：可设置形状的描边颜色、线型及粗细。描边设置“颜色”为“红色”，“宽度”为“5 像素”，“线型”为“长虚线”，如图 2-82 所示。

(4) 设置圆角的半径：设置圆角的半径，数值越大，圆角越大。

图 2-82 绘制圆角矩形

6. 椭圆工具

“椭圆工具”可以绘制椭圆或正圆形。除圆角半径外，设置及使用方法与“矩形工具”相同。

7. 三角形工具

“三角形工具”可以绘制等腰、等边三角形或圆角三角形。设置及使用方法与“矩形工具”相同。

8. 多边形工具

“多边形工具”可以创建正多边形或星形，属性栏常用参数如图 2-83 所示。

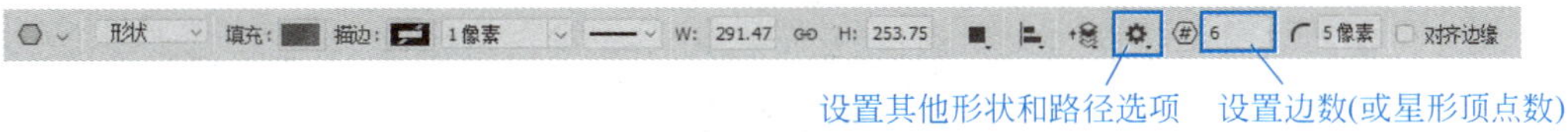

图 2-83 “多边形工具”属性栏

(1) 设置其他形状和路径选项：包含“粗细”“颜色”“形状比例”“星形比例”“缩进边依据”“平滑星形缩进”“从中心”多个选项，可以设置多边形或星形的各种效果。

(2) 设置边数(或星形顶点数)：可设置多边形的边数，值为 3～100 的整数。

9. 直线工具

“直线工具”可以绘制直线或虚线箭头形状，除粗细外，设置及使用方法与“矩形工具”相同。

10. 自定义形状工具

“自定义形状工具”可以绘制出形状丰富的自定义图形，属性栏常用参数及“追加形状”命令如图 2-84 所示。

图 2-84 “自定义形状工具”属性栏常用参数及“追加形状”命令

11. 路径选择工具

“路径选择工具”可以用于选择路径，单击路径可以选择该路径，按 Shift 键同时单击其他路径可同时选择多个路径，可进行路径的移动、组合、对齐、分布等操作，属性栏常用参数如图 2-85 所示。“多个路径选择效果”如图 2-86 所示。

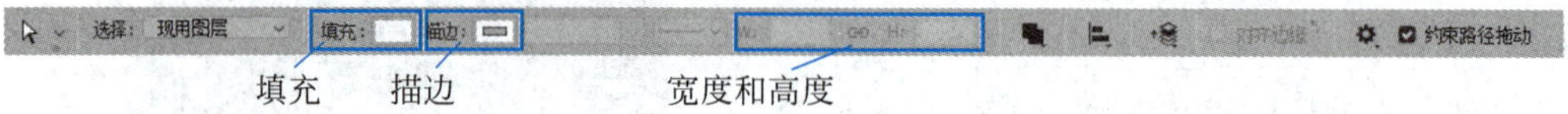

图 2-85 “路径选择工具”属性栏

(1) 填充：当选中内容为“形状”时可设置形状内填充效果，填充类型分别为“无颜色”“纯色”“渐变”“图案”，并可根据类型设置不同效果。

(2) 描边：当选中内容为“形状”时可设置选中形状的描边效果，包括描边宽度及线型等。

(3) 宽度和高度：可以用来调整路径或形状的长度和宽度值。

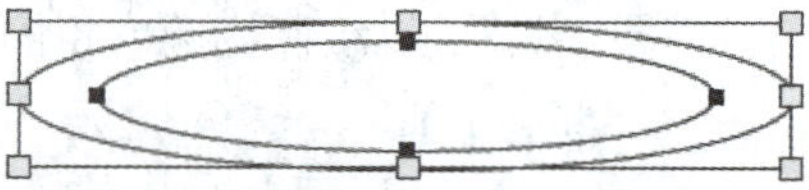

图 2-86 多个路径选择效果

12. 直接选择工具

“直接选择工具”可以选择路径上的具体锚点，以便对该锚点进行调整。按 Ctrl 键可以在“直接选择工具”和“路径选择工具”之间进行切换。

2.4 图层与合成

学习目标及要求

(1) 掌握图层样式的应用。

(2) 掌握图层混合模式的应用。

(3) 掌握各种蒙版的应用和使用场景。

(4) 掌握填充或调整图层的应用。

育人目标

通过制作“全民健身宣传展板”,引入全民健身国家战略,强化体育价值,提升学生强健体魄的内生动力。

2.4.1 案例一 设计全民健身宣传展板

运用“图层混合模式”“图层样式”“图层蒙版”“剪贴蒙版”及“滤镜”创建如图 2-87 所示的海报效果,掌握图层的合成及滤镜的应用。

图 2-87 “全民健身宣传展板”效果图

(1) 新建图像文件,设置标题为“全民健身宣传展板”,“宽度”为“1200 像素”,“高度”为“800 像素”,“分辨率”为“72 像素/英寸”,“颜色模式”为“RGB 颜色”,“背景内容”为“白色”。

(2) 打开素材文件夹中的“背景.jpg”“背景 2.jpg”,将其分别复制到“全民健身宣传展板”中,生成“图层 1”“图层 2”,调整两图层大小使其与画布相同。

(3) 修改“前景色”为“蓝色”(R: 0,G: 255,B: 255),选择“图层 2”,执行“滤镜”→“滤镜库”命令,弹出“滤镜库”对话框,选择“纹理”组中的“染色玻璃”滤镜,参数设置如图 2-88 所示,单击“确定”按钮。

(4) 选择“图层 2”，在“图层”面板中设置图层混合模式为“正片叠底”，效果如图 2-89 所示。

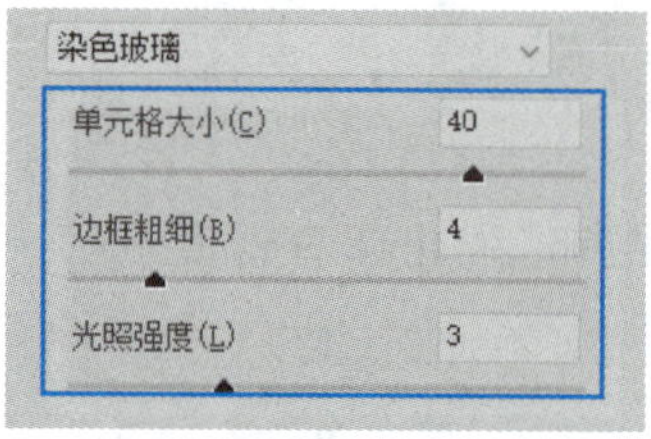

图 2-88 “染色玻璃”滤镜参数

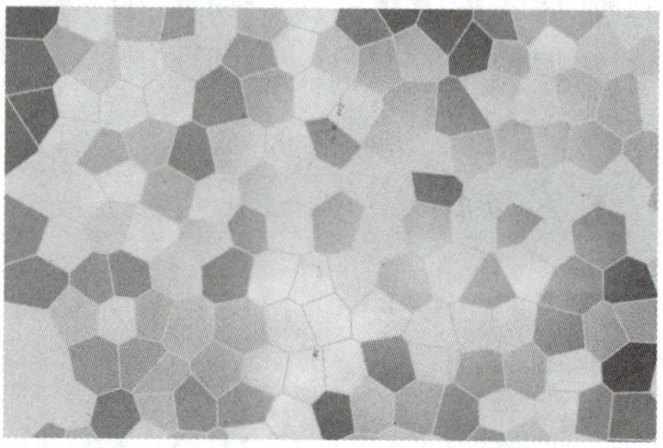

图 2-89 “正片叠底”混合模式效果

(5) 打开素材文件夹中的“1.jpg”“2.jpg”，将其复制到“全民健身宣传展板”中，分别生成“图层 3”“图层 4”，调整两图层大小使其与画布宽度相同，且位于图像上方。

(6) 选择“图层 3”，单击“图层”面板下方的“添加图层蒙版”按钮，为“图层 3”添加图层蒙版，如图 2-90 所示。

(7) 选择“渐变工具”，设置前景色为黑色，背景色为白色。选择“图层 3”蒙版缩览图，在蒙版中从下到上拖曳，形成下黑上白渐变效果，“图层”面板中蒙版如图 2-91 所示，效果如图 2-92 所示。

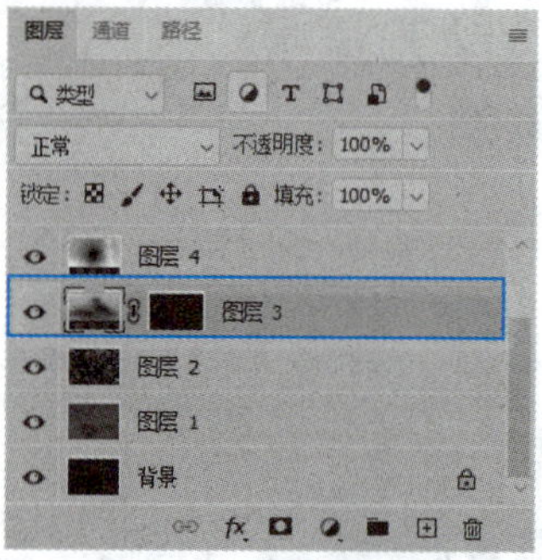

图 2-90 创建蒙版

图 2-91 “图层 3”蒙版

(8) 利用相同方法为“图层 4”创建蒙版，并在蒙版中添加下黑上白渐变效果。图层蒙版应用如二维码 2-11 所示。

图片：蒙版效果

图 2-92 蒙版效果

二维码 2-11 图层蒙版应用

(9) 打开素材文件夹中的“3.jpg”，将其复制到“全民健身宣传展板”中，生成“图层5”，调整“图层5”大小使其与画布相同，设置“图层4”及“图层5”图层混合模式为“滤色”，“图层”面板如图2-93所示，效果如图2-94所示。

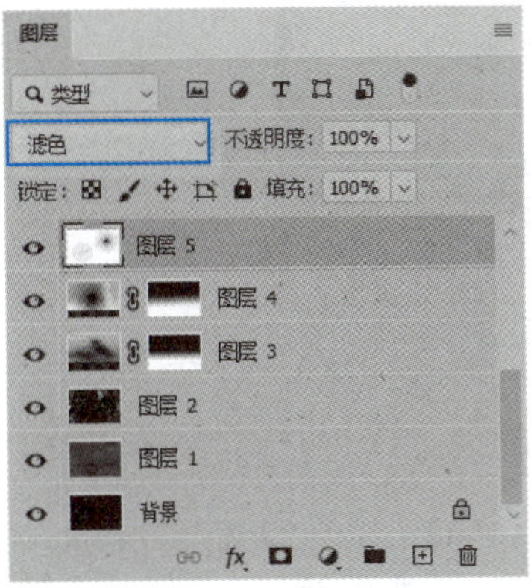

图 2-93　“图层”面板

图 2-94　图层混合模式效果

图片：图层混合模式效果

(10) 创建新图层“图层6”，执行“滤镜”→“渲染”→“图片框”命令，弹出“图案”对话框，参数设置如图2-95所示，设置“藤饰颜色”为“蓝色”(R：0，G：230，B：255)，“边距”为“1”，“大小”为“15”，“排列方式”为“1”，单击“确定”按钮。

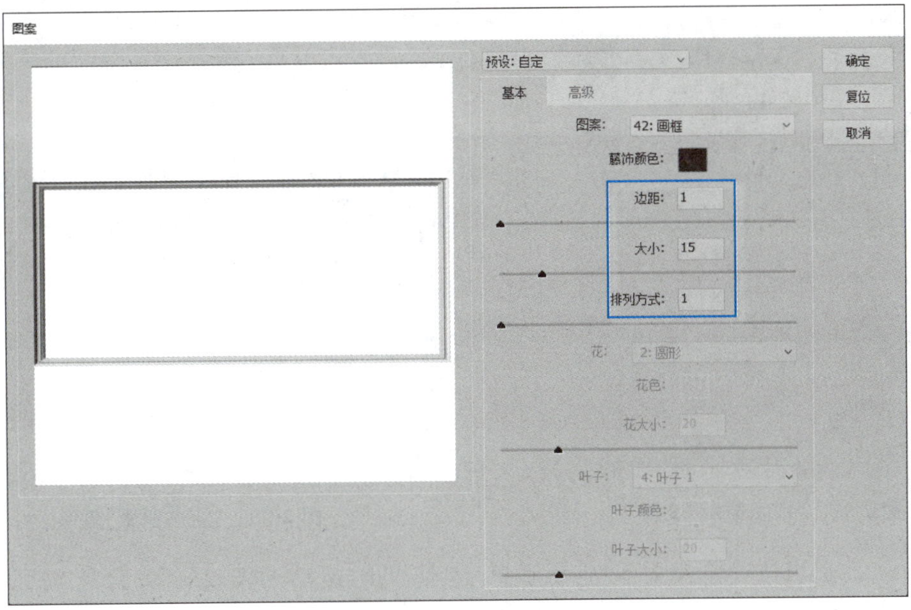

图 2-95　“图案”对话框

(11) 单击“图层”面板中的“创建新的填充或调整图层”按钮，选择“色相/饱和度”命令，即生成填充或调整图层“色相/饱和度1”，在“属性”面板中调整色彩，“色相/饱和度”的参数设置如图2-96所示。

(12) 输入文字“健康中国你我同行”，设置“字体”为“千图笔锋手写体”，“字号”为

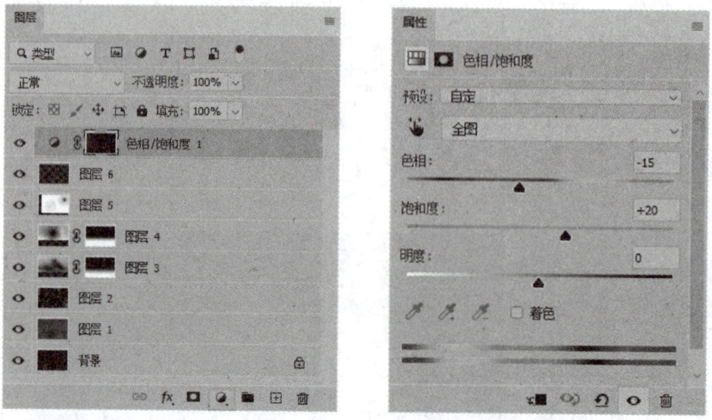

图 2-96 “色相/饱和度”的参数设置

“180 点”,“字距”为“－300”,仿粗体。为文字添加“投影”(角度：60；距离：12；大小：0)、“斜面和浮雕”(样式：浮雕效果；大小：8)、“描边”(大小：5 像素；位置：外部；不透明度：80％；填充类型：渐变；渐变颜色：绿色_17)图层样式。

(13) 打开素材文件夹中的“4.jpg”,将其复制到“全民健身宣传展板”中,生成“图层 7”,适当调整其大小和位置,选择“图层 7”,执行“图层”→“创建剪贴蒙版”命令创建剪贴蒙版,“图层”面板如图 2-97 所示,效果如图 2-98 所示。

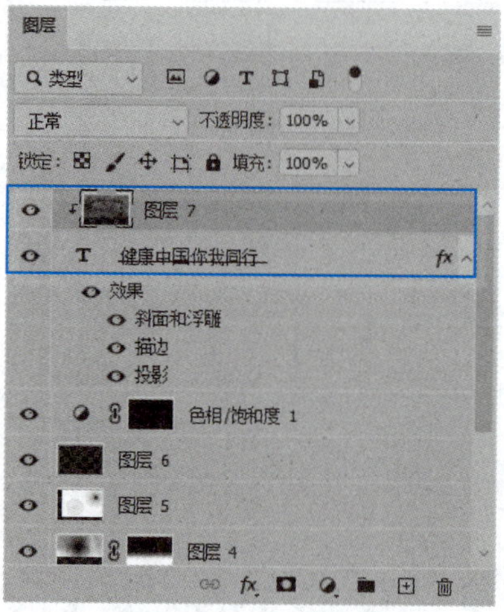

图 2-97 “剪贴蒙版”设置

图 2-98 “剪贴蒙版”效果

(14) 在适当位置输入文字“生命不息/运动不止/运动无极限 全民健身 增强体魄”,设置“字体”为“方正粗黑宋简体”,“字号”为“42 点”,“颜色”为“黑色”,“行距”为“50”,“字距”为“0”。“全民健身 增强体魄”单独一行。文本居中对齐,为文字添加“投影”图层样式。

(15) 在适当位置输入文字“快乐的生活,要用健康的身体去享受,幸福的感觉,要用健康的心态去体会,美好的一切源于健康,全民健身日,运动起来,让身体强健,让健康相随!”,设置“字体”为“方正粗黑宋简体”,“字号”为“18 点”,“颜色”为“黑色”,“行距”为

“24”,“字距”为“220”,文本居中对齐,文字效果如图 2-99 所示。

(16) 打开素材文件夹中的“5. png”和“5. jpg”,依次将其复制到“全民健身宣传展板”中,分别生成“图层 8”和“图层 9”,适当调整大小和位置。选择“图层 9”,执行“图层”→“创建剪贴蒙版”命令,创建剪贴蒙版,效果如图 2-100 所示。

图 2-99　文字效果

图 2-100　运用剪影效果

(17) 选择“图层 8”,为图层添加“投影”(不透明度：35；角度：60；距离：7；扩展：0；大小：7)、“外发光”(混合模式：叠加；不透明度：100%；颜色：红色；扩展：15%；大小：50 像素；等高线：环形-双；范围：40%；抖动：0%)、“图案叠加”(混合模式：强光；不透明度：100%；图案：水-池；角度：0；缩放：60)图层样式,参数设置如图 2-101 所示。

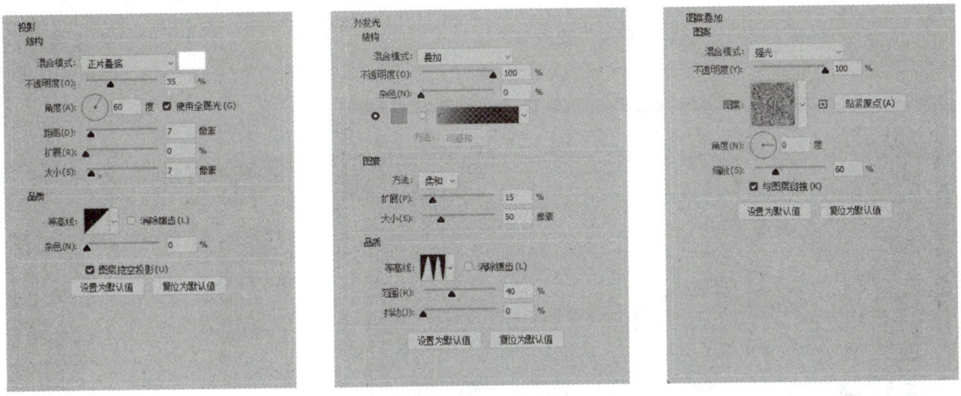

图 2-101　“图层样式”参数设置

(18) 将完成后的效果存储为“全民健身宣传展板. psd”,并另存为“全民健身宣传展板. jpg”。

2.4.2　案例二　设计风景明信片

运用“图层样式”“图层蒙版”“矢量蒙版”“滤镜”等创建如图 2-102 所示的风景明信片效果,掌握图层样式、图层蒙版、矢量蒙版及消失点滤镜的使用。

(1) 新建图像文件,设置标题为“风景明信片”,“宽度”为“14. 8 厘米”,“高度”为“10.5 厘米”,“分辨率”为“300 像素/英寸”,“颜色模式”为“RGB”,“背景内容”为“白色”。

(2) 打开素材文件夹中的“风景. jpg”,将其复制到“风景明信片”中,生成“图层 1”,调整“图层 1”大小使其与画布相同。

(3) 执行“视图”→“参考线”→“新建参考线版面”命令，创建 1 列 1 行且“边距”均为“4mm”的参考线版面。

(4) 选择“矩形工具”，选择属性栏中的“选择工具模式”为“路径”，沿参考线绘制矩形路径。

(5) 执行“图层”→“矢量蒙版”→“当前路径”命令，创建矢量蒙版。矢量蒙版如图 2-103 所示，效果如图 2-104 所示。矢量蒙版应用如二维码 2-12 所示。

图 2-102 “风景明信片”效果图

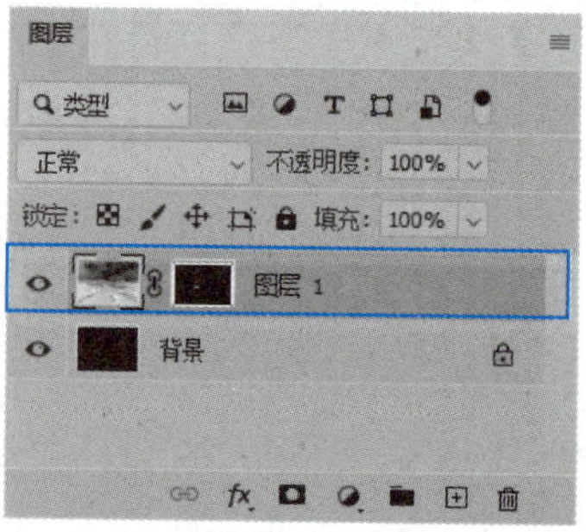

图 2-103 矢量蒙版

图 2-104 “矢量蒙版”效果图

二维码 2-12 矢量蒙版应用

(6) 打开素材文件夹中的“鹰.jpg”，将图像复制到“风景明信片”中，生成“图层 2”，按 Ctrl+T 组合键适当调整图像大小及位置。

(7) 选择“对象选择工具”，单击“鹰”主体区域，形成“鹰部”选区，单击“图层”面板下方的“添加图层蒙版”按钮，为“图层 2”添加图层蒙版。图层蒙版如图 2-105 所示，效果如图 2-106 所示。

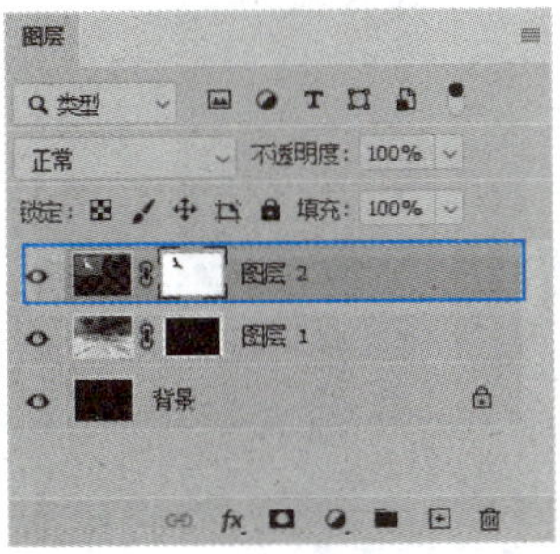

图 2-105 图层蒙版

图 2-106 "图层蒙版"效果图

(8) 在明信片右上方输入直排文字"中国相约",设置"字体"为"方正舒体","相约"颜色为"黑色","中国"颜色为"红色",适当调整字体大小及字符间距。为"中国相约"图层添加"描边""投影"和"外发光"图层样式,根据效果图适当设置参数,效果如图 2-107 所示。

(9) 选择"直线工具" ,设置"填充颜色"为"黑色","描边"为"3 像素","路径操作"为"合并形状",选择恰当位置绘制两条直线形成"十"字,效果如图 2-108 所示。

图 2-107 直排文字效果

图 2-108 直线工具绘制"十"字

(10) 在公路上输入文字"2023",设置字体为"Impact",颜色为"白色",适当调整字体大小及字符间距。执行"文字"→"转变为形状"命令,将"文字图层"转变"为形状图层"。

(11) 按 Ctrl 键,单击"2023"图层缩览图,生成选区,按 Ctrl+C 组合键复制选区,按 Ctrl+D 组合键取消选区,隐藏该图层。

(12) 按 Ctrl+Shift+N 组合键新建空白图层"图层 3",执行"滤镜"→"消失点"命令,弹出"消失点"对话框,选择"创建平面"工具 ,沿公路边缘绘制透视平面,效果如图 2-109 所示。

(13) 按 Ctrl+V 组合键将"2023"复制到"消失点"对话框,将其拖曳至所创建平面中,按 Ctrl+T 组合键调整大小和位置,单击"确定"按钮,效果如图 2-110 所示。使用"消失点"创建平面图像具体过程如二维码 2-13 所示。

图 2-109　透视平面

图 2-110　使用“消失点”创建平面图像效果

二维码 2-13　使用“消失点”创建平面图像

（14）双击“图层 3”，打开“图层样式”对话框，“混合选项”参数设置如图 2-111 所示，清除参考线后的效果如图 2-112 所示。

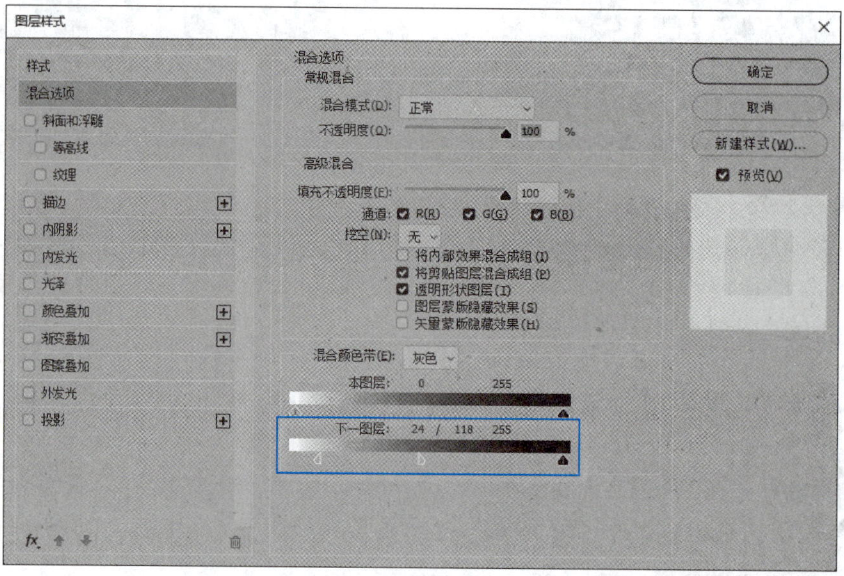

图 2-111　“混合选项”参数设置

图 2-112　风景明信片清除参考线后的效果图

(15) 将完成后的效果存储为“风景明信片.psd”,并另存为“风景明信片.jpg”。

2.4.3　知识拓展

1. 图层混合模式

图层混合模式中的各种设置决定了当前图层中的图像与下方图层中的图像以何种模式进行混合。

在“图层”面板中选择上方图层,单击如图 2-113 所示位置;设置选定图层的“图层混合模式”,模式下拉列表展开如图 2-114 所示,分为六类共 27 种模式,根据需要选择相应的“混合模式”即可实现上、下图层内容的混合。

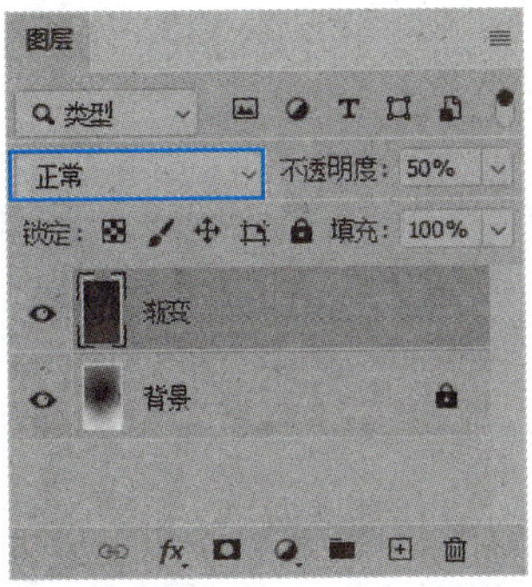

图 2-113　“混合模式”图层设置

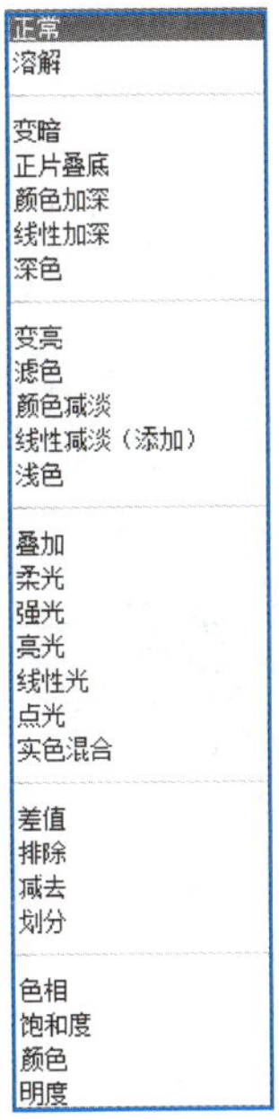

图 2-114　混合模式列表

对上方“渐变”图层应用不同图层混合模式后，效果如图 2-115 所示。

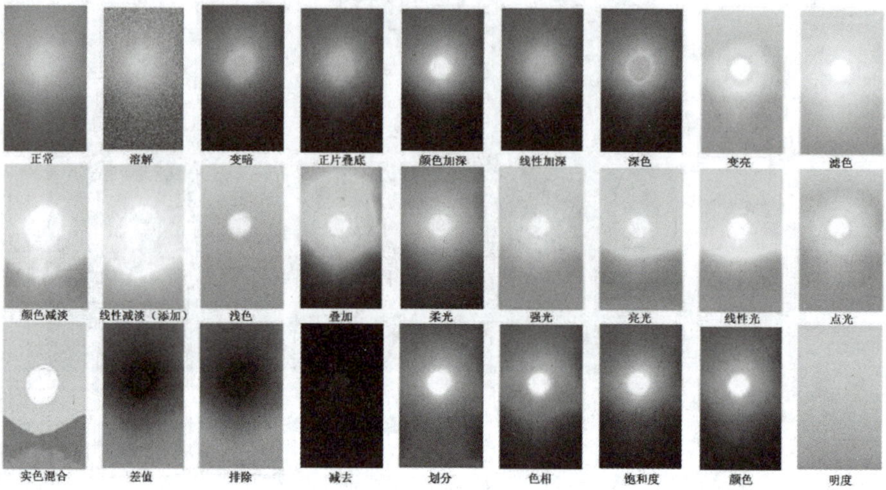

图片：不同图层混合模式效果对比

图 2-115　不同图层混合模式效果对比

2. 蒙版

1）图层蒙版

图层蒙版利用“黑白灰”来控制图像内容不透明度，以实现显示和隐藏的目的。白色部分完全显示，黑色部分完全隐藏，灰色部分由灰度深浅决定半透明程度。

（1）添加图层蒙版：选择图层，单击“图层”面板下方的“添加图层蒙版”按钮 ，为图层添加蒙版。按住 Alt 键的同时，单击“图层”面板下方的“添加图层蒙版”按钮，为图层添加隐藏全图层的蒙版，如图 2-116 所示。

执行“图层”→“图层蒙版”→“显示全部”命令，为图层添加显示全图层的蒙版。

执行“图层”→“图层蒙版”→“隐藏全部”命令，为图层添加隐藏全图层的蒙版。

（2）图层蒙版操作：在“图层”面板中，右击图层蒙版，弹出“蒙版”快捷菜单，如图 2-117 所示。

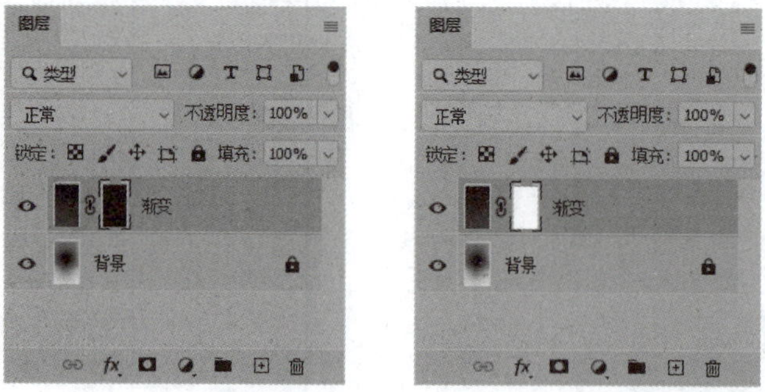

图 2-116　显示全图层蒙版及隐藏全图层蒙版对比

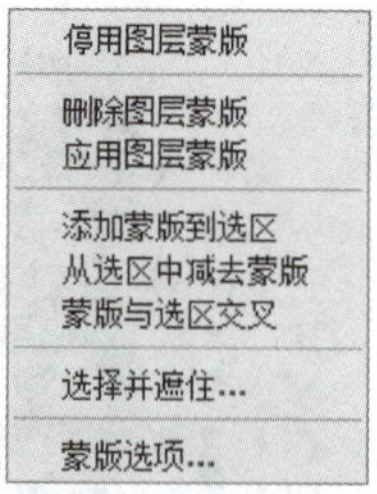

图 2-117　“蒙版”快捷菜单

停用图层蒙版：执行“停用图层蒙版”命令，则图层蒙版被停用。停用图层蒙版后的“图层”面板及效果如图 2-118 所示。停用的图层蒙版可根据需要重新启用，只需右击图层蒙版，在弹出的快捷菜单中选择“启用图层蒙版”命令即可。

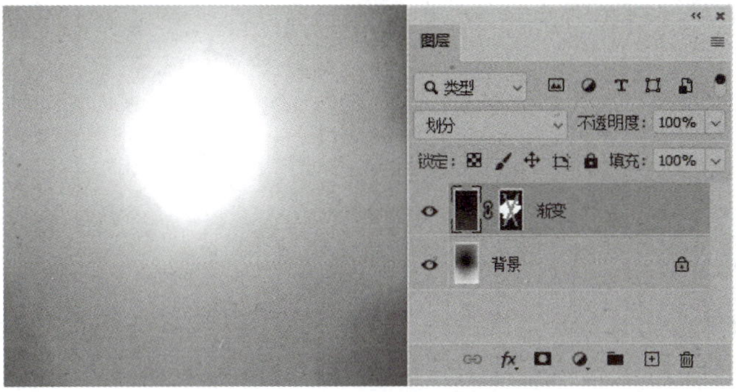

图 2-118　停用图层蒙版后效果图

图片：停用图层蒙版后效果图

删除图层蒙版：执行“删除图层蒙版”命令，或将图层蒙版拖到“图层”面板，单击“删除图层”按钮 ，即可将图层蒙版删除。删除图层蒙版后的效果如图 2-119 所示。

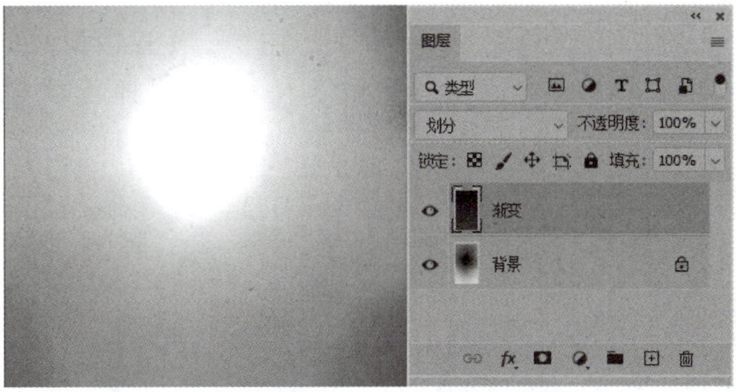

图 2-119　删除图层蒙版后效果图

图片：删除图层蒙版后效果图

应用图层蒙版：执行“应用图层蒙版”命令，或执行“图层”→“图层蒙版”→“应用”命令，即可将该图层蒙版应用到图层。应用图层蒙版后的效果如图 2-120 所示。

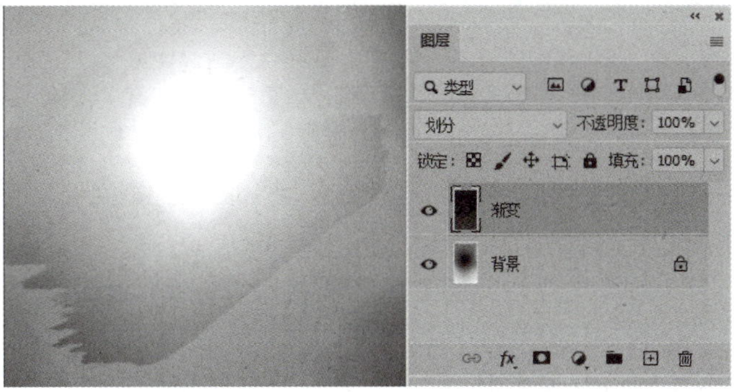

图 2-120　应用图层蒙版后效果图

图片：应用图层蒙版后效果图

添加蒙版到选区：执行“添加蒙版到选区”命令，即可将该图层蒙版白色区域转变为选区，添加蒙版到选区的效果如图 2-121 所示。

图片：添加蒙版到选区的效果图

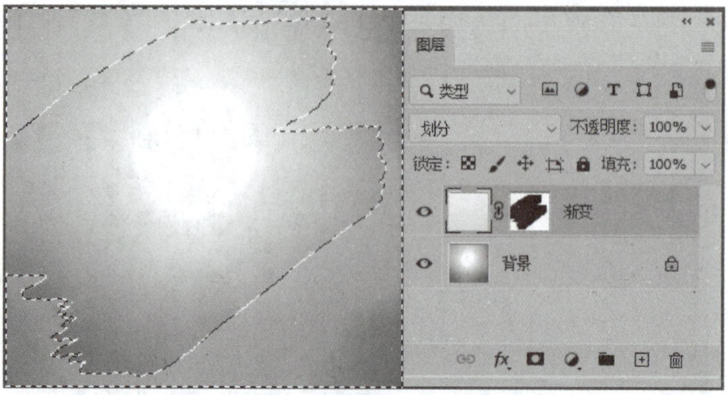

图 2-121　添加蒙版到选区的效果图

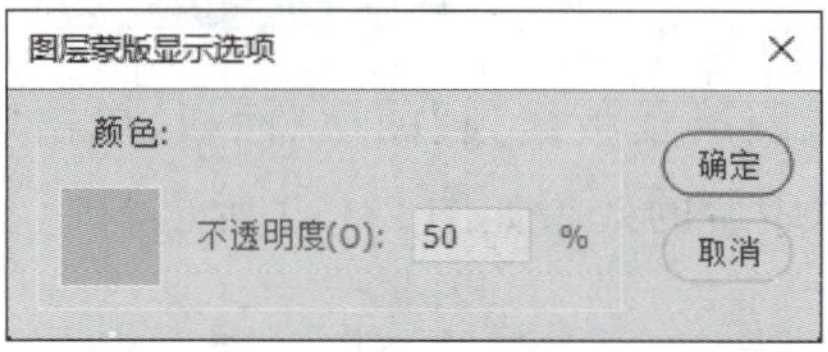

图 2-122　“图层蒙版显示选项”对话框

蒙版选项：执行“蒙版选项...”命令，弹出“图层蒙版显示选项”对话框，如图 2-122 所示，可以设置蒙版的颜色和不透明度。

2）矢量蒙版

矢量蒙版以路径的形态控制图层图像的显示和隐藏，路径内图像被显示，路径外图像被隐藏。

在图像窗口中绘制路径，选中“图层 1”，执行“图层”→“矢量蒙版”→“当前路径”命令，为图层添加“矢量蒙版”。使用“矢量蒙版”前后对比如图 2-123 所示。使用“直接选择工具”可以继续对路径进行调整，从而修改矢量蒙版的遮盖区域。

图 2-123　矢量蒙版的使用及路径调整

3）剪贴蒙版

剪贴蒙版使用下方图层的内容来遮盖上方图层的图像，以实现上图下形的效果，遮盖效果由下方图层决定。

(1) 创建剪贴蒙版：选择图层，执行“图层”→“创建剪贴蒙版”命令；按住 Alt 键同时，将鼠标放置到两图层中间位置，当鼠标指针变形时单击；右击图层，在快捷菜单中选择“创建剪贴蒙版”命令均可创建剪贴蒙版。创建剪贴蒙版效果如图 2-124 所示。

(2) 释放剪贴蒙版：选择图层，执行“图层”→“释放剪贴蒙版”命令或按住 Alt 键同时，将鼠标放置到两图层中间位置，鼠标指针变形时，单击即可释放剪贴蒙版。

3. 滤镜

1）智能滤镜

在 Photoshop 中，在图层上执行“滤镜”→“转换为智能滤镜”命令后，该图层将被转换

图 2-124 创建剪贴蒙版效果

为“智能对象”图层。在“智能对象”图层上应用滤镜将启用可重新编辑的智能滤镜。智能滤镜可以在“图层”面板上对添加的滤镜进行修改、删除、显示或隐藏滤镜等操作，且智能滤镜的运用不会对原图像产生影响。

2）滤镜库

执行“滤镜”→“滤镜库”命令，打开“滤镜库”对话框，如图 2-125 所示。在“滤镜库”对话框中可以对一个图像使用一个或多个滤镜，并且可以修改滤镜参数或替换滤镜，如果对某图像多次使用相同滤镜，则滤镜效果叠加。

图 2-125 “滤镜库”对话框

（1）效果预览窗口：预览应用滤镜后的效果。

（2）滤镜列表：在该列表选择滤镜。

（3）参数设置面板：可修改所选滤镜参数选项。

（4）当前使用滤镜：处于黑色状态为所选滤镜。

（5）新建效果图层：单击该按钮，可以新建一个效果图层，并为该图层使用一个滤镜。

（6）删除效果图层：可将当前所选效果图层及该效果图层中的滤镜同时删除。

2.5 照片修饰

学习目标及要求

(1) 掌握图像调整的方式方法。
(2) 掌握历史记录画笔工具的应用。
(3) 掌握各种常用修整工具的使用方法。
(4) 掌握各种润饰工具的使用方法。

育人目标

(1) 通过欣赏自然风光,体验自然之美,增强学生的民族自豪感。
(2) 了解我国以中国传统服饰为代表的优秀文化遗产,激发学生的民族自豪感。

2.5.1 案例一 季节变化

使用“通道混合器”及“黑白”命令调整图片色彩,通过图层混合模式改变图像融合,使用“历史记录画笔工具”完成局部区域撤回,创建季节变化的效果,如图 2-126 所示。

图 2-126 季节变化效果图

(1) 打开素材文件夹中的“夏日.jpg”,选择背景图层并复制,生成“背景 拷贝”图层,将其命名为“通道混合器”。

(2) 选择“通道混合器”图层,执行“图像”→“调整”→“通道混合器”命令,弹出“通道混合器”对话框,参数设置如图 2-127 所示。单击“确定”按钮,效果如图 2-128 所示。

(3) 选择“通道混合器”图层,按 Ctrl+J 组合键,复制所选图层,生成“通道混合器 拷贝”,将该图层命名为“黑白”,并将“黑白”图层的“混合模式”设置为“滤色”,如图 2-129 所示,效果如图 2-130 所示。

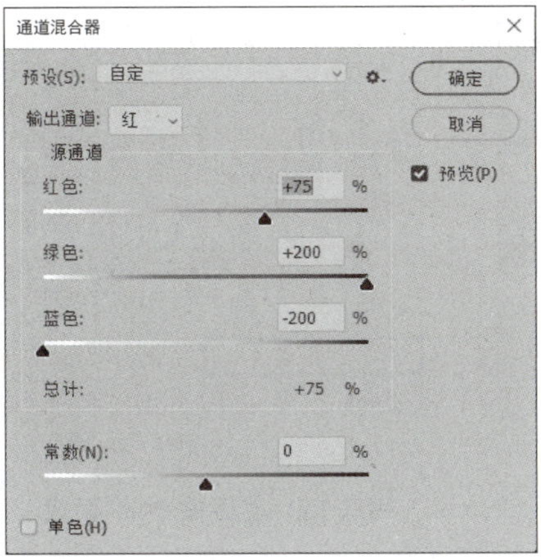

图 2-127　“通道混合器”参数设置

图 2-128　使用“通道混合器”后的效果

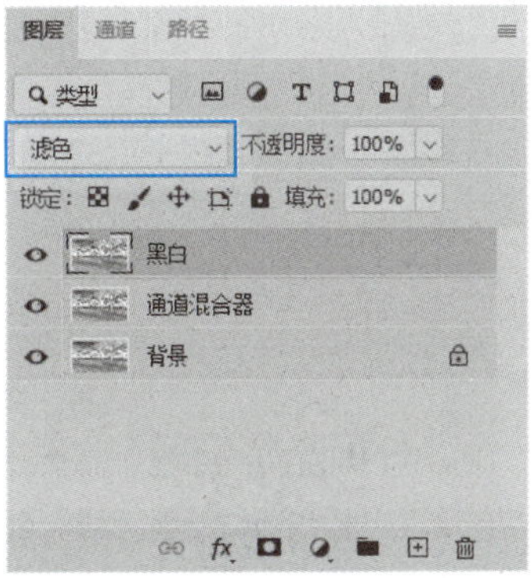

图 2-129　“图层”面板参数设置

图 2-130　设置“滤色”混合模式后的效果

（4）选择“黑白”图层，执行“图像”→“调整”→“黑白”命令，弹出“黑白”对话框，参数设置如图 2-131 所示。单击“确定”按钮，效果如图 2-132 所示。

（5）执行“窗口”→“历史记录”命令，显示“历史记录”面板，单击“混合更改”记录前的标记，将该记录设置为历史记录画笔源，“历史记录”面板如图 2-133 所示。

（6）选择“历史记录画笔工具”，设置画笔笔尖形状为“柔边圆”，适当设置画笔笔尖大小，“不透明度”为“50%”，对天空进行涂抹，属性栏参数设置如图 2-134 所示，效果如图 2-135 所示，季节变化制作过程如二维码 2-14 所示。

（7）将完成后的效果存储为“冬季. psd”，

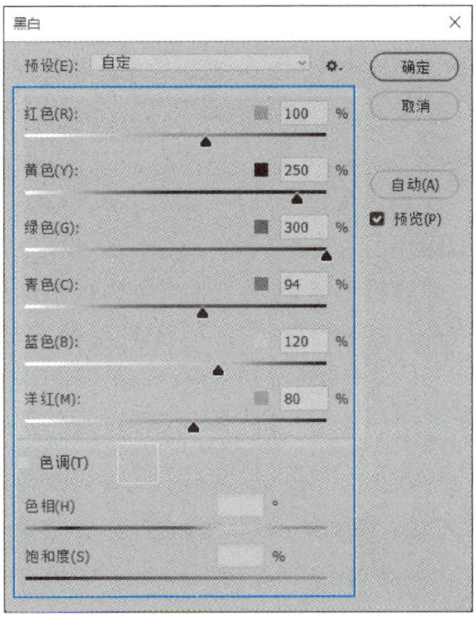

图 2-131　“黑白”参数设置

图 2-132 设置“黑白”后的效果

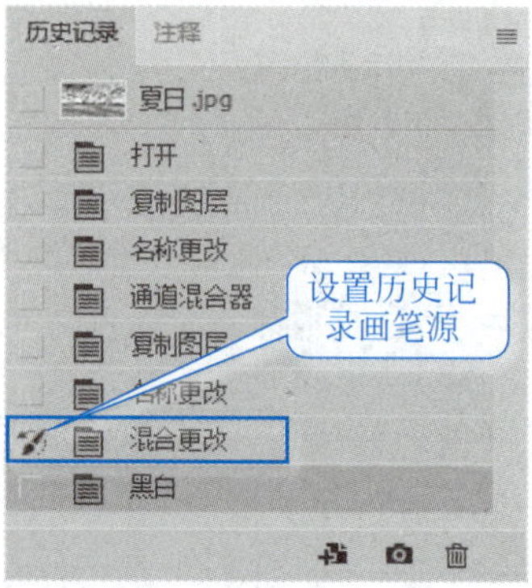

图 2-133 “历史记录”面板

图 2-134 “历史记录画笔工具”属性栏

图 2-135 恢复天空后的效果图

二维码 2-14 季节变化制作过程

并另存为“冬季.png”。

2.5.2 案例二 线描画

使用去色、亮度/对比度、色阶、填充或调整图层、图层蒙版等命令制作线描画效果，掌握图像调整，效果如图 2-136 所示。

(1) 打开素材文件夹中的“线描画.jpg”，复制“背景”图层，生成新的图层“背景 拷贝”。

(2) 选择“背景 拷贝”图层，执行“图像”→“调整”→“去色”命令，将“背景 拷贝”图层去色，执行“图像”→“调整”→“亮度/对比度”命令，弹出“亮度/对比度”对话框，参数设置如图 2-137 所示，单击“确定”按钮。

(3) 复制“背景 拷贝”图层，生成新图层“背景 拷贝 2”，执行“图像”→“调整”→“反相”命令，效果如图 2-138 所示。

(4) 执行“滤镜”→“其他”→“最小值”命令，弹出“最小值”对话框，参数设置如图 2-139 所示，单击“确定”按钮。

图 2-136　线描画效果图

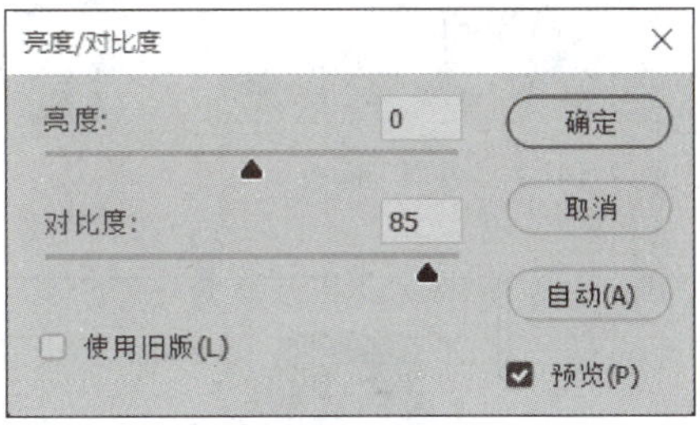

图 2-137　“亮度/对比度”对话框

图 2-138　“反相”效果图

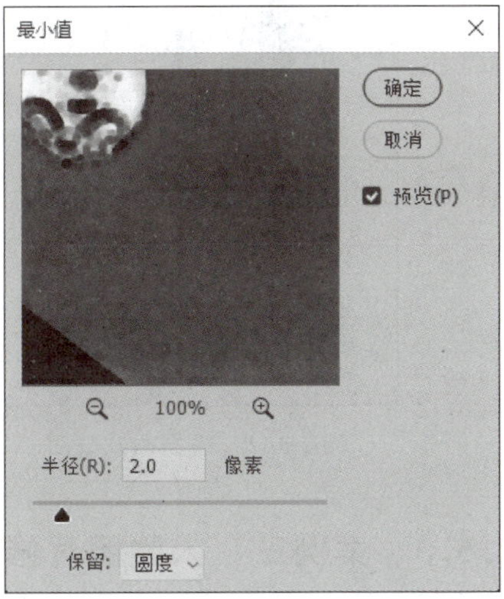

图 2-139　“最小值”对话框

(5) 设置“背景 拷贝 2”图层混合模式为“颜色减淡”，“图层”面板如图 2-140 所示。

(6) 单击“创建新的填充或调整图层”按钮，选择“色阶”命令，生成填充或调整图层“色阶 1”。“图层”面板及“属性”设置如图 2-141 所示。

(7) 设置前景色为“黑色”，选择“画笔工具”，设置画笔笔尖形状为“柔边圆”，设置合适的画笔笔尖大小；单击“色阶 1”图层蒙版缩览图，在头发、衣服区域涂抹，使其恢复色阶命令前的色彩，效果如图 2-142 所示。线描画制作过程如二维码 2-15 所示。

(8) 将完成后的效果存储为“线描画.psd”，并另存为“线描画.jpg”。

图 2-140 “图层”面板

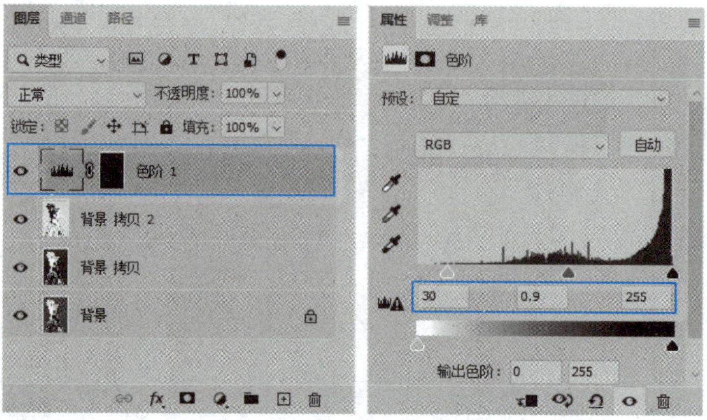

图 2-141 “图层”面板及“属性”设置

图 2-142 线描画效果图

二维码 2-15 线描画制作过程

2.5.3 案例三 人物照片修饰

使用“污点修复画笔工具”“修补工具”“仿制图章工具”“减淡工具”“海绵工具”等工具修饰图片，修饰后的效果如图 2-143 所示。

(1) 执行“文件”→“打开”命令，打开素材文件夹“修饰图片.jpg”。复制背景图层，生成“背景 拷贝”图层。

(2) 选择“背景 拷贝”图层，选择“污点修复画笔工具”，在小孩衣服上的污迹处及桌子划痕处单击或涂抹，去除衣服上的污迹和桌子划痕，效果如图 2-144 所示。

(3) 选择“修补工具”，属性栏参数设置如图 2-145 所示，在图片左下角区域选取桌上棉花，如图 2-146 所示。

(4) 拖曳选区内容到桌子左侧适当位置，释放鼠标，完成桌面棉花修补，效果如图 2-147 所示。

图 2-143　人物照片修饰效果图

图片：人物照片修饰效果图

图 2-144　去除污迹及划痕后的效果

图 2-145　“修补工具”选项设置

图 2-146　用“修补工具”选中棉花

图 2-147　桌子修补后的效果

(5) 选择“仿制图章工具”，在属性栏中设置画笔“笔尖大小”为“90 像素”。执行“窗口”→“仿制源”命令，在“仿制源”面板设置宽高缩放均为“90%”，“旋转仿制源”为“－20”，参数设置如图 2-148 所示。

(6) 按 Alt 键单击右侧“花枝”取样，在画面左侧偏下方按住鼠标拖曳绘制缩小的花枝图像，效果如图 2-149 所示。

(7) 选择“仿制图章工具”，在属性栏中设置画笔“笔尖大小”为“80 像素”，“硬度”为“100%”。执行“窗口”→“仿制源”命令，在“仿制源”面板中设置“水平缩放”为“95%”，“旋转仿制源”为“－2”，在“书脊”适当位置取样后修补“书皮”，修补前后对比效果如图 2-150 所示。“仿制图章工具”使用过程如二维码 2-16 所示。

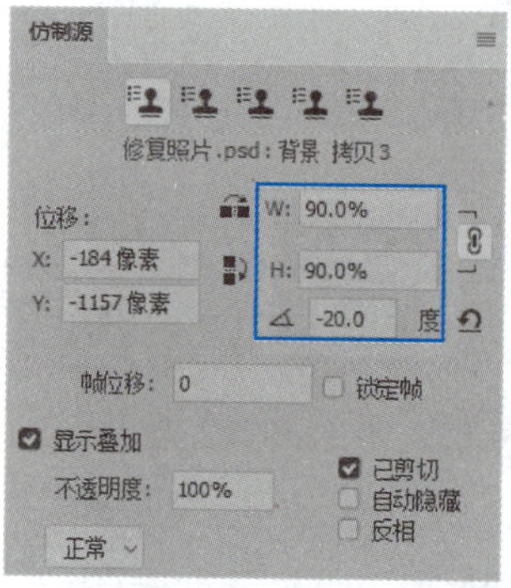

图 2-148 “仿制源”参数设置

图 2-149 绘制缩小的花枝的效果

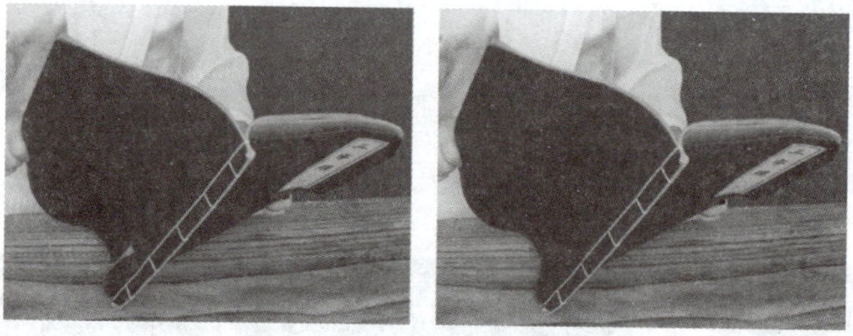

图 2-150 图书修补前后的效果

二维码 2-16 “仿制图章工具”使用过程

(8) 选择“减淡工具”，在属性栏中设置画笔“笔尖大小”为“12 像素”，“曝光度”为“30%”。在牙齿区域进行涂抹，对牙齿进行减淡处理。减淡前后对比如图 2-151 所示。

(9) 选择“海绵工具”，在属性栏中设置画笔“笔尖大小”为“15 像素”，模式为“加色”，流量为“30%”。在嘴唇区域涂抹，对嘴唇进行加色处理，效果如图 2-152 所示。

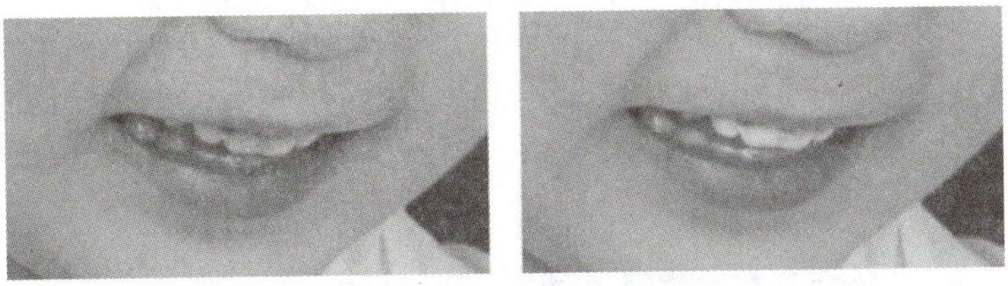

图 2-151　牙齿减淡前后的对比效果

图 2-152　人物照片修饰效果图

(10) 将完成后的效果存储为“修饰.psd”,并另存为“修饰.jpg”。

2.5.4 知识拓展

1. 图像调整

(1) “色调均化”可重新分布像素亮度值,将最亮的值调整为白色,最暗的值调整为黑色,中间值分布在整个灰度范围,使其均匀呈现所有范围的亮度级别。该命令可增加颜色相近像素间的对比度,“色调均化”前后效果对比如图 2-153 所示。

图 2-153　“色调均化”前后效果对比

图片:“色调均化”前后效果对比

（2）“曲线”命令可以通过调整图像色彩曲线上色彩的输入值和输出值来改变图像的像素数值，效果及参数设置如图 2-154 所示。

图片：“曲线”效果及参数设置

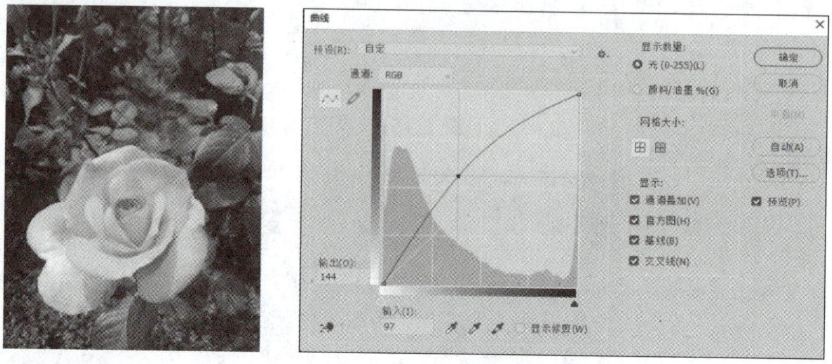

图 2-154 “曲线”效果及参数设置

（3）“色相/饱和度”是借助色彩的三要素完成颜色调整。“预设”用于选择要调整的色彩范围；色相、饱和度、明度是色彩的三要素，其中色相是色彩的首要特征；饱和度表示色彩加入的浓度；明度代表图像的明暗程度；勾选“着色”复选框，图像将变成单一的颜色进行色相、饱和度、明度的调节，效果及参数设置如图 2-155 所示。

图片：“色相/饱和度”效果及参数设置

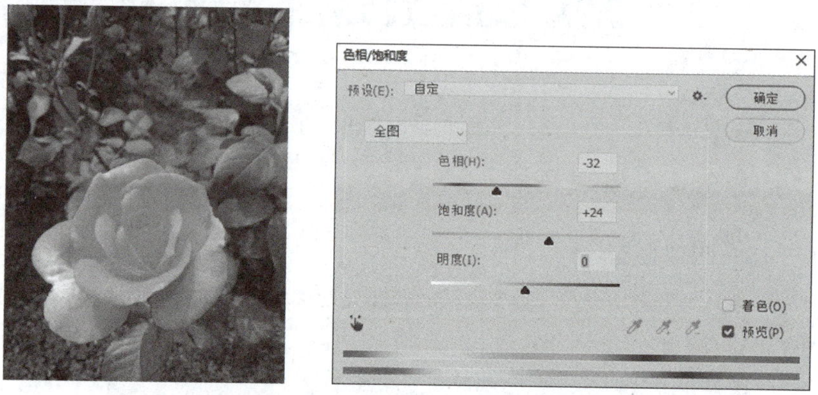

图 2-155 “色相/饱和度”效果及参数设置

（4）“色彩平衡”用于添加过渡色平衡色彩，通过在“色阶”选项框中输入数值或拖曳对比色之间的滑块即可调整图像色彩，效果及参数设置如图 2-156 所示。

图片：“色彩平衡”效果及参数设置

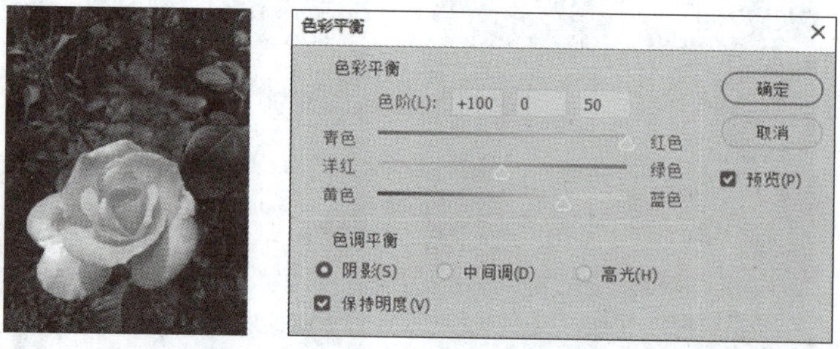

图 2-156 “色彩平衡”效果及参数设置

(5)“黑白”命令将彩色图像转换为黑白图像,也可以为黑白图像添加单色色调,效果及参数设置如图 2-157 所示。

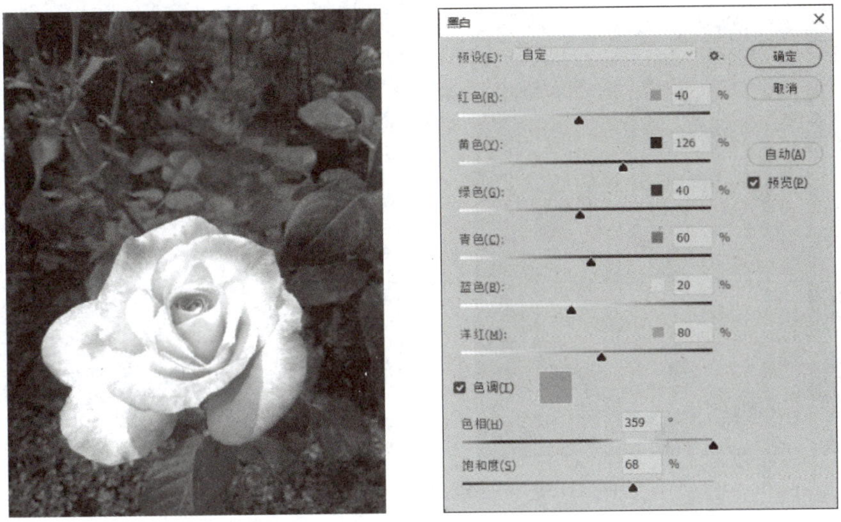

图 2-157　“黑白”效果及参数设置

图片:“黑白”效果及参数设置

(6)“可选颜色”在不影响其他主要颜色的情况下,有选择地修改某些颜色,效果及参数设置如图 2-158 所示。

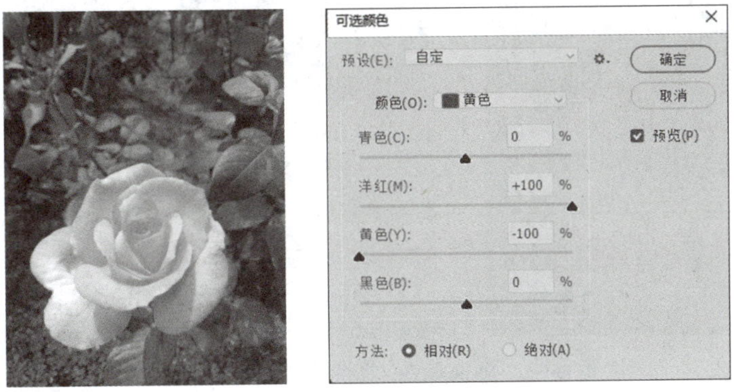

图 2-158　“可选颜色”效果及参数设置

图片:“可选颜色”效果及参数设置

(7)“匹配颜色”命令可通过更改亮度、色彩强度及中和色痕来调整图像中的颜色。它还可以匹配多个图像之间、多个图层之间或者多个选区之间的颜色,效果及参数设置如图 2-159 所示。

(8)“替换颜色”将图像指定颜色替换为其他颜色,效果及参数设置如图 2-160 所示。

2. 填充或调整图层

填充或调整图层可以调整其下方所有图层的色彩、亮度、饱和度等信息,且不破坏原图像。若调整效果不满意,可修改填充或调整图层参数。

单击“图层”面板中的“创建新的填充或调整图层”按钮,弹出命令菜单,如图 2-161 所示。选择相应的命令,即可生成填充或调整图层,填充或调整图层自带图层蒙版,可通过对蒙版操作，使填充或调整图层应用于图像的具体部分。

图片："匹配颜色"效果及参数设置

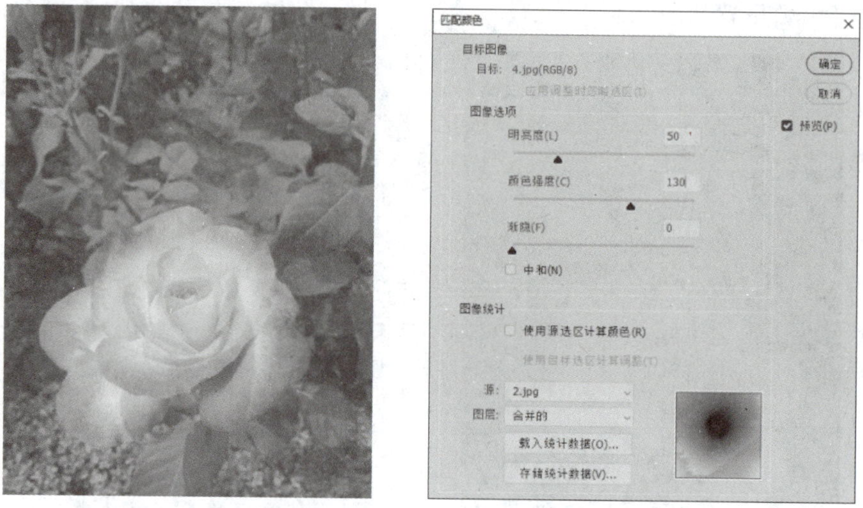

图 2-159 "匹配颜色"效果及参数设置

图片："替换颜色"效果及参数设置

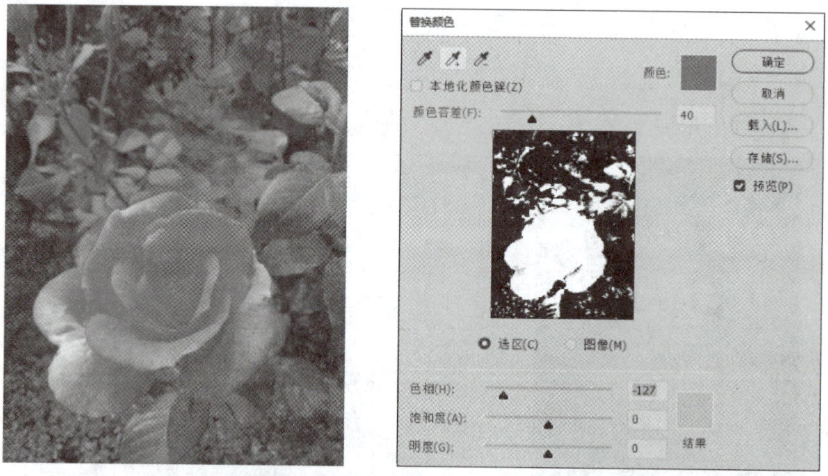

图 2-160 "替换颜色"效果及参数设置

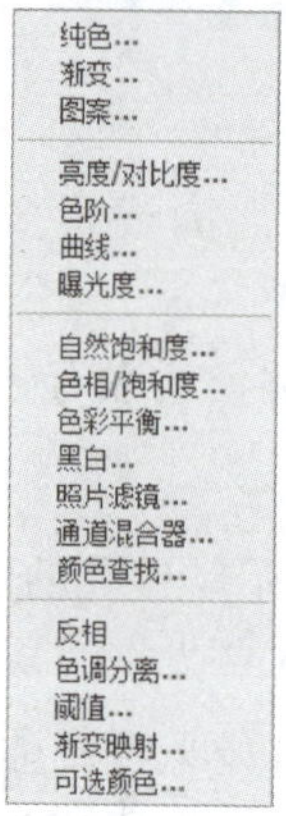

图 2-161 调整命令

例如，选择“照片滤镜”命令，生成“照片滤镜 1”图层，同时打开“属性”面板，调整照片滤镜参数，以改变其下方所有图层的颜色，如图 2-162 所示。

图 2-162　照片滤镜参数调整

图片：照片滤镜参数调整

3. 修饰工具

(1)“污点修复画笔工具”：该工具可以修复图像的小范围瑕疵。此工具无须取样，单击或拖曳涂抹瑕疵处会自动从周围区域取样，与所修复像素相匹配。“污点修复画笔工具”属性栏状态如图 2-163 所示，污点修复前后对比如图 2-164 所示。

图 2-163　“污点修复画笔工具”属性栏

图 2-164　使用“污点修复画笔工具”前后对比

图片：使用“污点修复画笔工具”前后对比

(2)“修补工具”：该工具可以用图像的其他区域修补当前区域，也可以使用图案修补当前区域。“修补工具”属性栏状态如图 2-165 所示，修补前后对比如图 2-166 所示。

图 2-165　“修补工具”属性栏

(3)“仿制图章工具”：该工具可以指定像素点为复制基准点，将像素点周围的图像

图片：使用“修补工具”前后对比

图 2-166 使用“修补工具”前后对比

复制到其他位置。“仿制图章工具”属性栏状态如图 2-167 所示。仿制效果及仿制源设置如图 2-168 所示。

图 2-167 “仿制图章工具”属性栏

图 2-168 使用“仿制图章工具”效果图及仿制源设置

图片：使用“仿制图章工具”效果图及仿制源设置

4. 润饰工具

(1)“模糊工具”：该工具可以柔化图像，舍弃图像中的某些细节，使图层或选区图像的色彩产生模糊效果。“模糊工具”属性栏状态如图 2-169 所示。模糊前后对比如图 2-170 所示。

图 2-169 “模糊工具”属性栏

(2)“锐化工具”：该工具与“模糊工具”相反，它可以提高图层或选区图像的对比度及清晰程度，锐化前后对比如图 2-171 所示。

(3)“涂抹工具”：该工具可以通过鼠标涂抹使图层或选区图像产生用手指涂抹变形的效果，涂抹前后对比如图 2-172 所示。

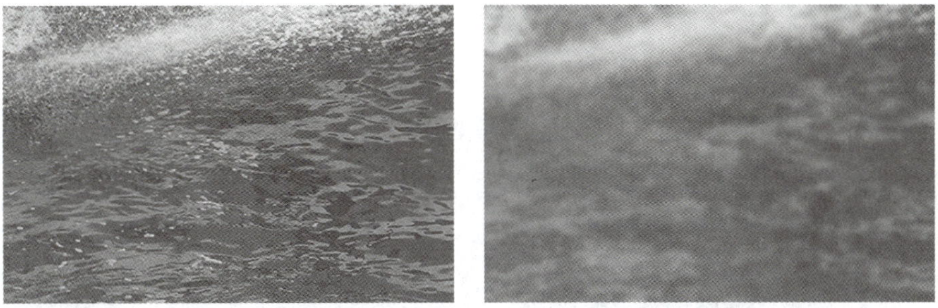

图 2-170　使用“模糊工具”前后对比图

图片：使用“模糊工具”前后对比图

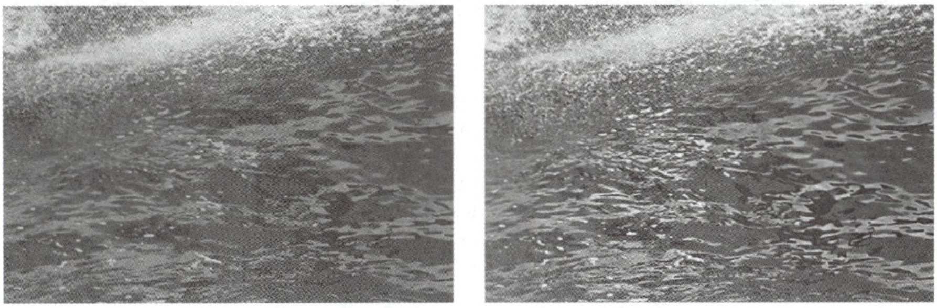

图 2-171　使用“锐化工具”前后对比图

图片：使用“锐化工具”前后对比图

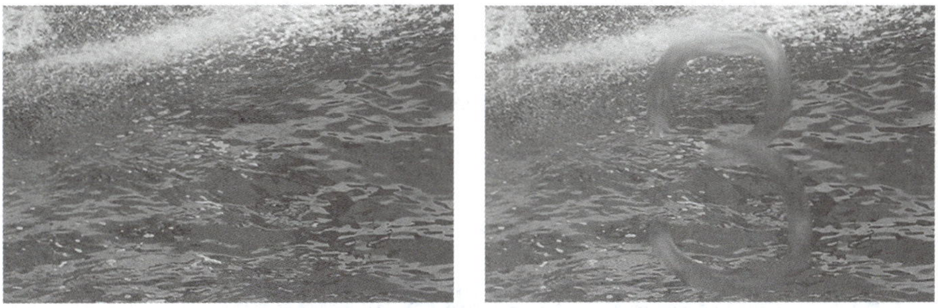

图 2-172　使用“涂抹工具”前后对比图

图片：使用“涂抹工具”前后对比图

(4)“减淡工具”：该工具可以提高图层或选区图像的亮度。

(5)“加深工具”：该工具可以降低图层或选区图像的亮度，使图像变暗。减淡和加深工具使用对比如图 2-173 所示。

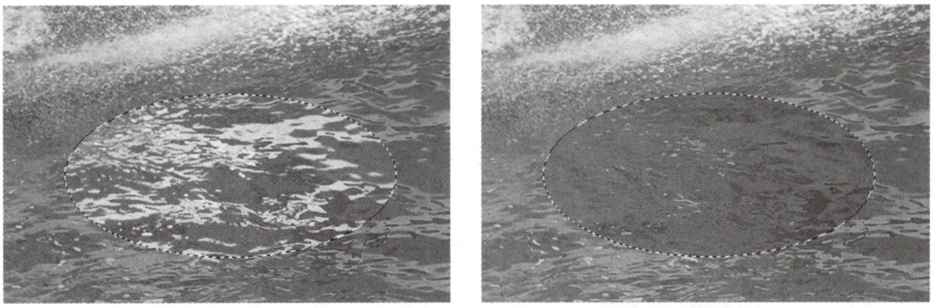

图 2-173　“减淡工具”和“加深工具”使用前后对比图

图片：“减淡工具”和“加深工具”使用前后对比图

（6）“海绵工具”：该工具可以调整图层或选区图像的色彩饱和度。加色与去色模式的对比如图 2-174 所示。

图片：“海绵工具”加深模式与去色模式对比图

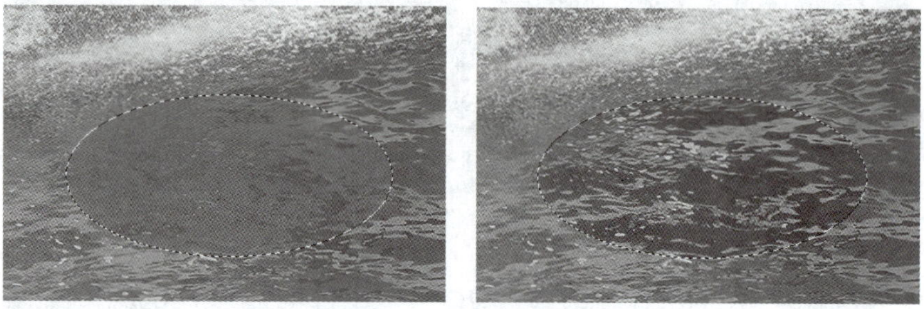

图 2-174 “海绵工具”加色模式与去色模式对比图

5. 历史记录画笔工具

“历史记录画笔工具”：该工具通常配合“历史记录”面板共同使用。在“历史记录”面板中设置历史记录画笔源，将某区域还原至“设置历史记录画笔”的效果。“历史记录画笔工具”属性栏常用参数如图 2-175 所示。

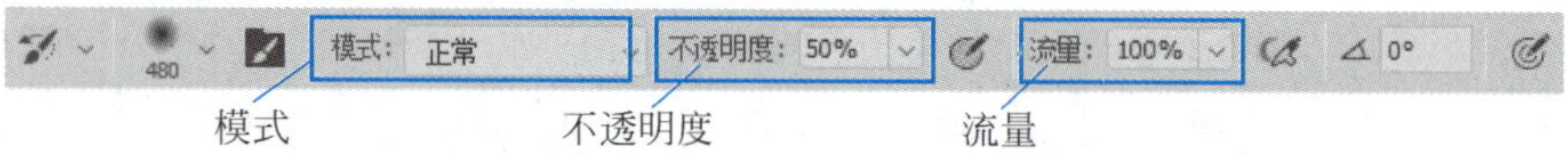

图 2-175 “历史记录画笔工具”属性栏

（1）模式：设置绘制图像颜色与原图像的混合方式。

（2）不透明度：调整画笔涂抹时的不透明度。

（3）流量：调整画笔颜色的具体应用量。

2.6 综合练习 设计体育杂志封面

本练习综合运用 Photoshop 工具和命令创建如图 2-176 所示的“体育杂志封面”效果。

（1）新建图像文件，设置“标题”为“体育杂志封面”，“宽度”为“21 厘米”，“高度”为“29.7 厘米”，“分辨率”为“300 像素/英寸”，“颜色模式”为“CMYK”，“背景内容”为“白色”。

（2）新建图层并将该图层命名为“渐变”，选择“渐变工具”，在“渐变编辑器”对话框中设置“渐变颜色”为“浅蓝到深蓝”：浅蓝色（R：147，G：191，B：230）、深蓝色（R：9，G：77，B：150），单击“确定”按钮，沿图像从上到下拖曳鼠标，为当前图层填充“从浅蓝色到深蓝色线性渐变”。

（3）打开素材文件夹中的“草地.jpg”，将草地内容复制到“体育杂志封面”中，生成“图层 1”，将该图层命名为“草地”，按 Ctrl+T 组合键调整大小与背景等大，置于整体图像下方。

（4）选择图层“草地”，为“草地”添加图层蒙版，选择“画笔工具”，设置“前景色”

为“黑色”，设置画笔笔尖形状为“柔边圆”，适当设置画笔“笔尖大小”，选择“草地”蒙版后，将“草地”上方中不需要显示的“蓝天部分”隐藏，图层蒙版如图 2-177 所示。

图 2-176　“体育杂志封面”效果图

图 2-177　“草地”图层蒙版

(5) 打开素材文件夹中的“海.jpg”，并将其复制到“体育杂志封面”中，生成“图层 1”，将该图层命名为“海边”，调整图像位于中下区域，效果如图 2-178 所示。

图 2-178　“海边”位置效果图

图片：“海边”位置效果图

(6) 选择“海边”图层，添加图层蒙版，选择“画笔工具”，设置前景色为“黑色”，设置画笔笔尖形状为“柔边圆”，适当设置画笔笔尖大小，确保“海边”蒙版处于选中状态，沿“海水”及“天空”边缘涂抹，将“海边”中不需要显示的部分隐藏，蒙版如图 2-179 所示，效果如图 2-180 所示。

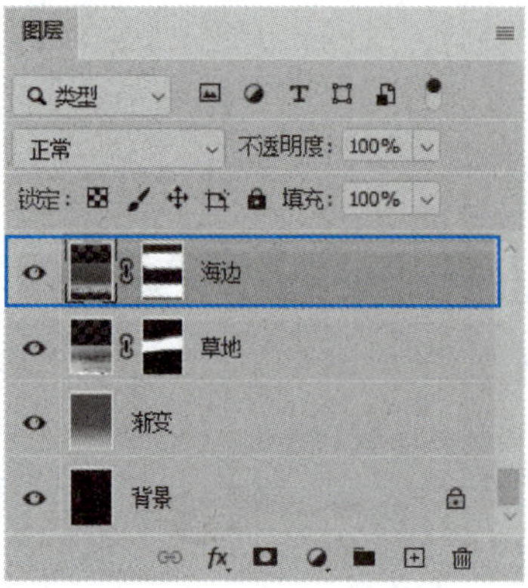

图 2-179 “海边”蒙版

图 2-180 蒙版效果

(7) 选择“海边”图层，单击“图层”面板下方的“创建新的填充或调整图层”按钮，在弹出的快捷菜单中选择“色阶”命令。

(8) 打开“色阶”属性面板，参数设置如图 2-181 所示，效果如图 2-182 所示。

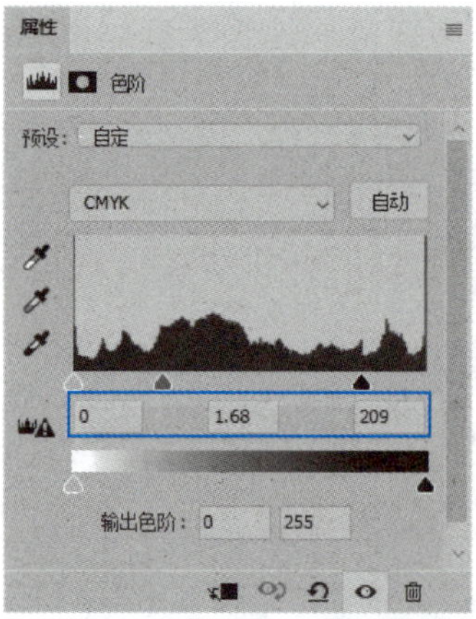

图 2-181 “色阶”参数设置

图 2-182 “色阶”设置后的效果图

(9) 选择“画笔工具”，将前景色设置为“黑色”，适当调整画笔笔尖大小，涂抹图像上方“天空”，恢复图片“天空”的原本颜色，仅改变“草地”和“云朵”的颜色，效果如图 2-183 所示。

图 2-183 恢复“天空”颜色的效果图

图片：恢复“天空”颜色的效果图

（10）打开素材文件夹中的“圆. png”，将内容复制到“体育杂志封面”中生成“图层1”，将该图层命名为“圆形”。执行“编辑”→“自由变换”命令适当调整图像大小、位置及角度。

（11）选择“圆形”图层，单击“图层”面板下方的“创建新的填充或调整图层”按钮，在弹出的快捷菜单中选择“曲线”命令。

（12）打开“曲线”属性面板，参数设置如图 2-184 所示，效果如图 2-185 所示。

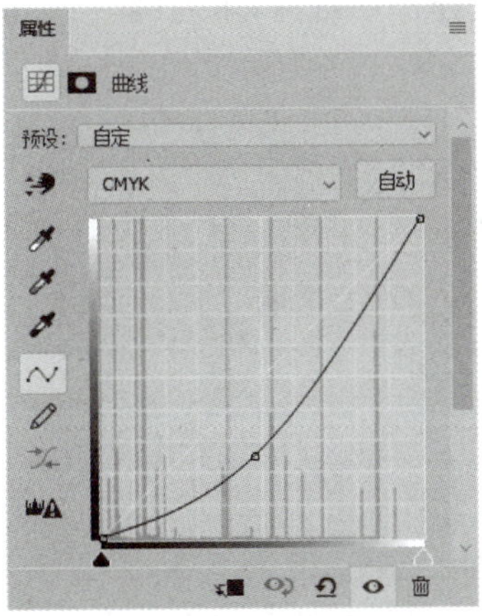

图 2-184 “曲线”参数设置

图 2-185 “曲线”设置后的效果图

(13) 按 Ctrl 键，单击“圆形”图层缩览图，载入圆形选区，执行“选择”→“反选”命令，选择“曲线 1”图层蒙版缩览图，执行“编辑”→“填充”命令，为选区填充黑色，仅改变圆形颜色。图层面板如图 2-186 所示，效果如图 2-187 所示。

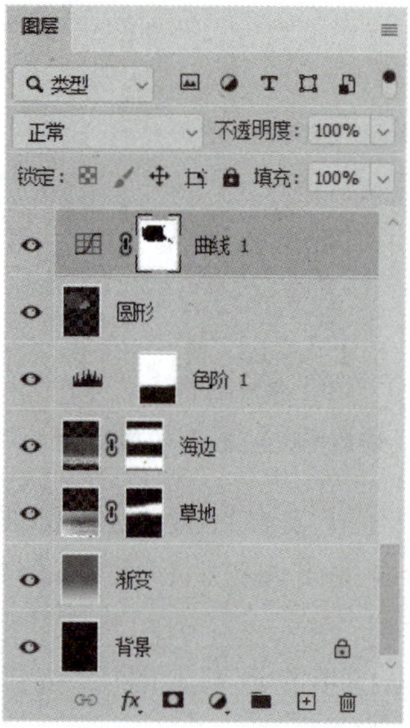

图 2-186 “曲线”图层面板

图 2-187 “只改变圆形”后的效果图

(14) 打开素材文件夹中的“路灯.jpg”，将文件复制到“体育杂志封面”中，生成“图层 1”，将该图层命名为“路灯”，按 Ctrl+T 组合键适当调整图像大小及位置。

(15) 选择图层“路灯”，利用“对象选择工具”，选择路灯主体，单击“图层”面板下方的“添加图层蒙版”按钮，为“路灯”添加图层蒙版。

(16) 创建新图层“图层 1”，选择“矩形选框工具”，创建矩形选区，填充“蓝色”(R: 105, G: 197, B: 208)，设置图层的“不透明度”为“70%”，效果如图 2-188 所示。

图片：“路灯”与“矩形”效果图

图 2-188 “路灯”与“矩形”效果图

(17) 在矩形上输入文字“体育精神”，设置字体为“隶书”，根据矩形的大小适当设置字体大小及字符间距。

(18) 为“体育精神”图层添加“斜面和浮雕”图层样式(设置样式：内斜面；大小：30 像素；等高线范围：50%；纹理：图案水滴 3；缩放：59%)；在“图层样式”对话框左侧样式中选择“内发光”及“复位为默认值”后将图素大小更改为“30 像素”；选择“光泽”及“复位为默认值”后单击“确定”按钮，效果如图 2-189 所示。

图 2-189　文字效果

(19) 创建新图层“图层 2”，执行“滤镜”→“渲染”→“树”命令，在打开的“树”对话框中进行如图 2-190 所示参数设置，出现图像后按 Ctrl+T 组合键，调整“树”大小及位置，效果如图 2-191 所示。

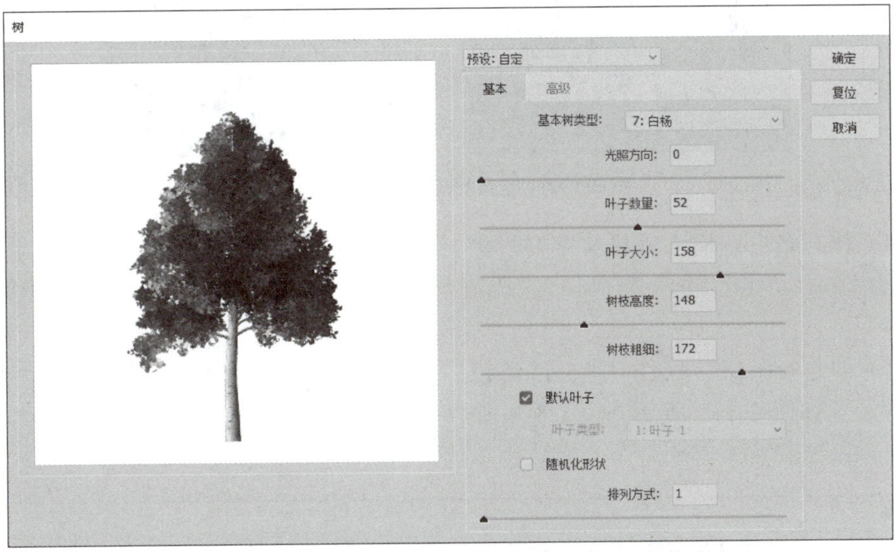

图 2-190　滤镜“树”参数设置对话框

图 2-191　滤镜“树”渲染后效果

（20）选择“图层 2”，为“图层 2”添加图层蒙版，选择“画笔工具”，设置“前景色”为“黑色”，设置画笔“笔尖形状”为“柔边圆”，适当设置画笔笔尖大小，确保“图层 2”蒙版处于选中状态，沿树根边缘涂抹，将树干下方不需要显示的部分隐藏，前后对比如图 2-192 所示。

图 2-192 擦除树干底部前后对比图

（21）在画布右侧输入直排文字“拼搏”，设置“字体”为“华文楷体”，“颜色”为“红色”，“字号”为“150”，“字符间距”为“40”。执行“文字”→“创建工作路径”命令，创建“拼搏”路径。

（22）创建新图层“图层 3”，执行“滤镜”→“渲染”→“火焰”命令，在打开的“火焰”对话框中，设置如图 2-193 所示参数，效果如图 2-194 所示。滤镜应用教程如二维码 2-17 所示。

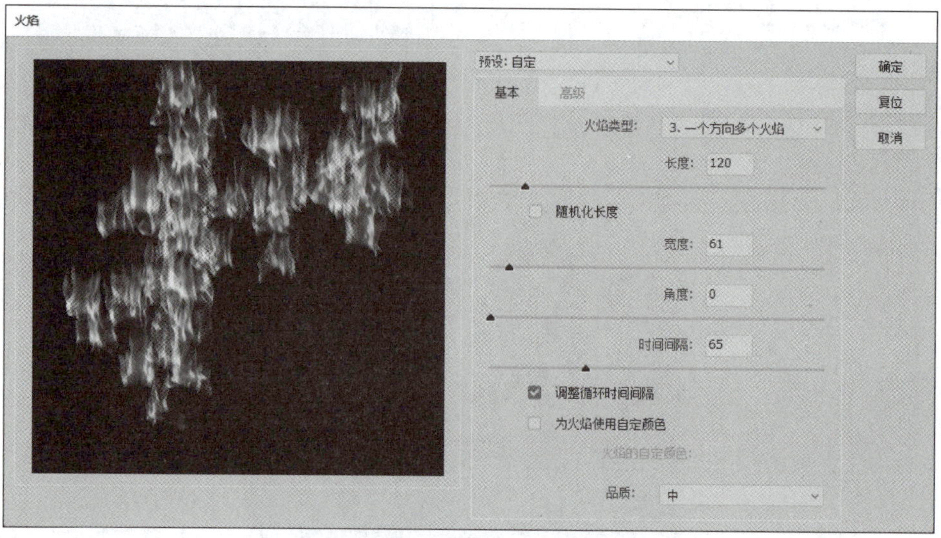

图 2-193 滤镜“火焰”参数设置对话框

图 2-194　“拼搏”文字效果

图片：“拼搏”文字效果

二维码 2-17　滤镜应用教程

（23）将完成后的效果存储为“体育杂志封面.psd”并另存为“体育杂志封面.jpg”。

第3章

音频信息采集与处理

Adobe Audition(简称 Au,原名 Cool Edit Pro)是由 Adobe 公司开发的数字音频编辑软件。它功能强大、易学易用,能够进行单轨编辑、多轨混音编辑、音频录制、视频文件中的音频编辑等工作,深受音频制作业余爱好者、小型录音棚和音频专业设计人员等不同人士的喜爱。本章主要介绍音频的基础知识和 Adobe Audition 2022 版的具体应用,使读者对音频的采集与处理有清晰的认识。本章所需素材如二维码 3-1 所示。

二维码 3-1
第 3 章素材

课程思政

"以文化人,注重乐教",孔子提出"兴于诗,立于礼,成于乐"(《论语·泰伯》)的乐教宗旨。古今中外,音乐是人类永恒而共存的文明成果,也是中华文化宝库中最璀璨的明珠之一。"大乐与天地同和"是极为强健的音乐教化精神,不仅使人们感受音乐之美、音乐之魂,还使人们重建音乐的人文精神。

3.1 音频处理基础知识

学习目标及要求

(1) 了解常用音频文件格式及重要参数。
(2) 掌握 Adobe Audition 工作界面的组成。
(3) 掌握 Adobe Audition 软件的基本操作。

育人目标

（1）培养学生对音律的欣赏及感悟能力。
（2）强化学生对真善美的认知和追求。

3.1.1　音频概述

1. 采样率

采样率也称采样速度或采样频率，是指录音设备对1秒长度的自然声波或模拟音频文件进行采样的数据个数。采样率越高，数字音频波形越接近原始的音频波形，其频率范围越宽，失真越小，音质越好；同理，采样率越低，其频率范围越窄，失真越大，音质越差。

现实中，若采样率不低于声音最高频率的2倍，就可认为抽样后的信号无失真地恢复成原始模拟信号。人耳可以听到的声音频率范围为20Hz～20kHz，所以要达到人耳听到声音不失真的效果，就需要采用至少40kHz的采样率。常用数字音频采样率如表3-1所示。

表3-1　常用数字音频采样率　　单位：Hz

采　样　率	媒体环境	频率范围
11025	AM调幅广播（低端多媒体）	0～5512
22050/24000	FM调频广播（高端多媒体）	0～11025/12000
32000	高于调频广播（标准广播级）	0～16000
44100	CD音频级别	0～22050
48000	标准DVD	0～24000
96000	高端DVD	0～48000
192000	超高端DVD	0～96000

2. 量化精度

量化精度也称量化数据位数或位深度，是描述每个采样点值的二进制位数。在相同的采样率下，量化精度越高，数据量越大，音质越好，反之量化精度越低，数据量越小，音质越差。其常用的量化精度有8bit（位）、16bit（位）、24bit（位）和32bit（位）。

3. 声道数

声道数是指声音通过多个音频源采样，所形成的不同声音波形的个数。单声道、双声道立体声和多声道环绕立体声是音频信号的三种标准制式。

单声道是指在播放声音时，只有一个声音波形，因此只能感受到声音的前后位置及音色、音量的大小，而不能感受到声音的横向空间感及声像。

双声道立体声是指把相关的音频信号压缩后，有两个不完全相同的声音波形。用两个扬声器进行播放，因为人的双耳效应，两耳接收到不同声音的细微差别就可以辨别出声音的方位，模拟现场听音乐的情境，从而产生立体声效果。

多声道环绕立体声也称环绕立体声，是将多个细微差别的声音波形，用多个扬声器进行播放，模拟音乐会现场，听者能够区分出不同方位的声音，感觉被声音包围起来。现在常用的多声道环绕立体声为5.1声道环绕立体声，简称5.1，它需要五个扬声器，以及一个低频重低音喇叭。

(1) L：左前方扬声器。

(2) R：右前方扬声器。

(3) C：中置扬声器。

(4) LFE：重低音喇叭。

(5) Ls：左环绕立体声扬声器。

(6) Rs：右环绕立体声扬声器。

3.1.2 常用的音频文件格式

在多媒体技术中存储声音信息的文件格式主要有WAV格式、MIDI格式、MP3格式、WMA格式、RA格式、CDA格式等。

1. WAV格式

WAV格式又名波形文件格式，可直接存储声音波形，是Windows的一种标准数字音频文件，该文件支持多种音频数字取样频率和声道，标准格式化的WAV文件和CD格式一样，也是44.1kHz的采样率、16位量化精度，因此声音文件质量和CD相差无几。它符合资源互换文件格式(RIFF)规范，用于保存Windows平台的音频信息资源，被Windows平台及其应用程序所广泛支持，是最常见的音频格式。

WAV文件的特点是，利用该格式记录的声音文件能够和原声基本一致，但文件占用空间大(一分钟的音频文件大约为10MB)。

2. MIDI格式

MIDI又称为音乐设备数字接口(musical instrument digital interface)，是编曲界使用较广泛的音乐标准格式。MIDI文件中包含音符、定时和16个声道的乐器定义，每个音符包括键、声道号、持续时间、音量和力度等信息。所以MIDI文件记录的不是乐曲本身，而是一些描述乐曲演奏过程的指令，主要用于计算机声音的重放和处理。该文件的扩展名为.MID。

由于MIDI文件记录的是一系列指令而不是数字化后的波形数据，因此它占用的存储空间较小，一首完整的MIDI音乐只有几十KB，却能包含数十条音乐轨道，这为设计多媒体应用系统和指定何时播放音乐带来很大的灵活性。

3. MP3格式

MPEG Audio-3是一种压缩的声音文件格式，其全称是动态影像专家压缩标准音频层面3(moving picture experts group audio layer Ⅲ)，简称为MP3，MP3格式压缩音乐的典型比例为1∶10和1∶12。MP3文件的特点是压缩比高、文件数据量小、音质可以满足普通的需求，能够在个人计算机和MP3播放机上进行播放。

4. WMA 格式

WMA(windows media audio)是微软公司推出的与 MP3 格式齐名的音频格式，是一种压缩的离散文件和流式文件。WMA 格式是以减少数据流量但保持音质的方法来达到压缩率更高的目的，其压缩率一般可以达到 1∶18，支持音频流(stream)技术，适合网络在线播放，目前网上的许多音乐都是 WMA 格式。

5. RA 格式

RA(real audio)是 Real Networks 推出的一种音乐压缩格式，是一种可以在网络上实时传送和播放的音乐文件的流媒体技术。RA 文件压缩比例可高达 1∶96，可以根据网络带宽的不同而改变声音质量。最大特点是可以采用流媒体的方式实现网上实时播放，即边下载边播放。

6. CDA 格式

CDA 格式又称为 CD 音乐，是唱片采用的格式，标准 CD 格式采用 44.1kHz 的采样频率，速率为 88kB/s，采用 16bit 量化位数。CD 音轨可以近似无损地记录波形流，因此它的声音基本忠于原声。

CDA 文件只是一个索引信息，并不是真正包含声音的信息，不论 CD 音频长短，在计算机上看到的文件大小都是 44KB。CD 光盘可以在 CD 唱机中播放，也可以在 Windows 环境中使用 CD 播放器播放。

3.1.3　Audition 2022 界面简介

熟练掌握工作界面的内容是学习 Audition 的基础，Audition 2022 软件界面主要由菜单栏、工具栏、常用面板、“编辑器”面板等部分组成，如图 3-1 所示。

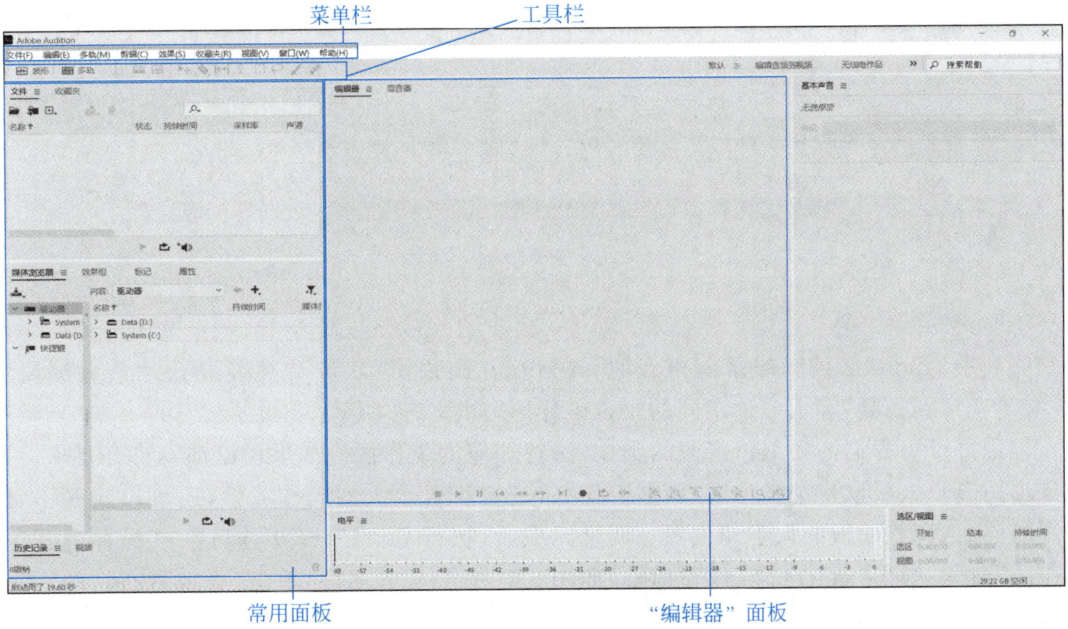

图 3-1　Audition 工作界面

1. 菜单栏

将命令按不同功能分别放到“文件”“编辑”“多轨”“剪辑”“效果”“收藏夹”“视图”“窗口”“帮助”9 个菜单项中，执行菜单命令可以完成音频编辑、声音采集、添加声音效果等操作。

2. 工具栏

工具栏前面有两个大按钮，第一个为“波形”按钮，单击该按钮进入单轨编辑界面；第二个为“多轨”按钮，单击进入多轨编辑界面。后面有“显示频谱频率显示器”、“显示频谱音调显示器”、“移动工具”“切断所选剪辑工具”“滑动工具”“时间选择工具”“框选工具”“套索选择工具”“画笔选择工具”和“污点修复画笔工具”，这些工具可以对音频文件进行基本的编辑操作。

3. 常用面板

常用面板包含“文件”面板、“收藏夹”面板、“媒体浏览器”面板、“效果组”面板和“视频”面板等。每个面板都可以单独关闭，关闭后可通过“窗口”菜单再次打开面板。

4. “编辑器”面板

音频文件在 Audition 中打开后，波形显示在“编辑器”面板中，一般的编辑操作都可以在“编辑器”面板中实现。编辑器分为两种类型：第一种是“波形编辑”状态编辑器，如图 3-2 所示；第二种是“多轨编辑”状态编辑器，如图 3-3 所示，两种状态下“编辑器”面板的功能略有区别。

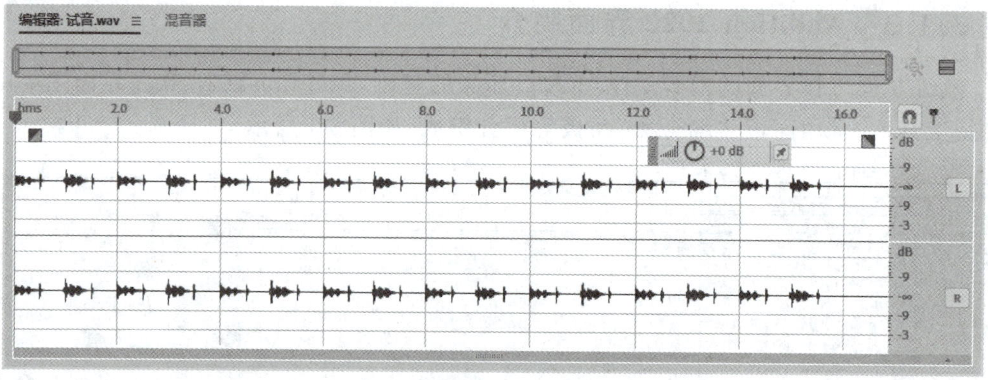

图 3-2 “波形编辑”状态编辑器

5. 调整工作区

利用 Audition 编辑或录制声音时，Audition 提供了“默认”“高级混音”“最大编辑”“编辑音频到视频”等十多种不同的预设工作区，如图 3-4 所示。

用户可以根据需要编辑音频的类型，选择相应的工作区。如果预设都不符合要求，可依据用户个人习惯自定义界面，调整工作区，使之符合个人的操作习惯，还可以隐藏不常用的界面，调整面板的大小和位置。调整完成后，执行“窗口”→“工作区”→“另存为新工作区”命令，弹出“新建工作区”对话框，如图 3-5 所示，输入名称，单击“确定”按钮，即可完成个性化工作区的设置。

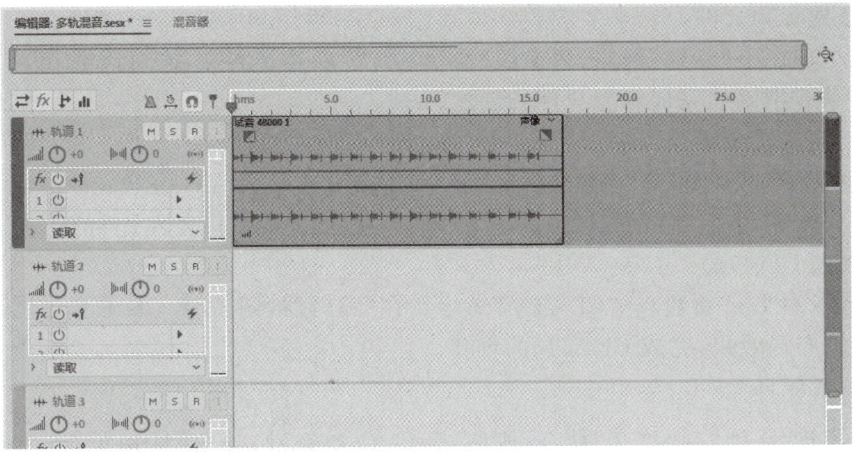

图 3-3 “多轨编辑”状态编辑器

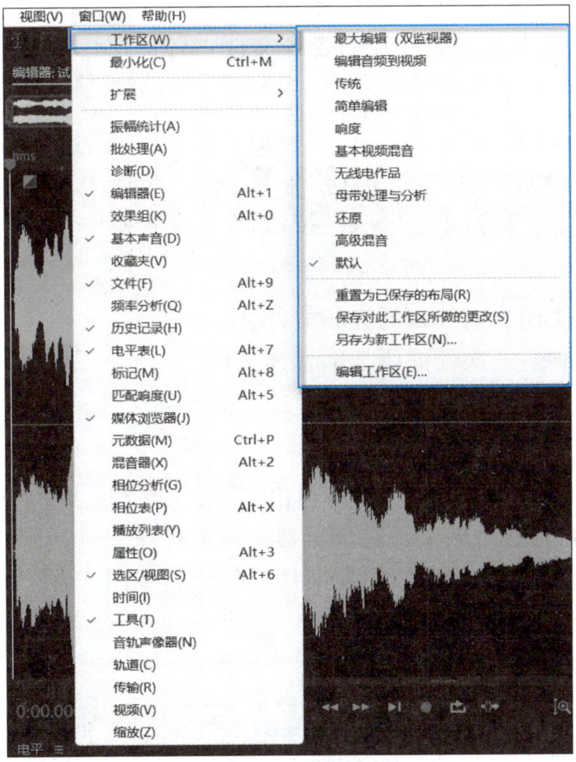

图 3-4 预设的工作区

图 3-5 “新建工作区”对话框

3.1.4 Audition 的文件基本操作

1. 新建文件

Audition 创建的项目文件可以用于存放制作音乐所需要的必要素材，软件提供三类项目文件的新建操作，包括音频文件项目、多轨会话项目和 CD 布局项目。

1）新建音频文件

执行“文件”→“新建”→“音频文件”命令，弹出“新建音频文件”对话框，设置名称及选项，单击“确定”按钮，完成音频文件的创建。

2）新建多轨会话

执行“文件”→“新建”→“多轨会话”命令，弹出“新建多轨会话”对话框，在“会话名称”文本框中输入文件名，设置文件的保存位置，单击“确定”按钮，完成多轨会话文件的创建。

3）新建 CD 布局

执行“文件”→“新建”→“CD 布局”命令。在“编辑器：未命名 CD 布局 1”窗口中查看新建的 CD 布局效果，完成 CD 布局的创建。

2. 打开文件

(1) 执行“文件”→“打开”命令，或按 Ctrl+O 组合键，弹出“打开文件”对话框，选择准备打开的音频文件，单击“打开”按钮。

(2) 打开某一个音频文件后，执行“文件”→“打开并附加”→“到新建文件”命令，弹出“打开并附加到新建文件”对话框，选择准备追加打开的音频文件，单击“打开”按钮，完成操作。

3. 保存文件

新建并编辑完一个音频文件后，执行“文件”→“保存”命令，弹出“另存为”对话框，如图 3-6 所示。设置保存的名称、位置、类型等，单击“完成”按钮，完成保存操作。

4. 关闭文件

(1) 执行“文件”→“关闭”命令，关闭当前编辑的音频文件。

(2) 执行“文件”→“全部关闭”命令，一次性关闭全部音频文件。

(3) 执行“文件”→“关闭未使用媒体”命令，关闭所有未使用的媒体文件。

5. 导入与导出文件

(1) 导入文件：执行“文件”→“导入”→“文件”命令，弹出“导入文件”对话框，选择准备导入的音频文件，单击“打开”按钮，则选中的文件在编辑器窗口被打开。

(2) 执行“文件”→“导出”→“文件”命令，弹出“导出文件”对话框，如图 3-7 所示。选择准备保存文件的位置、保存的名称，单击“保存”按钮。

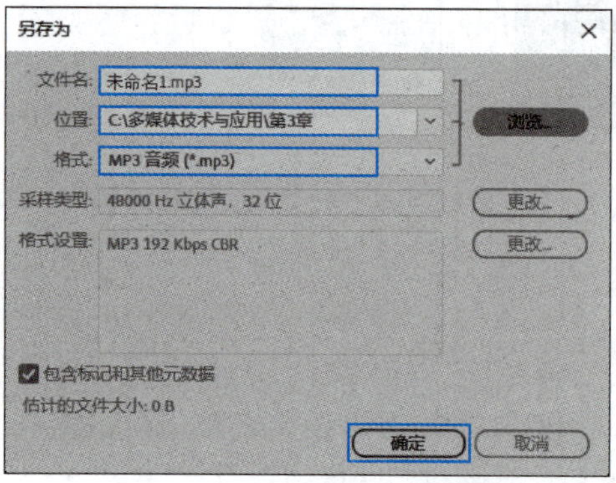

图 3-6 “另存为”对话框

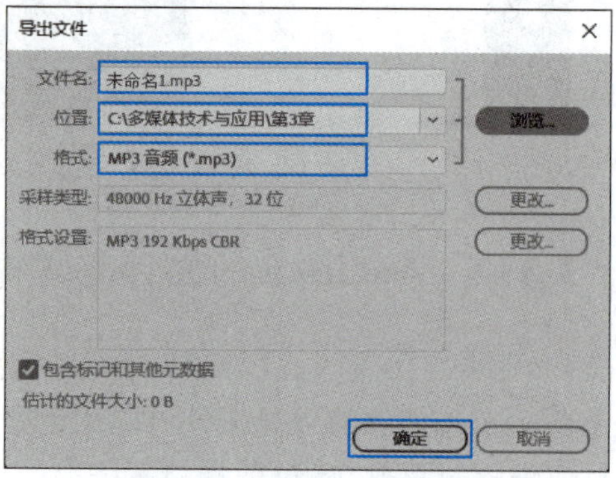

图 3-7 “导出文件”对话框

3.2　音频的编辑与录制

学习目标及要求

（1）掌握音频文件的复制、粘贴。
（2）掌握音频文件的裁剪。
（3）掌握声音的录制及噪声的处理。

育人目标

（1）培养学生的国家认同感，培养学生的爱国主义精神。
（2）培养学生对音乐的感知能力和创新力。
（3）以点带面，引导学生广泛、深入阅读红色文学，调动大学生的主动性和创造性。

3.2.1　案例一　个性化手机铃声

利用 Audition 软件可以轻松设置歌曲要裁剪的片段效果。剪切歌曲可指定区域，改变音量，添加淡入、淡出等效果，生成富有个性的手机铃声，效果如二维码 3-2 所示。个性手机铃声制作过程如二维码 3-3 所示。

二维码 3-2　个性化手机铃声样张音频

二维码 3-3　个性手机铃声制作过程

（1）启动 Audition 2022，执行“文件”→“打开”命令，在“打开文件”对话框中选择素材文件夹中的“春江花月夜. mp3”声音文件，单击“打开”按钮，如图 3-8 所示。

（2）单击“播放”按钮，反复聆听声音文件，确定要选择的区域。在工具栏中选择“时间选择工具”，在预选区域开始的位置单击，拖曳鼠标至选择区域结束的位置，即选择指定区域。本案例截取的开始位置为 00:00:30:00 处，结束位置为 00:01:30:00 处，如图 3-9 所示。

（3）执行“编辑”→“裁剪”命令，或按 Ctrl+T 组合键，执行“裁剪”命令，只保留选择的音频波形，波形自动横向放大，如图 3-10 所示。

（4）单击并拖动“淡入”滑块，拖曳出淡入线，淡入线可根据音频的需要拖曳出斜直线或向上、向下弧度的抛物线，在拖曳时会显示“淡入线性值”。为选择好的音频添加“淡入”效果，如图 3-11 所示。

（5）单击并拖动“淡出”滑块，为音频添加“淡出”效果。

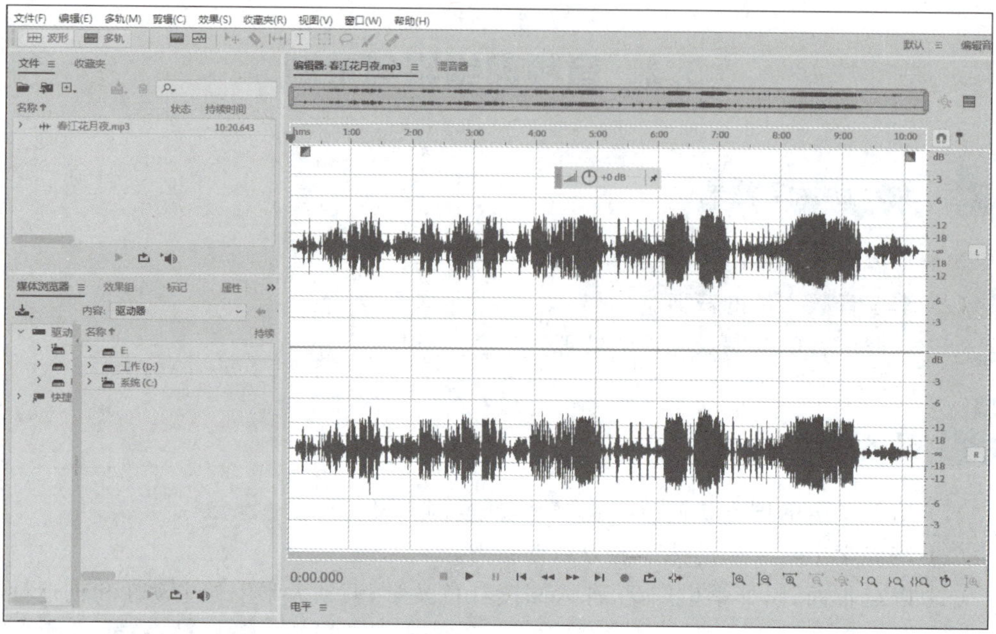

图 3-8　打开声音文件的 Audition 窗口界面

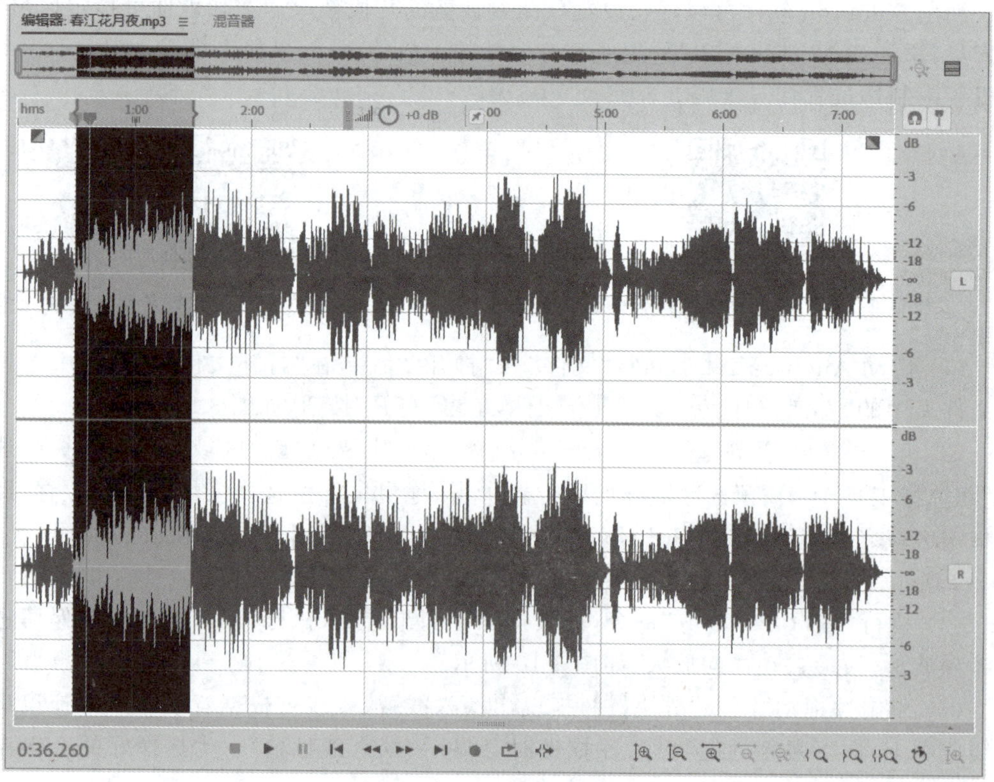

图 3-9　选中波形窗口

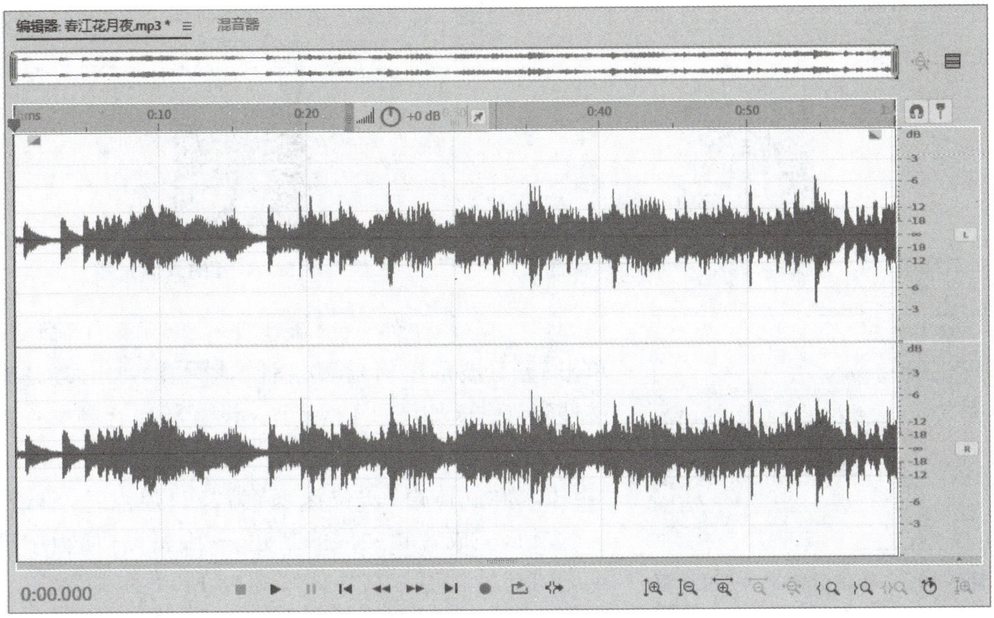

图 3-10 “裁剪”后的波形

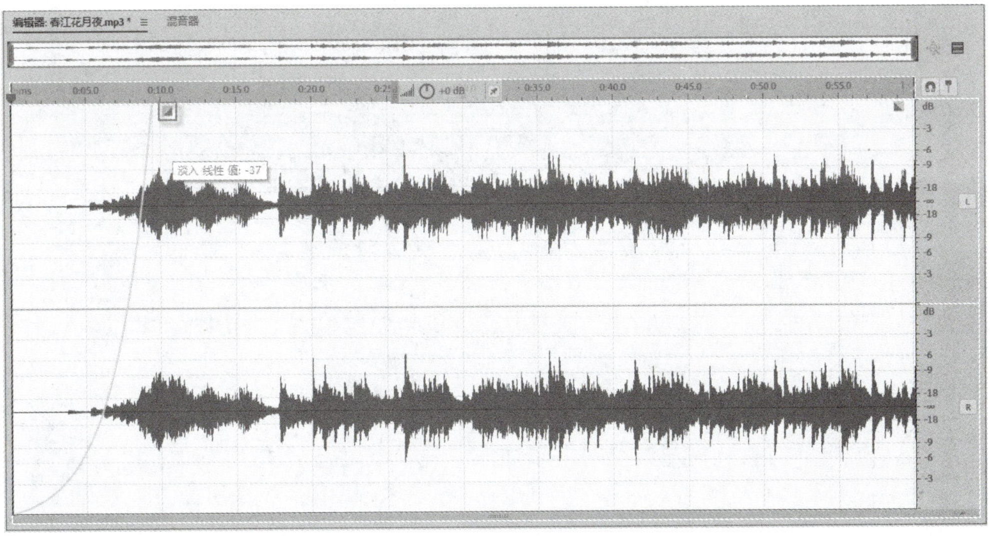

图 3-11 添加“淡入”效果

(6) 执行“文件”→“另存为”命令，打开“另存为”对话框，文件名为“个性化手机铃声”，选择保存文件的位置，选择保存文件格式“.mp3”，单击“确定”按钮，个性化手机铃声音频制作完成。

3.2.2 案例二 录制《沁园春·长沙》

利用 Adobe Audition 2022 软件可以轻松实现录音。录音前将话筒或音频线及外接设备与计算机声卡接口相连接，设置录音选项的来源，即可开始录音。通过这个案例可掌握如何在单轨进行录音，以及录音后的降噪处理，效果如二维码 3-4 所示。录制过程如二维码 3-5 所示。

二维码 3-4　录制《沁园春 · 长沙》样张音频

二维码 3-5　声音的录制过程

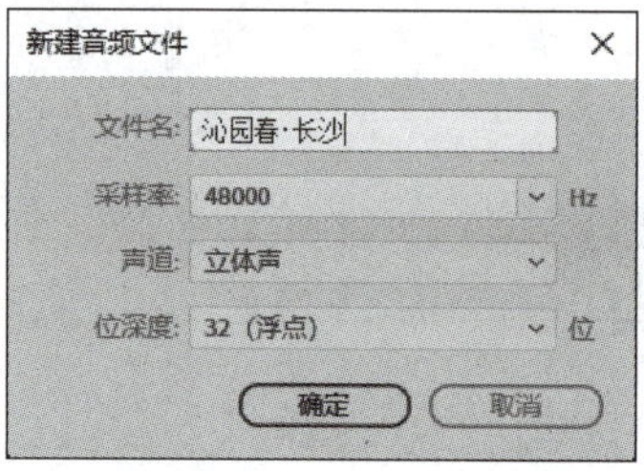

图 3-12　“新建音频文件”对话框

（1）执行“文件”→“新建”→“音频文件”命令，或单击“查看波形编辑器”按钮 波形，弹出“新建音频文件”对话框，如图 3-12 所示。设置新建音频文件的属性，文件名为“沁园春 · 长沙”，“采样率”为“48000Hz”，“声道”为“立体声”，“位深度”为“32(浮点)”，单击“确定”按钮，完成音频文件的新建。“编辑器”面板中准备录音的初始化声音文件如图 3-13 所示。

图 3-13　准备录音的初始化声音文件

（2）在“编辑器：沁园春 · 长沙”面板中单击“录音”按钮，开始录音；录音结束单击“停止”按钮，停止录制，得到的语音波形为全部选中状态，如图 3-14 所示。

注意：当录制朗诵某处出错时，可以单击“编辑器”面板中的波形出错处，再单击“录制”按钮，此时录制的音频把之前录制的从此处往后的声音覆盖。

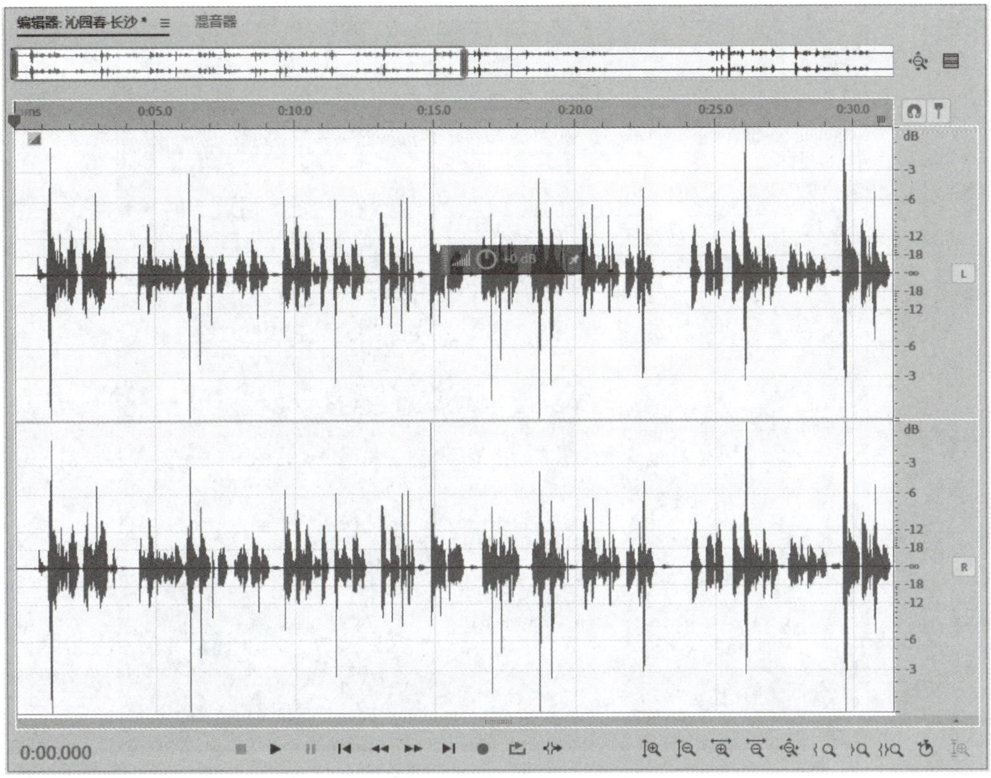

图 3-14　语音波形文件

(3) 使用波形轨道上的“调整振幅” 调整音量为“+4dB”，注意音量调整过大易造成声音失真。

(4) 录音过程中停顿时产生的声波，原则上应为平直状，但实际环境或多或少存在噪声，因此原本应平直的波形出现波动，产生噪声波形。选择噪声波形，执行“效果”→“降噪/恢复”→“捕捉噪声样本”命令，弹出“捕捉噪声样本”提示对话框，如图 3-15 所示，单击“确定”按钮得到噪声样本。

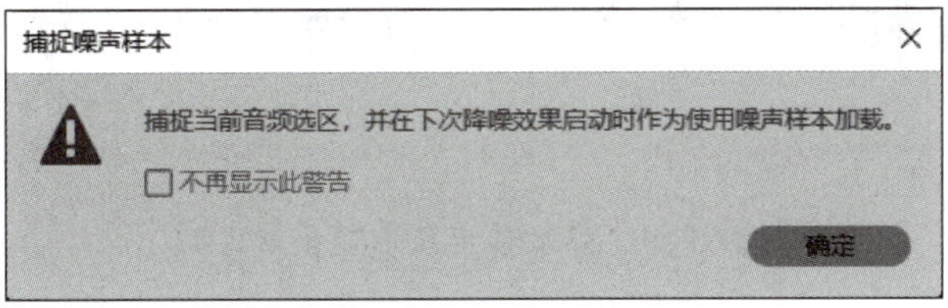

图 3-15　“捕捉噪声样本”提示对话框

(5) 选中全部波形，执行“效果”→“降噪/恢复”→“降噪(处理)”命令，打开“效果-降噪”对话框，如图 3-16 所示。单击“应用”按钮，完成降噪处理，处理前后波形变化对比如图 3-17 所示。

(6) 在单轨编辑下，执行“文件”→“另存为”命令，打开“另存为”对话框，文件名为“沁园春·长沙”，选择保存文件的位置，选择保存文件格式“.wav”，单击“确定”按钮。

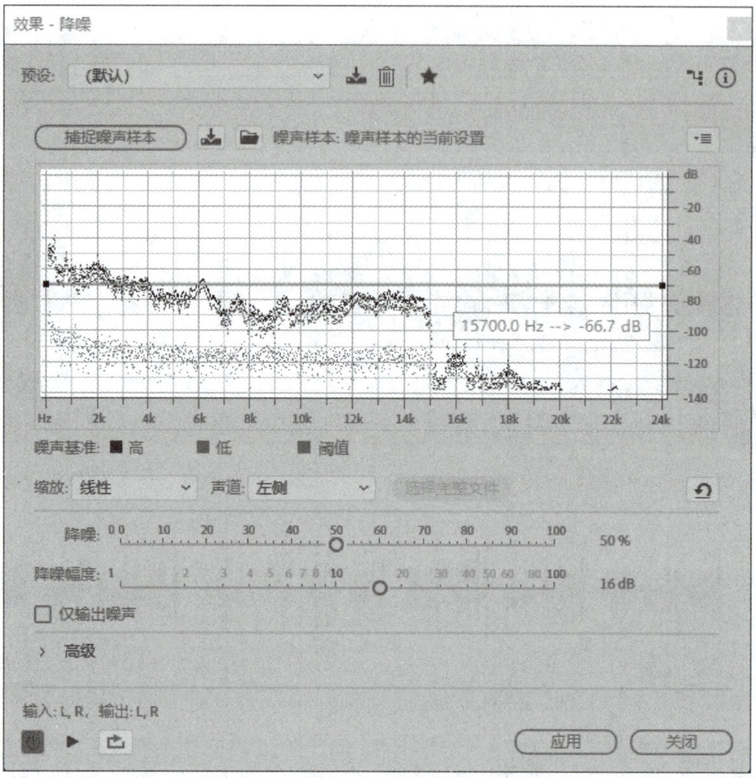

图 3-16 “效果-降噪”对话框

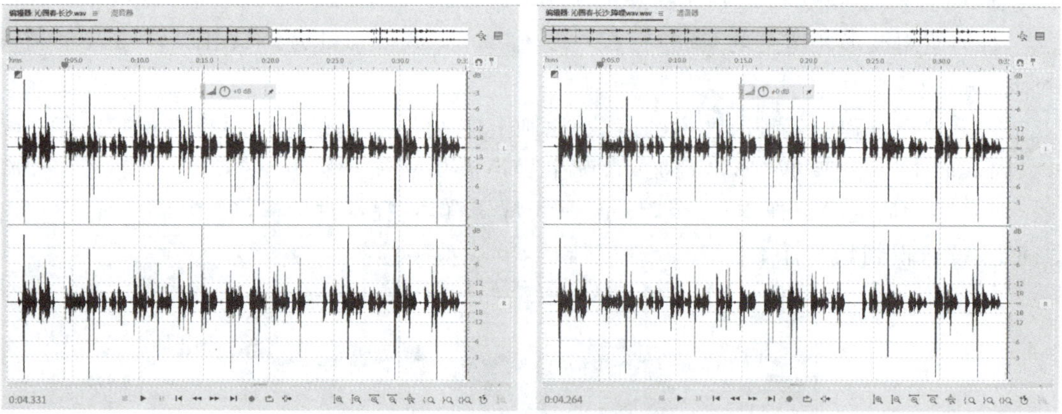

图 3-17 降噪前后波形变化对比图

3.2.3 知识拓展

1. 波形的选择

选择波形是 Audition 中一个重要的操作，选中的波形颜色较暗并配以白色底色显示，常用的选择波形方法有以下 3 种。

(1) 选取波形可以在待选区域的开始时间处单击，然后按住 Shift 键，在待选区域的结束时间处单击。

（2）单击“时间选择工具”按钮，在“编辑器”面板波形上拖曳鼠标即可选择声波。

（3）在“波形”上双击，可以选中整个音频文件波形；或按 Ctrl＋A 组合键全选文件波形。

选择音频波形后，单击“放大(时间)”按钮可横向放大波形，以便精确选择指定区域；单击“循环播放”按钮，可反复听选取的声音。

2. 波形的复制

（1）复制到剪贴板：选择波形段以后，执行“编辑”→“复制”命令；或在选中的波形段右击，在弹出的快捷菜单中选择“复制”；或按 Ctrl＋C 组合键。

（2）复制到新建文件：执行“编辑”→“复制到新建文件”命令把选取区域内的波形复制，并将所复制的波形在新的轨道上生成文件。

3. 剪切波形段

执行“编辑”→“剪切”命令。剪切波形是把选中波形剪切下来，使用复制命令可粘贴到某个位置，或按 Ctrl＋X 组合键进行剪切。

4. 删除波形段

执行“编辑”→“删除”命令，或按 Delete 键，可将选中的一段波形删除，而不保留在剪贴板中。

5. 裁剪波形

执行“编辑”→“裁剪”命令，或按 Ctrl＋T 组合键，将未选中的波形删除，选中的波形段横向放大显示。

6. 反相

执行“效果”→“反相”命令，可将音频相位反转 180°，采样数据点将转换到以横轴为中心的对称点上，形成“反相”波形。

7. 反向

“反向”效果将波形从左到右翻转，使其逆向播放，制造特殊效果。选择一段波形或整个波形，执行“效果”→“反向”命令即可实现反向。

3.3　创建多轨项目

学习目标及要求

（1）掌握多轨音频的基本操作。

（2）掌握移动工具的使用。

（3）掌握切断工具的使用。

育人目标

(1) 引导学生感悟历史，缅怀先烈，珍惜现在的幸福生活，树立正确的人生观和价值观。

(2) 加强爱国主义和革命传统教育，教育广大青年增强“四个自信”，厚植爱国主义情怀。

3.3.1 案例一 配乐朗诵

通过制作“配乐朗诵”音频，掌握多轨项目的基本操作，效果如二维码 3-6 所示。配乐朗诵制作过程如二维码 3-7 所示。

二维码 3-6 “配乐朗诵”样张音频

二维码 3-7 “配乐朗诵”制作过程

(1) 启动 Audition，执行“文件”→“导入文件”命令，导入素材文件中“背景音乐.mp3”和“沁园春·长沙.wav”，导入素材后的“文件”面板如图 3-18 所示。

(2) 单击“查看多轨编辑器”按钮，弹出“新建多轨会话”对话框，设置新建项目文件的文件名为“配乐朗诵”，选择文件夹保存位置，单击“确定”按钮，如图 3-19 所示。

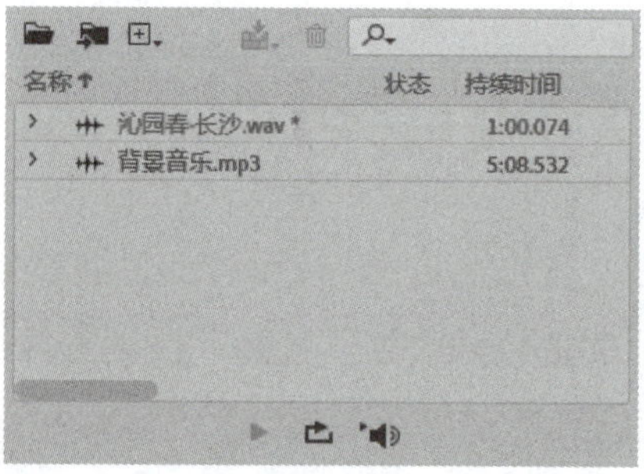

图 3-18 导入素材后的“文件”面板

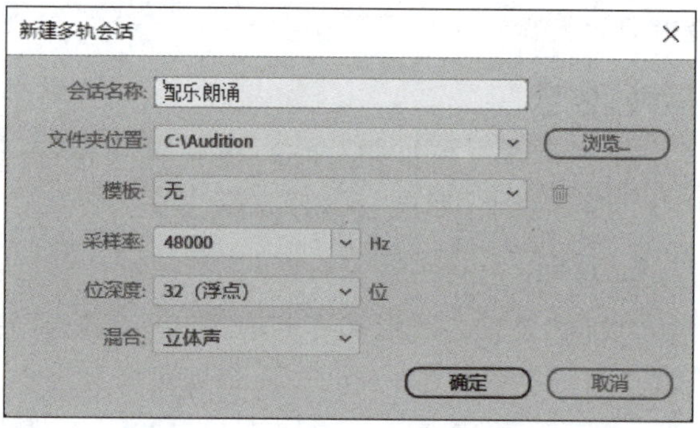

图 3-19 “新建多轨会话”对话框

(3) 将“文件”面板中的“背景音乐.mp3”拖曳到“轨道 1”初始位置，将“沁园春·长沙.wav”拖曳到“轨道 2”初始位置，如图 3-20 所示。

注意：把“背景音乐”拖曳到“轨道 1”时，若弹出警告对话框提示“背景音乐.mp3”的采样率与会话的采样率不匹配，可以更改采样率，或者在弹出的对话框中单击“确定”按钮，根据项目对“背景音乐.mp3”的采样率进行更改，这样就得到更改了采样率的“背景音乐 48000 1.wav”文件。“轨道 1”中文件为“背景音乐 48000 1.wav”，如图 3-21 和图 3-22 所示。

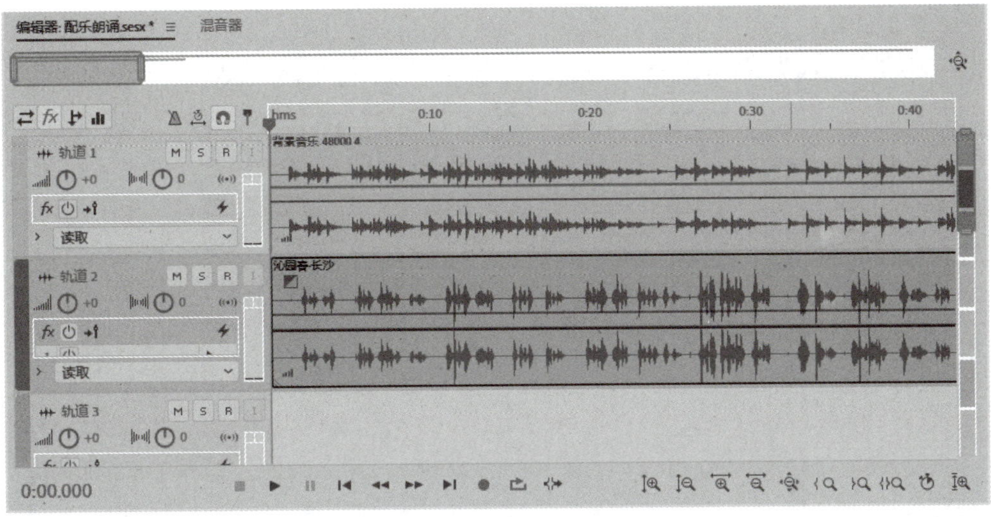

图 3-20 音频文件拖曳到轨道

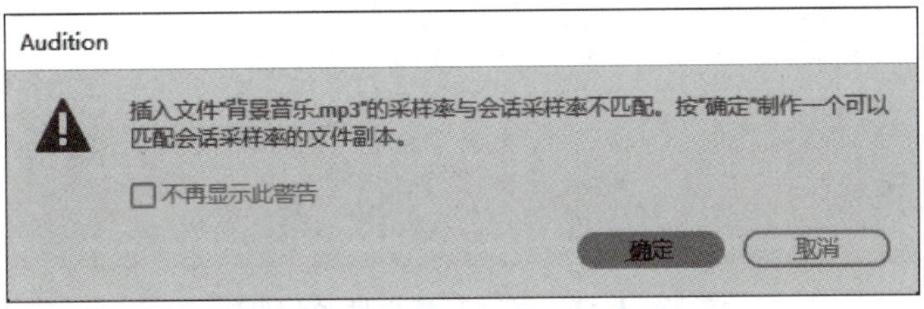

图 3-21 “采样率不匹配”对话框

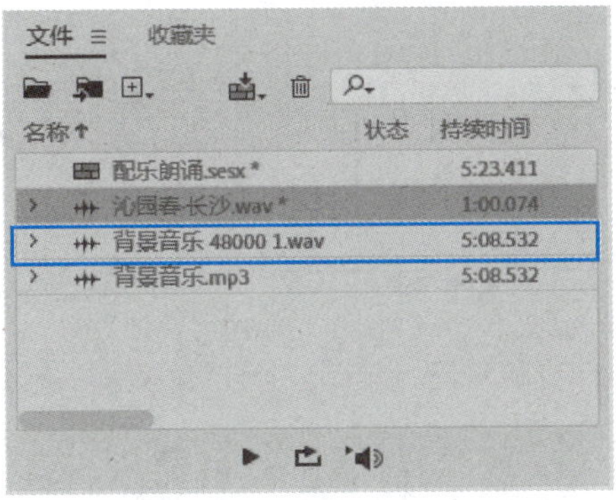

图 3-22 更改了采样率的音频文件

(4) 单击“编辑器”面板右上角的“全部缩小”按钮，在“轨道 1”中调节“背景音乐 48000 1.wav”的长度。把鼠标指针移动到波形的最后，当鼠标指针变为时，拖曳改变“背景音乐 48000 1.wav”的长度与“沁园春·长沙.wav”的长度相同，如图 3-23 所示。

(5) 执行“文件”→“导出”→“多轨混音”→“整个会话”命令，弹出“导出多轨混音”对话框，设置文件名、保存位置及格式，单击“确定”按钮，即可完成“配乐朗诵.mp3”操作，对话框设置如图 3-24 所示。

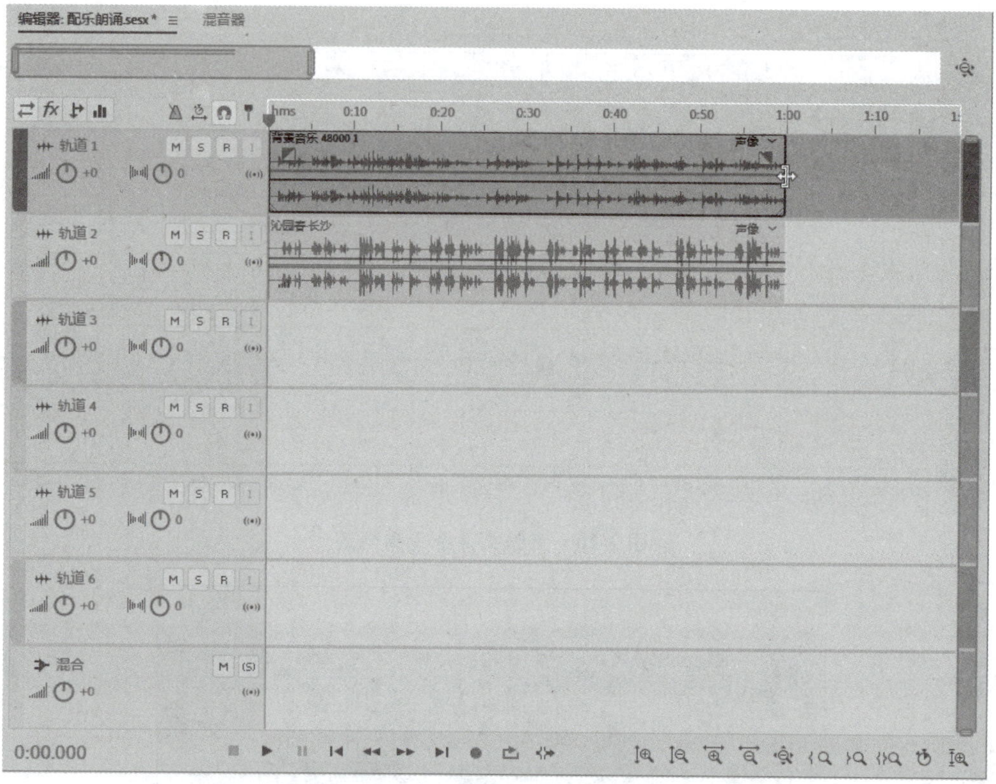

图 3-23　更改音频文件的长度

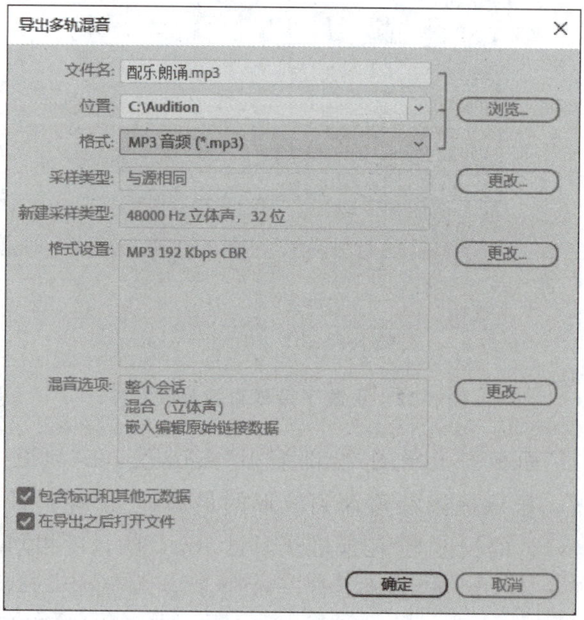

图 3-24　“导出多轨混音”对话框

3.3.2 案例二 制作红色文物解说词

通过制作“红色文物解说词”，掌握移动音频、切断音频、匹配剪辑响度等操作。效果如二维码 3-8 所示。“红色文物解说词”制作过程如二维码 3-9 所示。

二维码 3-8 “红色文物解说词”样张音频

二维码 3-9 “红色文物解说词”制作过程

（1）启动 Audition，导入素材“音乐片段. mp3”“一根竹竿. wav”“红色背景音乐. mp3”。

（2）新建多轨混音项目，输入名称“红色文物解说词”，设置保存的位置、文件类型。

（3）分别把三段音频拖曳到三条轨道上，设置保存名称为“个人歌曲”，如图 3-25 所示。

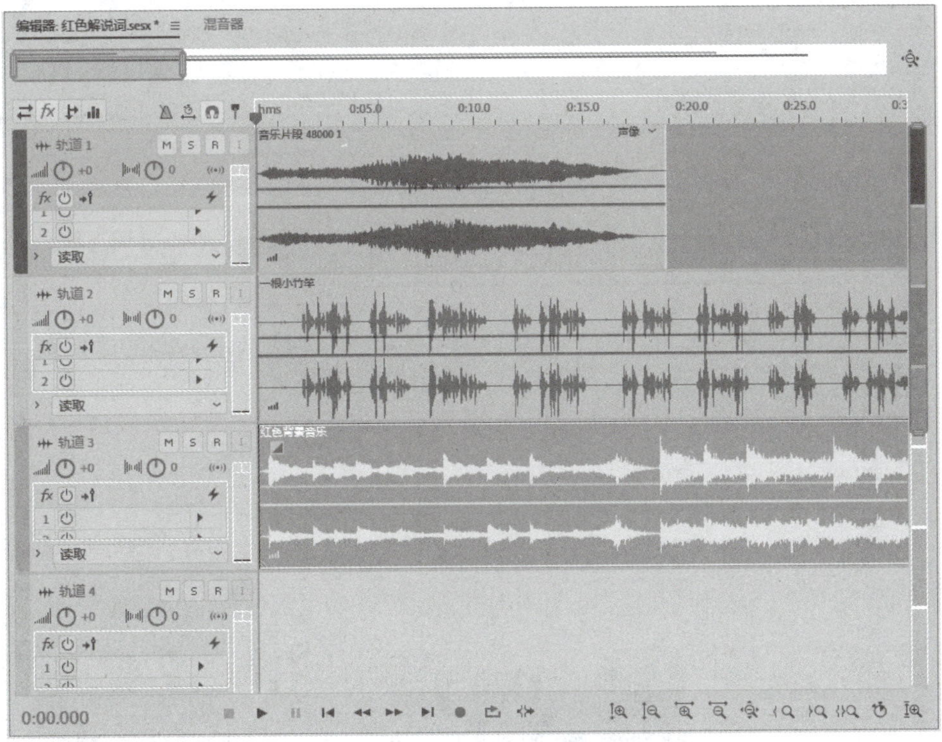

图 3-25 拖曳音频到轨道的效果

（4）使用工具栏中的“移动工具”将“轨道 2”和“轨道 3”中的音频移动到 15 秒处位置，如图 3-26 所示。

（5）在“编辑器”面板中，定位时间线到“一根小竹竿. wav”的最后，选中“红色背景音乐. mp3”音频，选择“切断所选剪辑工具”，在“轨道 3”时间线位置单击，将“红色背景音乐. mp3”分割，选中后段音频，按 Delete 键删除，如图 3-27 所示。

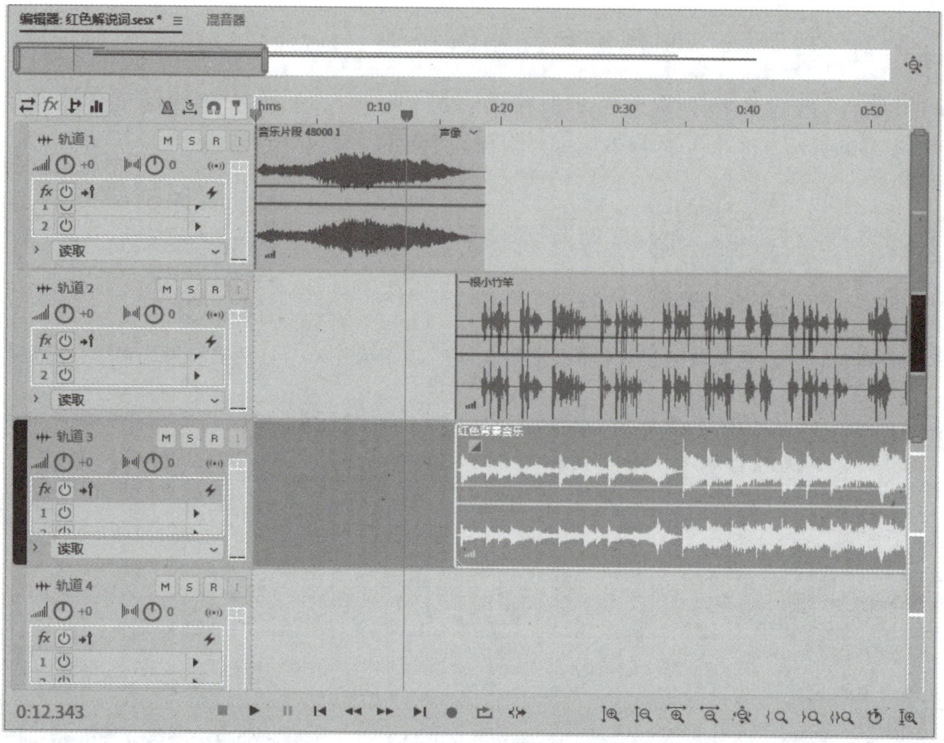

图 3-26 移动音频位置

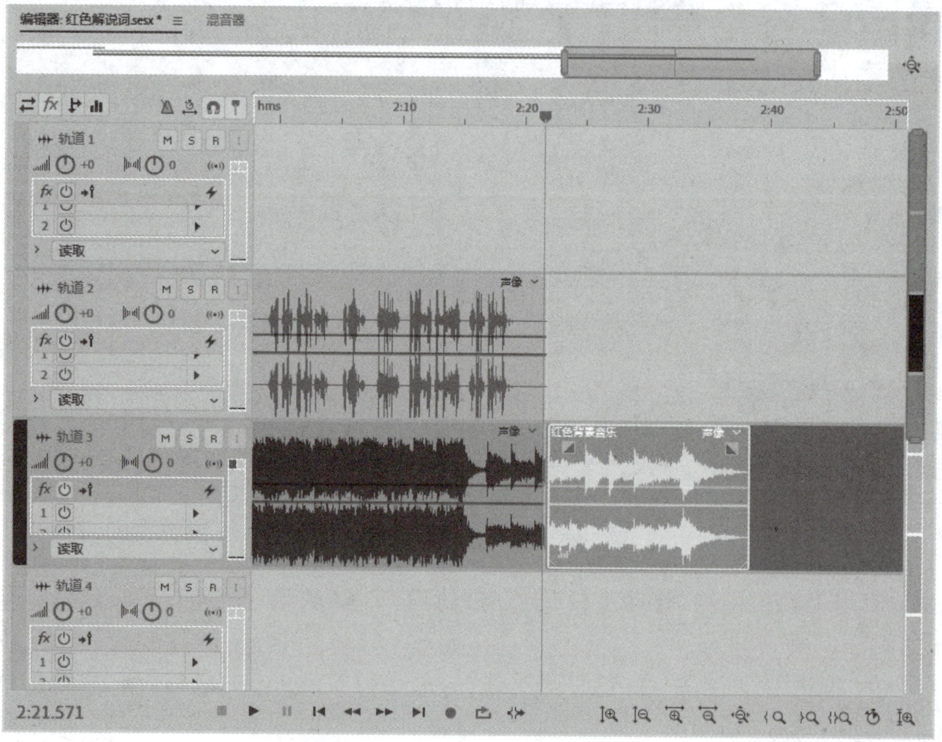

图 3-27 分割音频

(6) 选中“红色背景音频.mp3”波形，执行“剪辑”→“匹配剪辑响度”命令，弹出“匹配剪辑响度”对话框，在“匹配到”下拉列表中选择“峰值幅度”选项，设置“峰值音量”为“−10dB”，单击“确定”按钮，如图 3-28 所示。

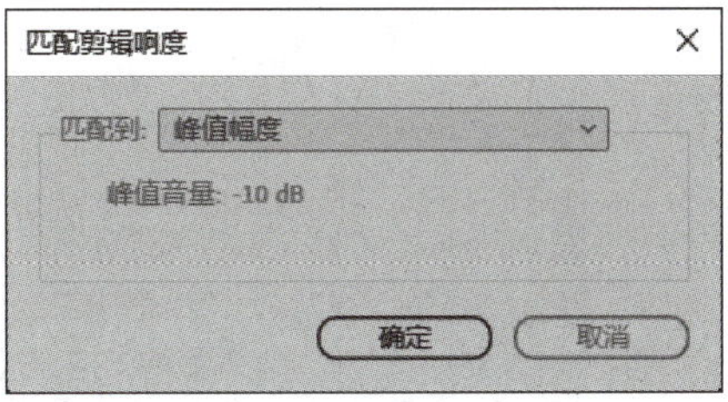

图 3-28　“匹配剪辑响度”对话框

(7) 执行“文件”→“导出”→“多轨混音”→“整个会话”命令，导出“红色文物解说词.mp3”文件，红色文物解说词制作完成。

3.3.3　知识拓展

1. 设置轨道静音

选择准备静音的轨道，然后单击“静音”按钮，按钮由黑色 M 变成绿色 M，轨道中的音频波形变为灰色，静音设置成功，如图 3-29 所示。

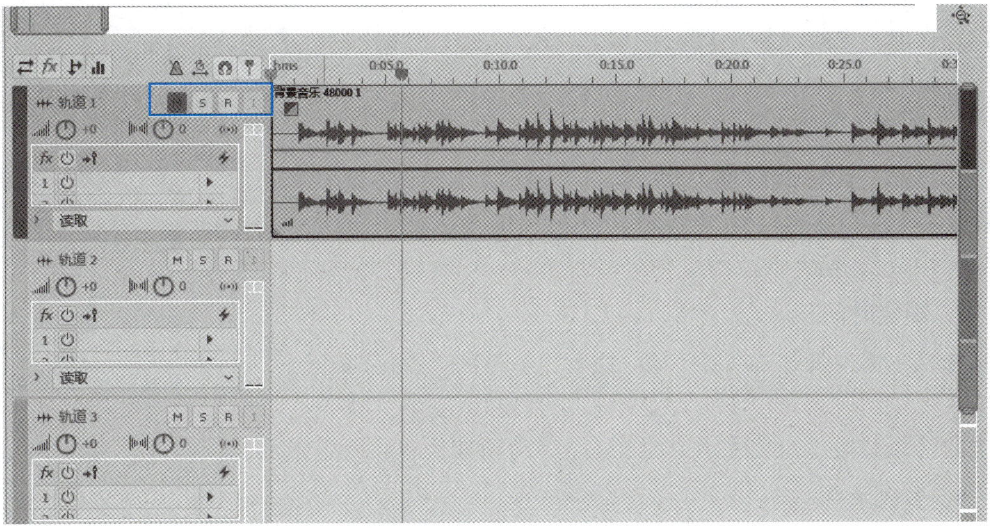

图 3-29　轨道静音效果

2. 设置轨道单独播放

选择准备单独播放的轨道，单击“独奏”按钮，按钮由黑色 S 变成橙色 S，其他轨道中的音频的颜色变为灰色，单独播放设置成功，如图 3-30 所示。

3. 设置轨道素材颜色

选择准备进行颜色设置的轨道素材，执行“剪辑”→“剪辑/组颜色”命令，弹出“剪辑颜色”对话框，选择适当颜色，单击“确定”按钮，如图 3-31 所示。

4. 复制轨道

选择准备复制的轨道，执行“多轨”→“轨道”→“复制所选轨道”命令，即可将所选轨道复制。

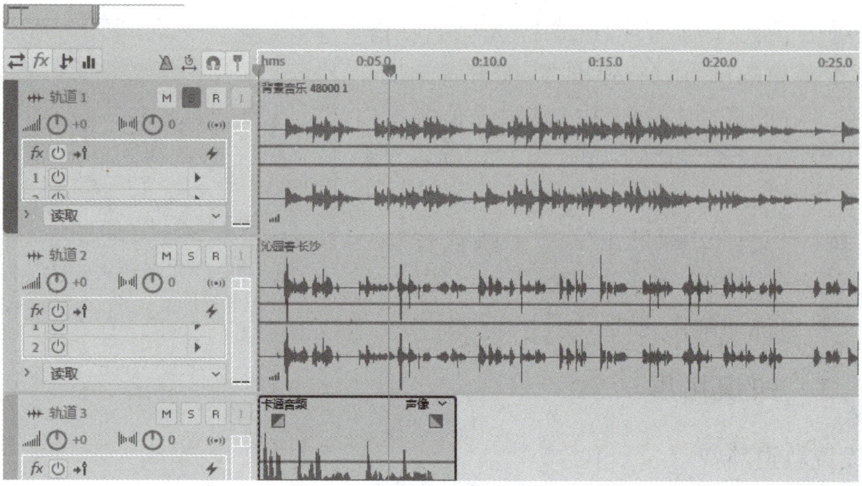

图 3-30 独奏效果

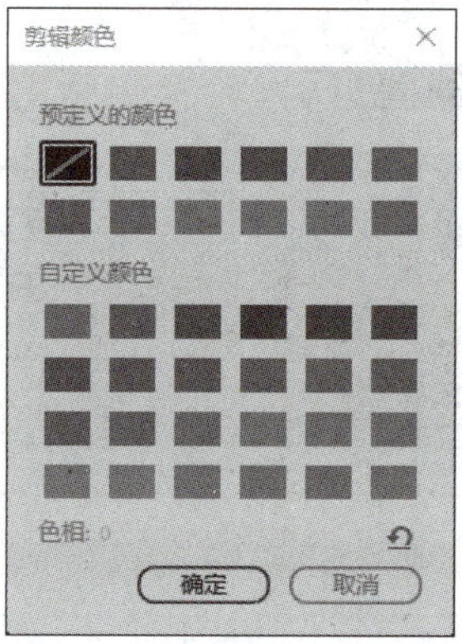

图 3-31 “剪辑颜色”对话框

5. 删除轨道

选择准备删除的轨道，执行“多轨”→“轨道”→“删除所选轨道”命令，即可将所选轨道删除。

6. 设置轨道输出音量

选择需要调整的轨道，然后单击并拖动“音量”按钮 ，调整音量的大小，也可以在其后面的参数栏中直接输入参数值，输入的范围可为$-\infty \sim +15$dB。

7. 锁定时间

选择不需要操作的音乐片段，执行“剪辑”→“锁定时间”，在锁定的音乐片段下方即显示一个锁定标记 。被锁定的音乐片段不可以左右移动，只能移动到其他音频轨道上的相同时间位置处。

8. 多轨录音

执行“文件”→“新建”→“多轨会话”命令或单击“多轨编辑器”按钮 多轨，打开“新建多轨会话”对话框，设置会话名称和文件夹位置，单击“确定”按钮，进入多轨录音界面，如图 3-32 所示。

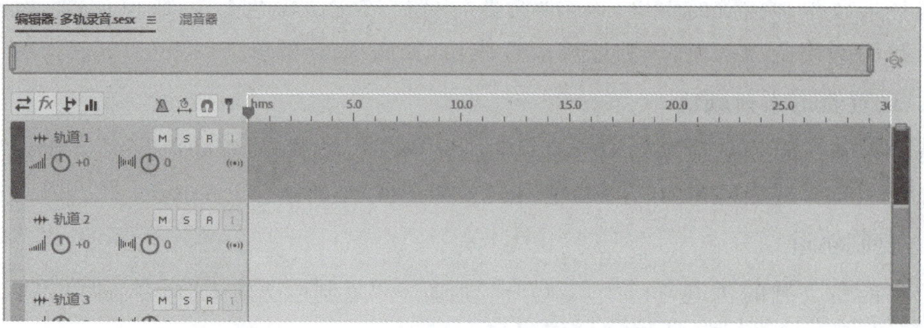

图 3-32 多轨录音界面

默认状态下轨道 1 处于被选中的状态。如想在其他轨道录音，可单击相应轨道，当轨道由黑色变成灰色，则该轨道处于被选中状态。单击轨道 1 上的“R(录制准备)”按钮，按钮变为红色，表示完成准备录音工作，单击下方的“录音”按钮后，“轨道 1”上即可出现声音波形，如图 3-33 所示。

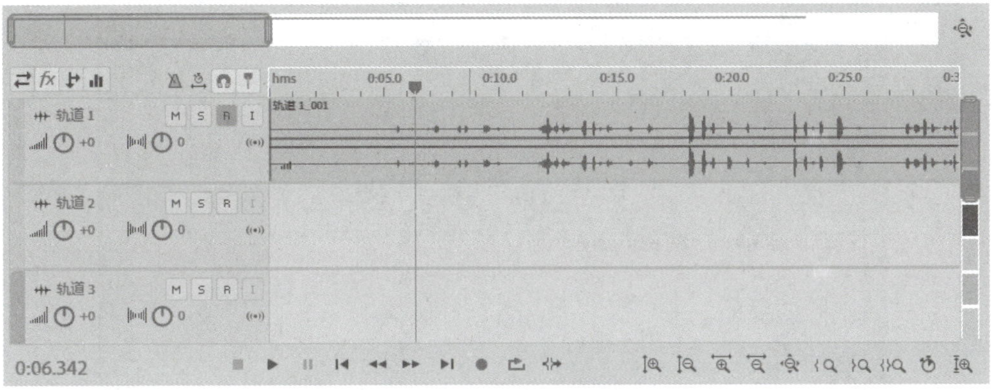

图 3-33　多轨录音波形

3.4　效果器的使用

学习目标及要求

(1) 掌握调整音调的方法及效果。
(2) 掌握声音文件中人声的去除方法。
(3) 掌握生成声音的方式方法。

育人目标

(1) 培养学生对不同形式音乐的欣赏能力。
(2) 培养学生积极探索、勇于创新的能力。

3.4.1　案例一　制作卡通音频效果

通过卡通音频效果的制作，掌握将文字生成语音、语音变调的简单用法，效果如二维码 3-10 所示。卡通音频效果制作过程如二维码 3-11 所示。

二维码 3-10　卡通音频样张音频

二维码 3-11　卡通音频效果制作过程

（1）启动 Audition，新建音频文件，命名为“卡通音频”。

（2）执行“效果”→“生成”→“语音”命令，弹出“效果-生成语音”对话框，在文本框中输入需要生成语音的文字，单击“确定”按钮，在“编辑器”面板中，文字内容即转换为语音波形，如图 3-34 所示。

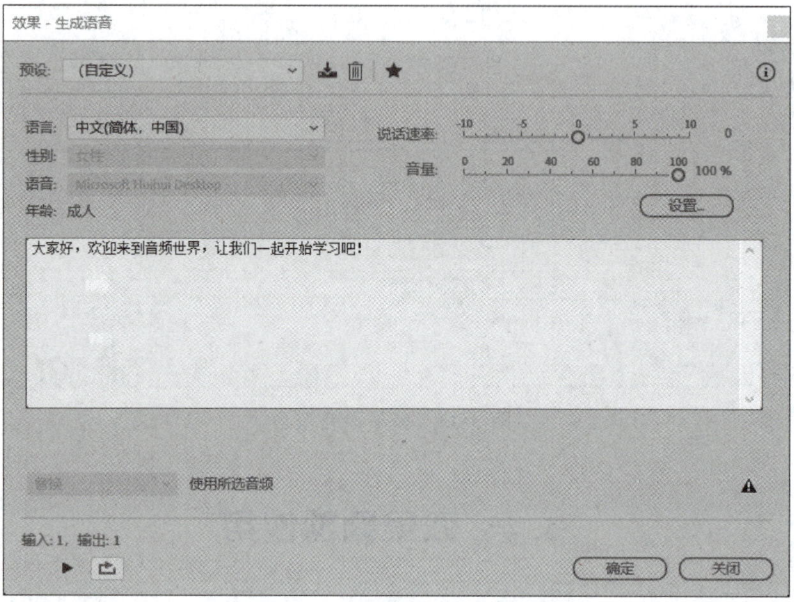

图 3-34 “效果-生成语音”对话框

（3）执行“效果”→“时间与变调”→“音高换挡器”命令，弹出“效果-音高换档器”对话框，设置参数“半音阶”为“5”，“音分”为“50”，单击“预览播放/停止”按钮 ▶ 试听音频，继续调节变调参数至满意效果，单击“应用”按钮，如图 3-35 所示。

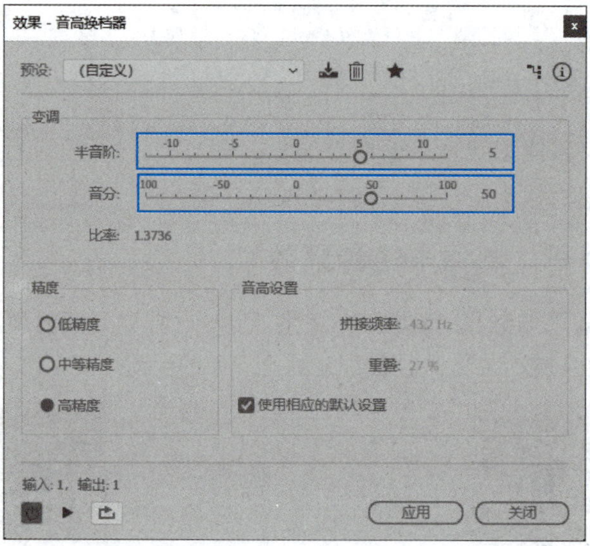

图 3-35 “效果-音高换档器”对话框

（4）执行“效果”→“时间与变调”→“伸缩与变调（处理）”命令，弹出“效果-伸缩与变调”对话框，“伸缩”调节为“140%”，“变调”调节为“5”，试听效果，单击“应用”按钮，如图 3-36 所示。

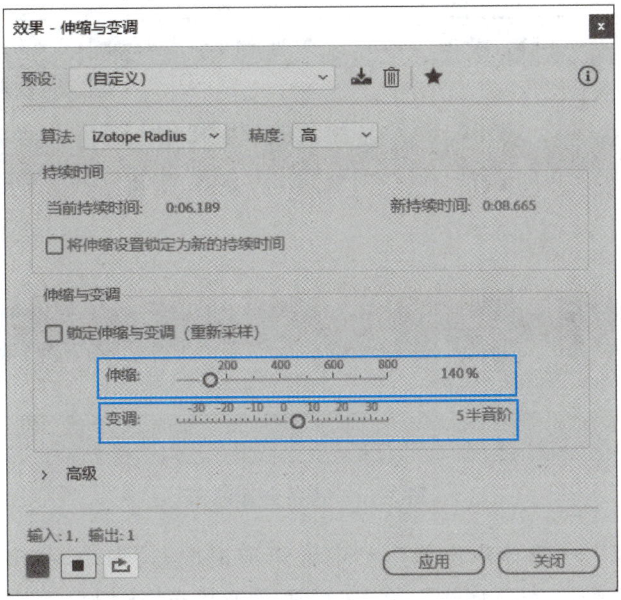

图 3-36　“效果-伸缩与变调”对话框

（5）选择“文件”→“另存为”命令，弹出提示对话框，如图 3-37 所示，单击“是”按钮，弹出“另存为”对话框，设置文件名、保存的位置、文件格式等即可完成操作。

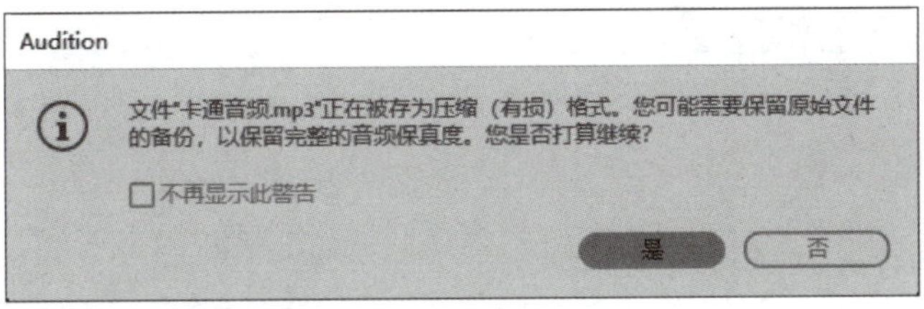

图 3-37　提示对话框

3.4.2　案例二　移除人声制作伴奏音乐

使用 Audition 软件可以轻松实现移除人声，通过本案例的学习，完成移除人声，提取背景音乐来制作伴奏音乐效果，效果如二维码 3-12 所示。伴奏音乐制作过程如二维码 3-13 所示。

二维码 3-12　制作伴奏音乐样张音频

二维码 3-13　伴奏音乐制作过程

（1）启动 Audition，打开素材“伴奏带素材.mp3”文件，在“编辑器”面板上双击音频波形，将波形全部选中，如图 3-38 所示。

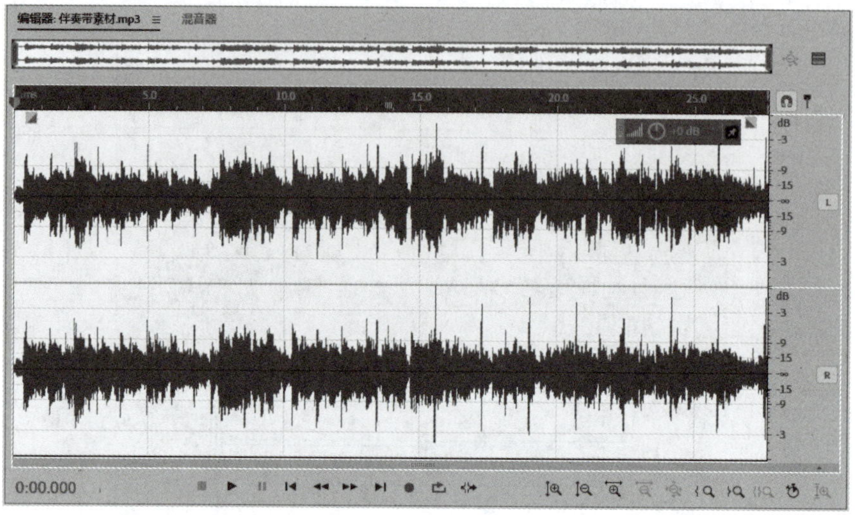

图 3-38　选中全部波形

（2）执行“效果”→“立体声声像”→“中置声道提取器”命令，弹出“效果-中置声道提取”对话框，“预设”选择“人声移除”，单击“切换开关状态”按钮对效果进行比较，单击“预览播放/停止”按钮进行试听，调节“中置频率”“宽度”的数值，如图 3-39 所示，单击“应用”按钮。

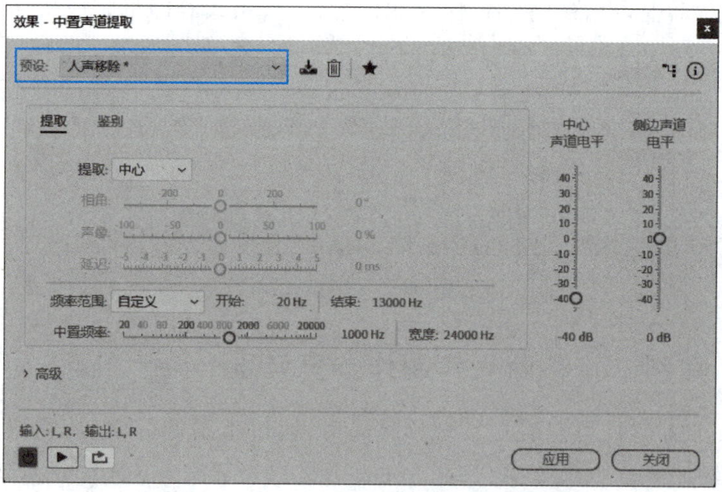

图 3-39　“效果-中置声道提取”对话框

（3）单击“查看多轨编辑器”按钮，弹出“新建多轨会话”对话框，设置会话名称为“伴奏音乐”，单击“确定”按钮。

（4）拖曳“伴奏带素材.mp3”到“轨道 1”上，弹出提示对话框，设置伴奏带素材的采样率与会话的采样率匹配，单击“确定”按钮，生成“伴奏带素材 48000 1”文件。用同样的方法把

“伴奏带素材.mp3”拖曳到轨道 2 上，生成“伴奏带素材 48000 2”文件，如图 3-40 所示。

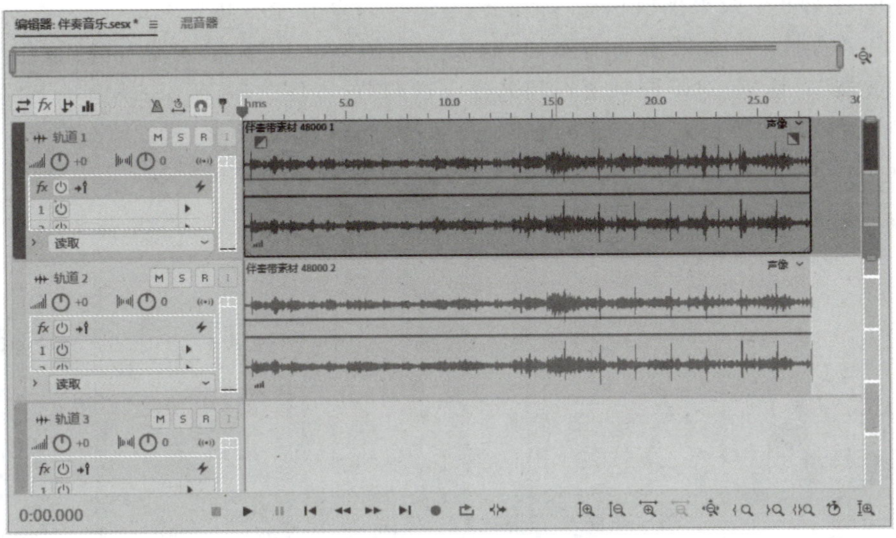

图 3-40 拖曳素材到轨道的效果

(5) 选中“轨道 1”，对轨道 1 文件进行操作，在“效果组”面板上选中“音轨效果”，在预设里选择“立体声制造(哈斯铝合金效果)”，即可自动添加三个效果，如图 3-41 所示。

(6) 选中第 4 个效果插槽后的扩展箭头，选择“振幅与压限”→“消除齿音”命令，弹出“组合效果-消除齿音”对话框，选项设置为默认，单击“关闭”按钮，关闭对话框。

(7) 在第 5 个效果插槽添加“振幅与压限”→“强制限幅”。在第 6 个效果插槽添加“振幅与压限”→“多频段压缩器”，弹出“组合效果-多频段压缩器”对话框，在预设里选择“流行音乐大师”。

(8) 在第 7 个效果插槽添加“降噪/恢复”→“自适应降噪”，弹出提示对话框，如图 3-42 所示，单击“确定”按钮，弹出“组合效果-自适应降噪”对话框，关闭对话框。

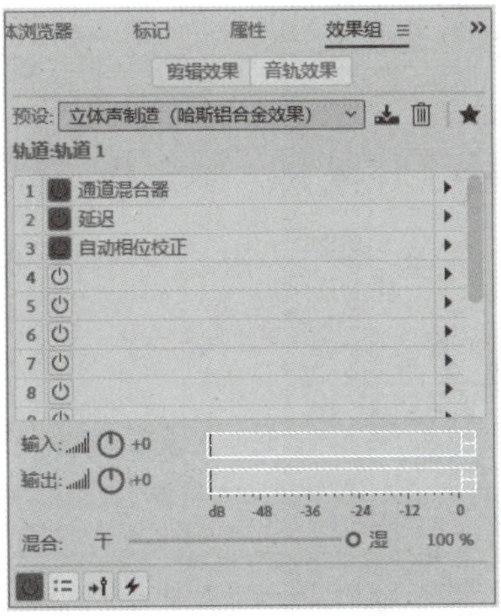

图 3-41 预设中“立体声制造”效果

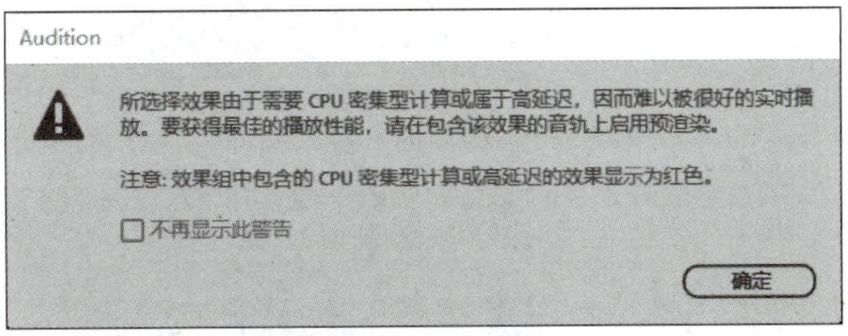

图 3-42 提示 CPU 密集型计算或高延迟效果

(9) 在第 8 个效果插槽添加“降噪/恢复”→“自动咔嗒声移除”。

(10) 在第 9 个效果插槽添加“降噪/恢复”→“自动相位校正”。

(11) 在第 10 个效果器插槽添加“滤波与均衡”→“FFT 滤波器”，弹出“组合效果-FFT 滤波器”对话框，对不同频道音频进行音量调节，如图 3-43 所示，轨道 1 上“效果组”面板的音轨效果如图 3-44 所示。

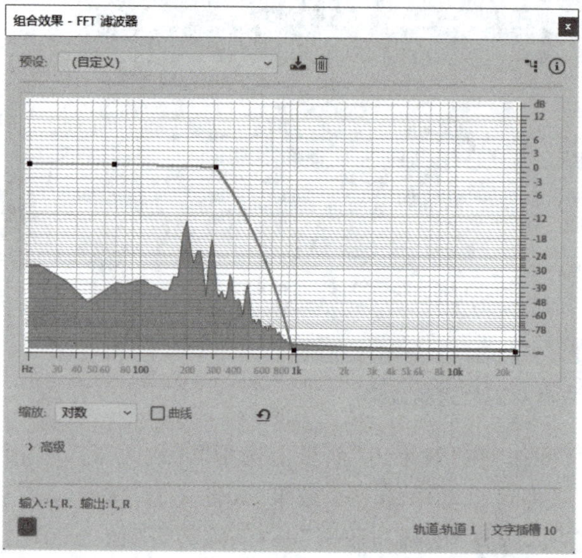

图 3-43 轨道 1 上“组合效果-FFT 滤波器”对话框

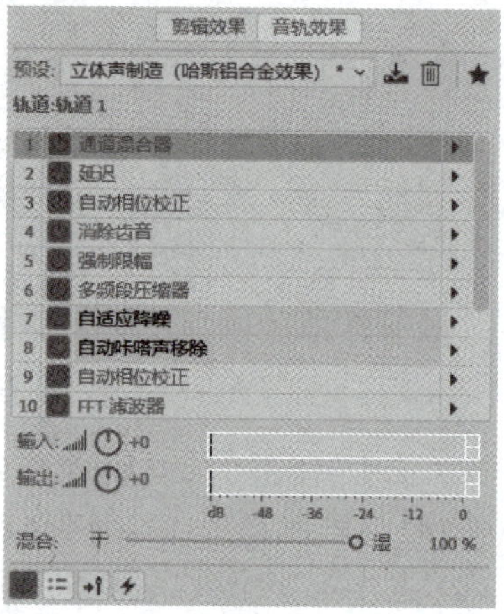

图 3-44 轨道 1 上“效果组”面板的音轨效果

(12) 选择轨道 2 文件，在“效果组”面板中选择“音轨效果”，在第 1 个效果器插槽添加“滤波与均衡”→“FFT 滤波器”，弹出“组合效果-FFT 滤波器”对话框，对不同频道音频进行音量调节，如图 3-45 所示。

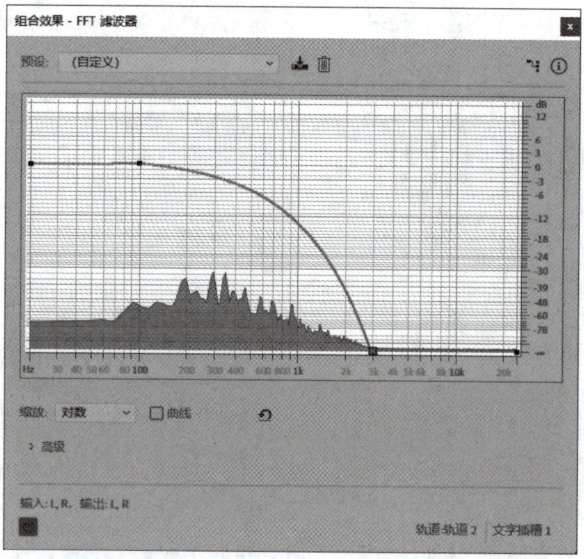

图 3-45 轨道 2 上“组合效果-FFT 滤波器”对话框

(13) 执行“文件”→“导出”→“多轨混音”→“整个会话”命令，导出“伴奏音乐.mp3”文件。

3.4.3　知识拓展

1. 效果器可以处理音频以产生各种效果

Audition 中应用效果器的途径有 3 种。

1) “效果组”面板

执行“效果”→“显示效果组”命令，打开“效果组”面板，在“效果组”面板中单击“预设”右侧的下拉按钮，在弹出的列表框中选择应用的效果选项即可，如图 3-46 所示。

面板中提供了 16 个效果插槽，每个插槽可包含一个效果器，在其左侧有对应的开关按钮，如图 3-47 所示。

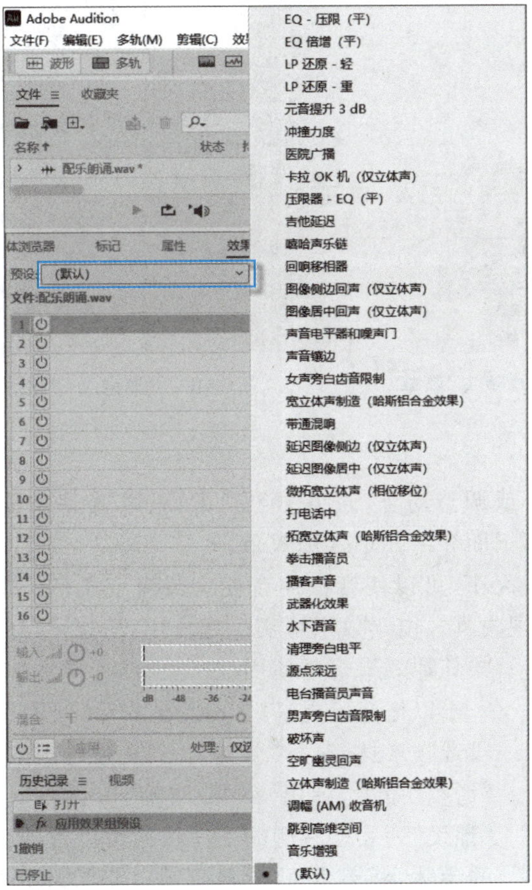

图 3-46　“效果组”面板预设

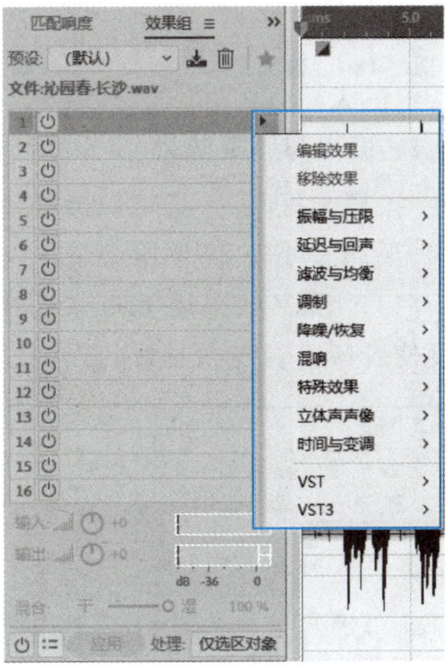

图 3-47　“效果插槽”效果

2) “效果”菜单

在“效果”菜单中，除了分类组织管理的效果器，还有反相、反向、静音、生成、匹配响度、自动修复选区等命令选项。此外，通过“音频增效工具管理器”还可以添加、删除及管理第三方的效果器,“效果”菜单如图 3-48 所示。

3）收藏夹

在“收藏夹”菜单或“收藏夹”面板中可内置一些效果和效果组合便于使用。“收藏夹”面板内功能与“预设”类似,但仅适用于波形编辑器,可以记录收藏,对收藏进行删除、编辑操作,“收藏夹”菜单如图 3-49 所示,“收藏夹”面板如图 3-50 所示。

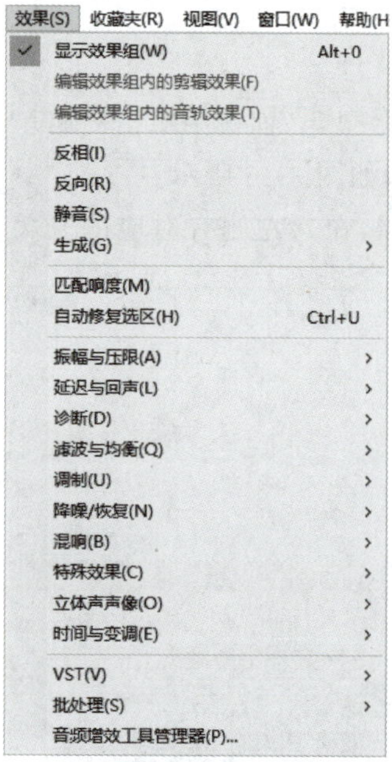

图 3-48 “效果”菜单

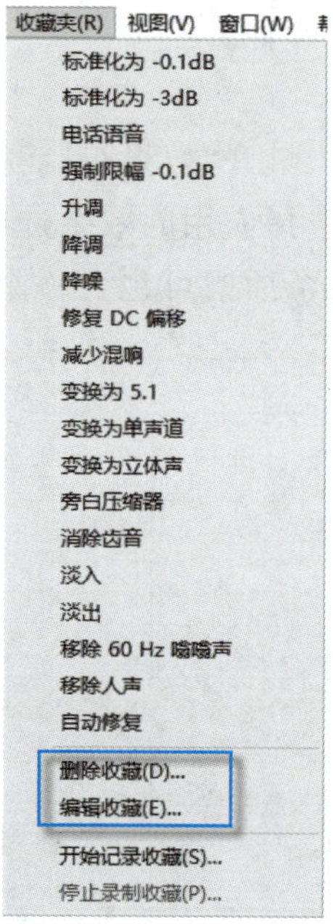

图 3-49 “收藏夹”菜单

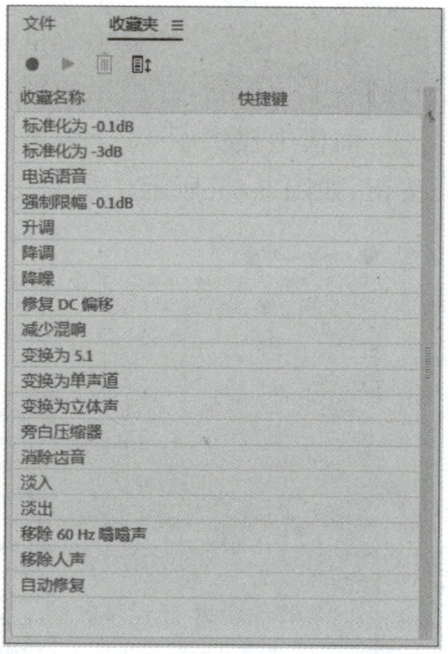

图 3-50 “收藏夹”面板

2. 振幅与压限效果

“振幅与压限”效果可以改变电平大小或调整动态,该组中包括增幅、声道混合器、消除齿音、动态处理、强制限幅等 13 个效果,下面介绍几个常用效果。

(1)“增幅”效果用于调整音频的音量大小,可以使音频声音变大或者变柔和。增加幅度使音频声音变大时,注意音频不要出现失真。由于效果可实时起作用,所以可以将其与其他效果合并使用。

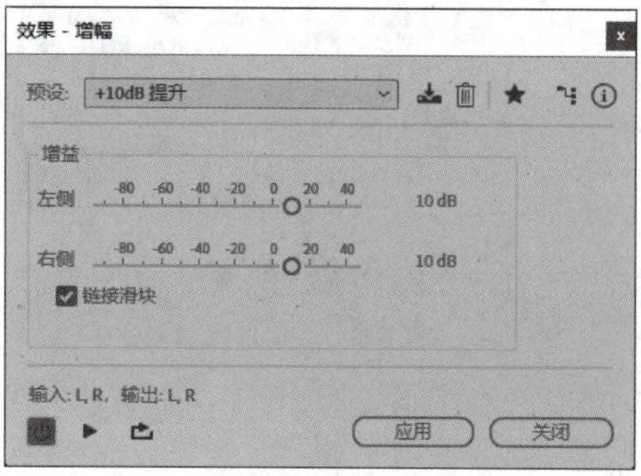

图 3-51 “效果-增幅”对话框

以把音量提高“10dB”效果为例：打开一段音频素材,执行“效果”→“振幅与压限”→“增幅”命令,弹出“效果-增幅”对话框,单击“预设”列表框右侧的下拉按钮可以看到相应的参数,将音频的音量提升 10dB,单击“应用”按钮,如图 3-51 所示,这样即可提升音频的音量效果,此时“编辑器”窗口中的音频音量将被放大。

(2)“声道混合器”效果可以改变立体声

或环绕声声道的平衡，更改声音的表现位置、校正不匹配的声音或解决相位问题。以互换左右声道为例：选择音频素材，执行“效果”→“振幅与压限”→“声道混合器”命令，弹出“效果-通道混合器”对话框，单击“预设”列表框右侧的下拉按钮，选择“互换左右声道”，单击“应用”按钮后即可交换音频的左右声道，如图 3-52 所示。

(3)“消除齿音”效果可以消除语音或歌声中“嘶嘶”齿音声。选择音频，执行“效果”→“振幅与压限”→“消除齿音”命令，弹出“效果-消除齿音”对话框，如图 3-53 所示。

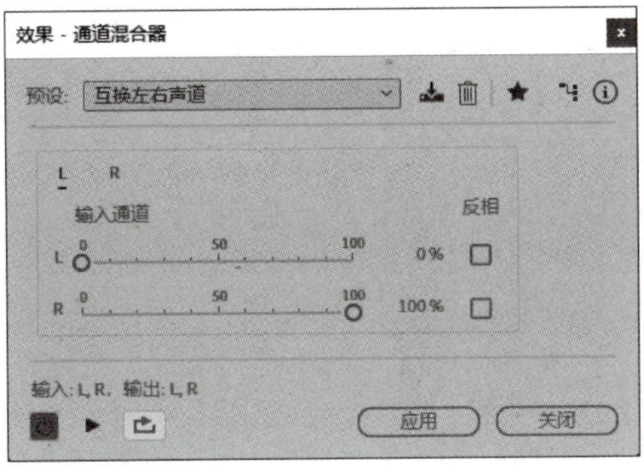

图 3-52　“效果-通道混合器”对话框

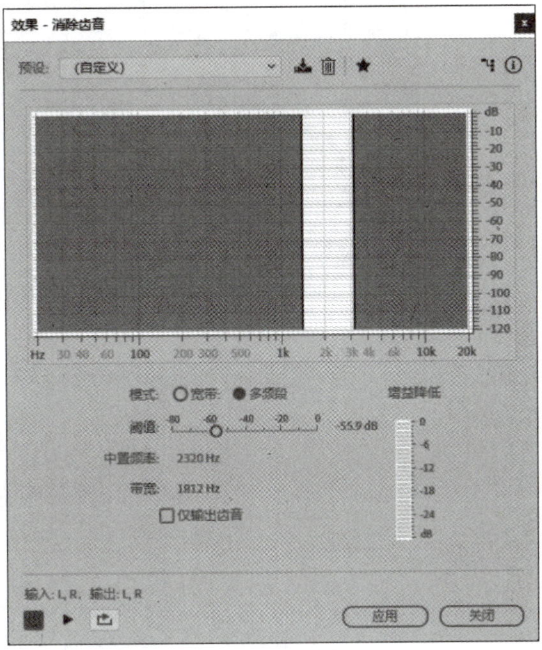

图 3-53　“效果-消除齿音”对话框

3. 调制效果

调制效果能够生成非常特别的声音，该组中包括和声、和声/镶边、镶边、移相器共 4 种效果，下面介绍和声、镶边两种效果。

1) 和声

“和声”效果能够把一个单独的声音模拟成合唱效果，该效果可增强人声音轨或为单声道音频添加立体声空间感。选择音频，执行“效果”→“调制”→“和声”命令，弹出“效果-和声”对话框，单击“预设”列表框右侧的下拉按钮，选择合适的预设效果，在“特性”面板中设置参数，如图 3-54 所示。

2) 镶边

“镶边”效果就像是给声音镶上一种奇特的声音边缘，以产生特殊的声音效果。选择音频，执行“效果”→“调制”→“镶边”命令，弹出“效果-镶边”对话框，在“预设”列表框右侧的下拉按钮中选择相应的效果，“特性”面板可根据需要设置参数，单击“应用”按钮即可完成镶边效果，如图 3-55 所示。

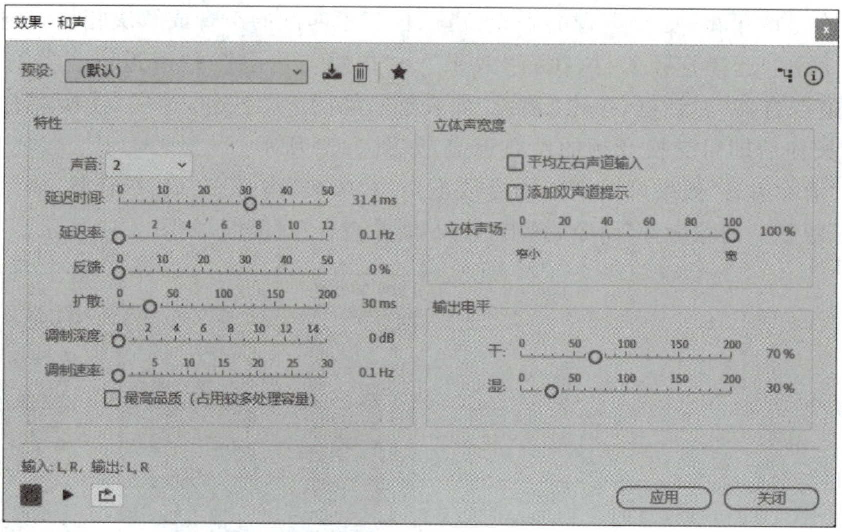

图 3-54 “效果-和声”对话框

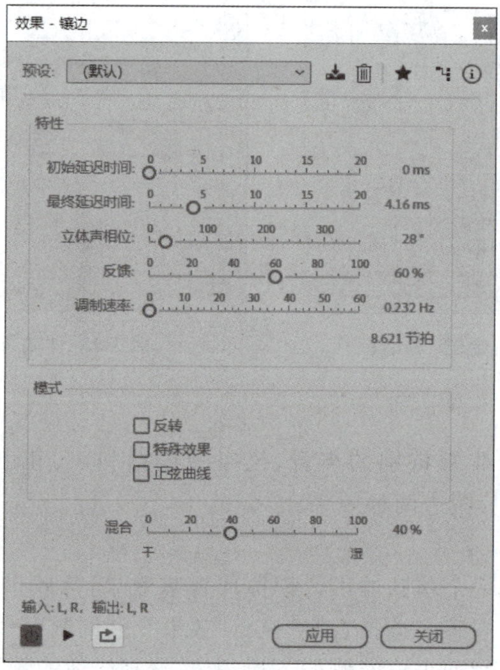

图 3-55 “效果-镶边”对话框

3.5 综合练习 制作个人歌曲

使用 Audition 可以在伴奏带中轻松地录制自己清唱的歌曲，并对录制的歌曲进行降噪、混响、调整音量等效果处理，效果如二维码 3-14 所示。个人歌曲制作过程如二维码 3-15 所示。

二维码 3-14 制作个人歌曲样张音频　　二维码 3-15 个人歌曲制作过程

1. 伴奏带

选好歌曲后在网上下载需要的伴奏带，如果网上没有下载到伴奏，可以使用“人声移除”得到伴奏带。执行“效果”→“立体声声像”→“中置声道提取”命令，在“预设”中选择“人声移除”，完成伴奏制作。虽不能完全消除人声，特别是有和声的部分，但是录音演唱时会覆盖掉，如图 3-56 所示。本练习使用的是素材文件夹中下载好的“伴奏音乐.mp3”伴奏音乐。

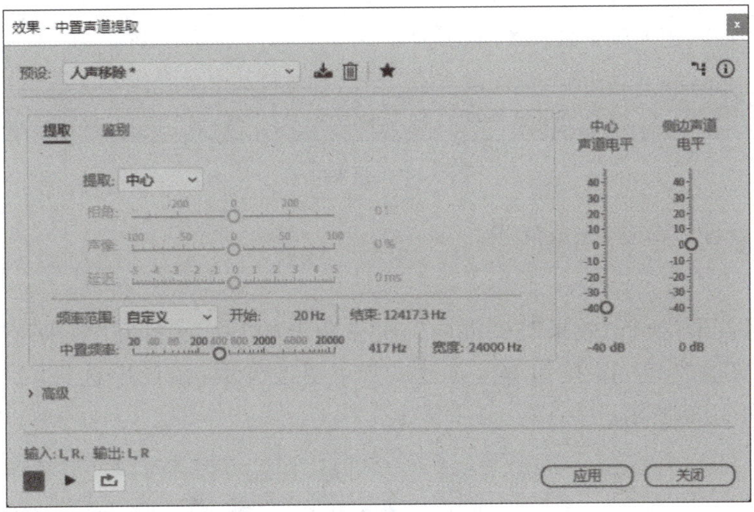

图 3-56 “效果-中置声道提取”对话框

2. 录歌

执行“文件”→“新建”→“音频文件”命令，弹出“新建音频文件”对话框，设置文件名称为“清唱歌曲”。

单击“编辑器”面板下方的“录制”按钮●，开始录制歌曲。录制时显示录制的波形和进度，录制完成后，单击“编辑器”面板下方的“停止”按钮■，完成录制，如图 3-57 所示。

3. 调整音量

执行“效果”→“振幅与压限”→“标准化(处理)”命令，打开“标准化”对话框，勾选“平均标准化全部声道”复选框，该命令可以使左右声道共同达到音频波形峰值，单击“应用”按钮，完成设置，如图 3-58 所示。

注意：“标准化”命令只能在单轨编辑界面中使用。

4. 降噪

选择一段声音间歇处的波形捕捉噪声样本，选中全部波形，执行“效果”→“降噪/恢

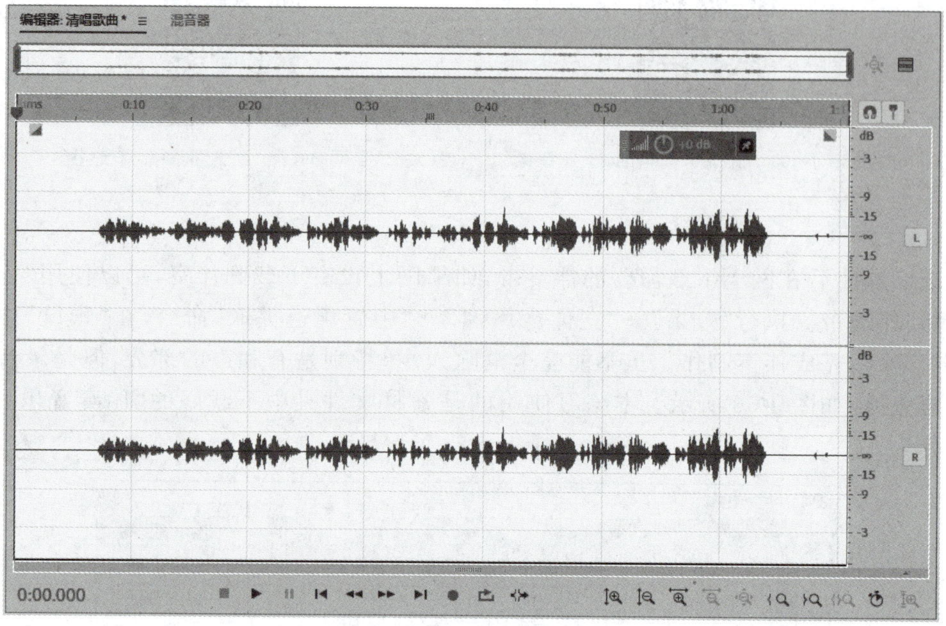

图 3-57 录制声音

复”→“降噪(处理)”命令,完成降噪。

5. 混响

选中录音波形,执行“效果”→“混响”→“室内混响”命令,打开“效果-室内混响”对话框。单击“预览播放/停止”按钮,通过试听可更改参数,预设中选择“默认”,单击“应用”按钮,如图 3-59 所示。

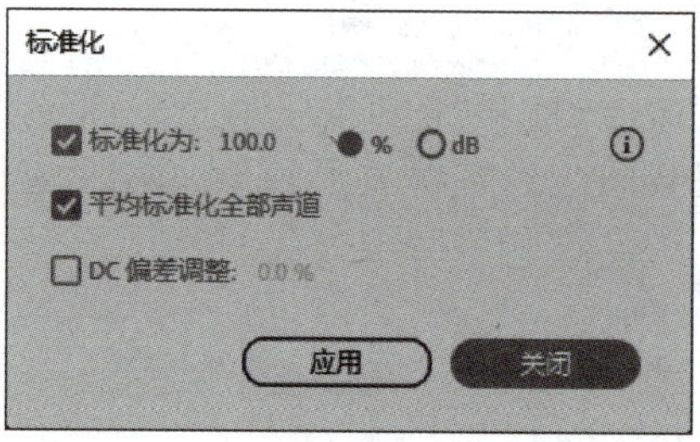

图 3-58 “标准化”对话框

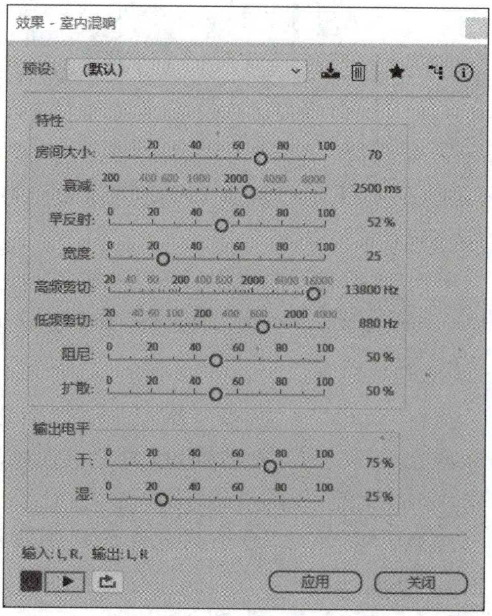

图 3-59 “效果-室内混响”对话框

6. 保存声音

执行“文件”→“另存为”命令，弹出“另存为”对话框，设置文件名为“清唱歌曲”，保存位置为默认，格式为默认的“.wav”，保存完成。

7. 添加伴奏

创建多轨项目文件“个人歌曲”，导入文件“伴奏音乐.mp3”和“清唱歌曲.wav”，将其分别拖曳到轨道1和轨道2上。根据伴奏音乐使用移动工具，拖曳轨道2上的“清唱歌曲”到15秒的位置，把鼠标指针放到波形最后。当鼠标指针变为时，拖曳使“伴奏音乐”长度与“清唱歌曲”长度一致，如图3-60所示。

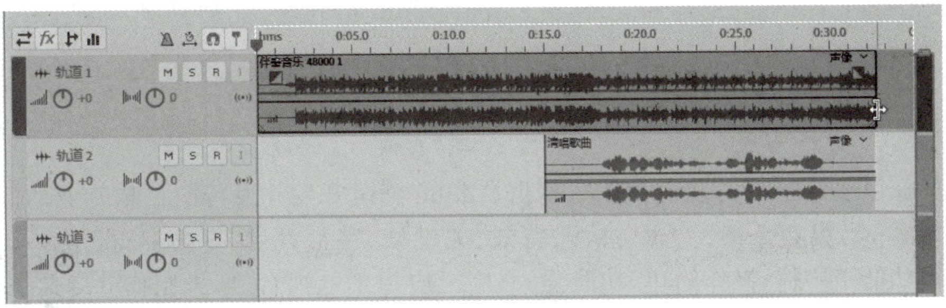

图3-60　添加伴奏

8. 合成输出

单击“查看多轨编辑器”按钮 多轨，进入多轨编辑界面，可试听整体效果。执行“文件”→“导出”→“多轨缩混”→“整个会话”命令，打开“导出多轨混音”对话框，设置保存名称为“个人歌曲”，选择位置、文件类型完成对歌曲的保存。

第4章

音视频编辑与处理技术

Adobe Premiere Pro 简称“PR”，是由 Adobe 公司开发并发行的一款专业的非线性视频编辑软件，集视频采集、剪辑、过渡、特效、关键帧、字幕设计、音频编辑与合成等功能于一体，操作简单，功能强大，广泛应用于电视台、广告制作、游戏场景、电影剪辑、个人或单位视频制作等相关领域，深受广大视频爱好者的青睐。本章主要介绍 Premiere Pro 2022 的基本知识和基本操作，视频剪辑及视频过渡的常用方法，字幕及关键帧的设置和视频特效的添加及设置，使大家对视频制作有一个基本认识，本章所需素材如二维码 4-1 所示。

二维码 4-1
第 4 章素材

课程思政

中华民族自古以来就有“尊重自然、顺应自然、保护自然”的传统和思想，从古代《庄子·齐物论》中的“天地与我并生，而万物与我为一”和《荀子·天论》中的“万物各得其和以生，各得其养以成”，到新时代的“人与自然和谐共生”，都体现了人与自然和谐共生的生态文明理念。党的二十大指出：“中国式现代化是人与自然和谐共生的现代化。”我们更应该积极保护生物多样性，努力建设人与自然和谐共生的美丽家园。

4.1 音视频编辑概述

学习目标及要求

(1) 了解 Premiere Pro 2022 的相关术语和常用图像及音视频格式。
(2) 了解视频制作的基本流程。
(3) 掌握 Premiere Pro 2022 的工作界面的组成。

(4) 掌握常用功能面板的使用。

育人目标

(1) 培养学生个性化的审美能力。
(2) 培养学生理解整体与部分辩证关系的能力。

4.1.1 视频编辑中的常用术语

1. 视频

根据人眼的视觉暂留原理,连续的图像以每秒 24 帧(frame)以上的速度呈现时,看上去就是平滑连续的动态效果,这样连续的画面称作视频(video)。

2. 帧

帧是视频中最小单位的单幅影像画面。

3. 帧速率(帧/秒)

帧速率是每秒播放的帧数。

4. 关键帧

关键帧(key frame)是指角色或者物体运动变化中的关键动作所处的那一帧。关键帧与关键帧之间的动态画面由软件来创建,称为过渡帧或中间帧。

5. 视频过渡

视频过渡也称视频转场,主要用于素材与素材之间的画面切换,一般加在两段素材之间,画面切换在视觉和逻辑上更加舒适连贯,同时增强了画面感。

6. 渲染

渲染是指使用视频过渡效果或者视频效果时对每帧的图像进行重新优化的过程,渲染后编辑会更流畅。

7. 时间码

在视频编辑中,用时间码(time code)识别和记录视频中的每一帧,用小时、分钟、秒和帧数值表示,中间以冒号分隔,即小时:分钟:秒:帧数值。

4.1.2 常用的音视频格式和图像格式

在使用编辑软件 Premiere Pro 2022 进行视频编辑前,要先收集各种素材,编辑后再导出各种类型的文件,因此要对文件格式有所了解。通过前面几章的学习,大家对图像格式和音频格式都有所了解,这一章主要介绍 Premiere Pro 2022 所支持的视频格式。

1. AVI 格式

AVI 是 Audio Video Interleaved 的缩写,即音频视频交错格式,是微软公司为 Windows 环境设计的数字视频文件格式。包括 AVI 格式和 AVI(未压缩)格式。其优点是兼容性好、图像质量高,缺点是占用内存大。

2. MPEG 格式

将声音和影像的记录脱离了传统的模拟方式，建立了 ISO/IEC 11172 压缩编码标准，制定出 MPEG 格式，令视听传播方面进入了数字化时代。MPEG 标准主要有以下五个：MPEG-1、MPEG-2、MPEG-4、MPEG-7 及 MPEG-21。现时泛指的 MPEG-X 系列版本，就是由国际标准化组织（ISO）所制定而发布的视频、音频、数据的压缩标准。其特点是压缩比高，占用内存小，图像质量好。

3. MOV 格式

MOV 格式即 QuickTime 影片格式，它是 Apple 公司开发的一种音频、视频文件格式，用于存储常用数字媒体类型。MOV 格式具有跨平台、占用内存小等特点，属于有损压缩文件，画面效果比 AVI 格式稍好一些。

4. H. 264 格式

H. 264 格式是继 MPEG-4 之后的新一代数字视频压缩格式，具有高压缩比的同时还拥有高质量流畅的画面效果。

5. WMV 格式

WMV 即 Windows Media Video，是微软 Windows 媒体视频格式。同等视频质量下，WMV 格式的容量非常小，适合在网络播放和传输。

4. 1. 3 视频制作基本流程

制作一个视频，首先要围绕整个视频的主题收集相关素材，然后利用 Premiere Pro 2022 软件进行剪辑制作。在打开 Premiere Pro 2022 软件后，应先建立一个项目来管理和协调制作视频所需的相关素材，其次将素材导入“项目”面板中，然后通过序列的建立、素材的剪辑和音频、字幕的添加和设置等完成视频制作，最后把制作好的视频以所需要的格式导出，同时保存项目，方便以后对视频再次编辑。制作视频的基本流程如图 4-1 所示。

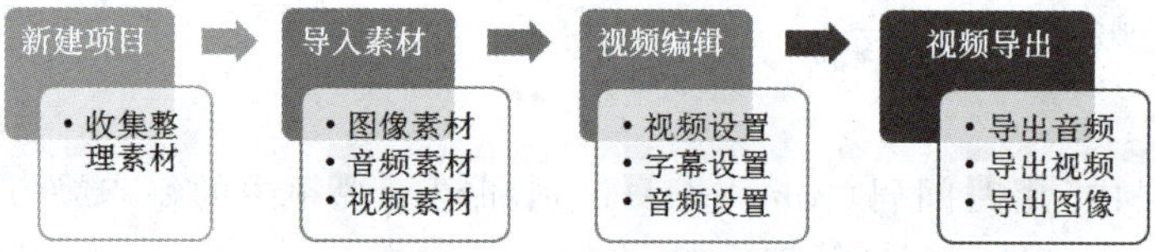

图 4-1 制作视频的基本流程

4. 1. 4 Premiere Pro 2022 界面简介

熟练掌握工作界面的内容是学习 Premiere Pro 的基础。Premiere Pro 2022 主界面主要由菜单栏、“步骤”按钮、“源监视器”面板、“效果控件”面板、“节目监视器”面板、“项目”面板、“效果”面板、“历史记录”面板、“工具”面板、“时间轴”面板、音频仪表等组成，如图 4-2 所示。

1. 菜单栏

将命令按不同功能分别放到“文件”“编辑”“剪辑”“序列”“标记”“图形和标题”“视图”“窗口”“帮助”9 个菜单项中，执行菜单命令可以完成文件处理、视频剪辑、字幕设置、窗口

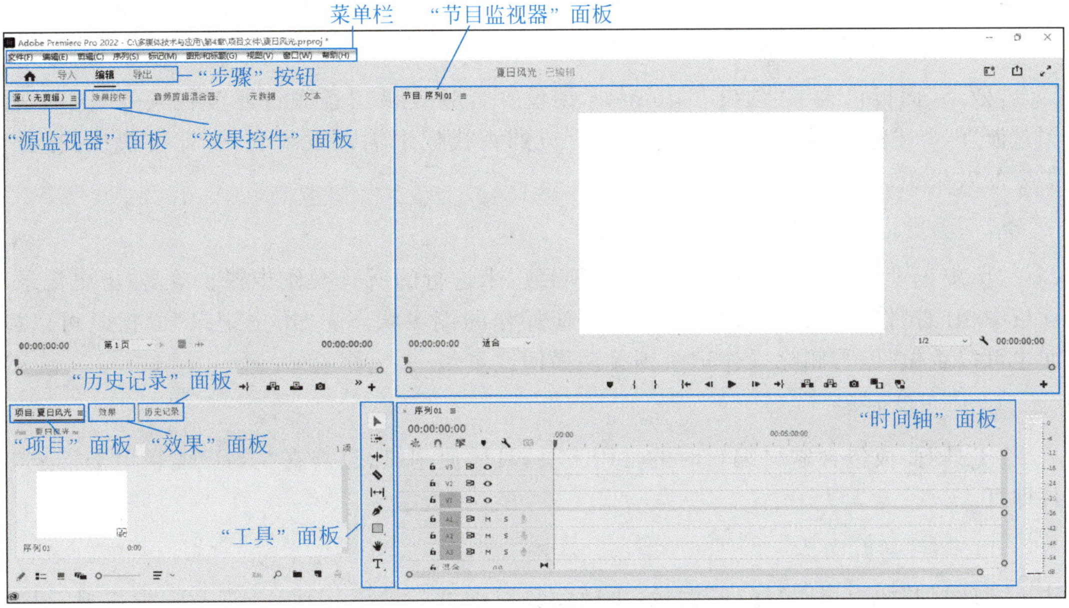

图 4-2　Premiere Pro 2022 工作界面

设置等操作。可通过"窗口"→"菜单"→"工作区"下的选项进行工作界面的布局的调整，以便满足不同用户个性化需求。

2. "步骤"按钮

"步骤"按钮包括"主页""导入""编辑"和"导出"按钮，对应了视频制作的一系列步骤，即新建项目、导入素材、视频编辑和视频输出。用户选择不同的按钮即可进入相应的界面中。

3. "源监视器"面板

"源监视器"面板简称"源"面板，本书中统称为"源"面板。主要用来播放、预览源素材。将"项目"面板中的素材拖到该面板中，或双击"项目"面板中的素材将所选素材显示在"源"面板中，音频素材以波形显示。利用"源"面板中的命令按钮可对原始素材进行初步的编辑，例如设置素材的出入点、覆盖、插入等。

4. "效果控件"面板

"效果控件"面板可显示选中的素材中应用的所有效果。单击具体效果前面的按钮 > 或按钮 ∨ ，可展开或折叠效果中的具体参数。

5. "节目监视器"面板

"节目监视器"面板简称"节目"面板，本书中统称"节目"面板。主要用来预览音视频编辑合成后的效果，也可实时预览"时间轴"面板中正在编辑的素材，还可设置素材的大小和位置等，充分体现所见即所得的应用效果。

6. "项目"面板

"项目"面板用来管理当前项目中用到的各种素材和序列。在 Premiere Pro 2022 中编辑视频，应先把视频所需要的素材导入“项目”面板中才能使用。

7. “效果”面板

“效果”面板包含了“预设”“Lumetri 预设”“音频效果”“音频过渡”“视频效果”和“视频过渡”6 个文件夹，直接在“效果”面板上方的查找框中输入效果名称，即可快速找到所需要的效果。

8. “历史记录”面板

“历史记录”面板记录从建立或打开项目以来进行的所有操作步骤。单击“历史记录”面板中相应操作名称记录，即可返回到相应操作的编辑状态。“历史记录”面板既可以撤回也可以重做，但若删除操作记录则无法撤回或重做。

9. “工具”面板

“工具”面板包含素材编辑时的常用工具，具体使用时，只需在“工具”面板单击指定工具即可。

10. “时间轴”面板

“时间轴”面板也叫“序列”面板，由视频轨道和音频轨道构成，是进行编辑素材、组合素材的工作区域。“时间轴”面板的上方是播放指示器位置和时间显示区，下方是轨道编辑区。可以对轨道中的素材进行剪辑、组合、视频过渡、视频效果、音频效果及关键帧的设置。素材按照播放的时间先后顺序及合成的前后顺序在时间轴上由左到右、由上到下排列在各自的轨道上。

（1）“切换轨道锁定”按钮：用于设置轨道锁定，显示为，说明轨道被锁定；将不能进行任何编辑操作；再次单击此按钮使其显示为，说明解除锁定，可正常进行编辑。

（2）“切换轨道输出”按钮：用于设置轨道的显示属性，显示为，说明该轨道上的素材正常显示，显示为，说明该轨道上的素材无法显示。

4.2 音视频剪辑及音视频过渡

学习目标及要求

（1）掌握音视频素材常用的剪辑和参数设置方法。

（2）掌握“源”面板和“节目”面板的使用方法。

（3）掌握“工具”面板中常用编辑工具的使用方法。

（4）掌握视频过渡效果的添加和参数设置方法。

育人目标

（1）培养学生珍惜时间、热爱生命的意识。

（2）培养学生热爱体育、增强体魄的意识。

4.2.1 案例一 初夏时光

二维码 4-2
初夏时光的
样张视频

本案例通过使用 Premiere Pro 软件新建项目、新建序列、导入素材、剪辑素材、序列嵌套、导出视频等步骤完成视频制作。本小节主要内容为：初步了解视频制作的基本流程；通过首选项批量设置静态图片持续时间，使用“嵌套”“删除及波纹删除”命令等基本编辑方法；利用“选择工具”“剃刀工具”等完成“初夏时光”视频制作。该视频三框同映，且画面停留时间不同，包含的信息量大，具有较强的可视性，效果如二维码 4-2 所示。

(1) 新建项目：启动 Premiere Pro 2022，设置项目名为“初夏时光”，项目位置为“C 盘\多媒体技术与应用\第 4 章\项目文件”，单击“创建”按钮，如图 4-3 所示。

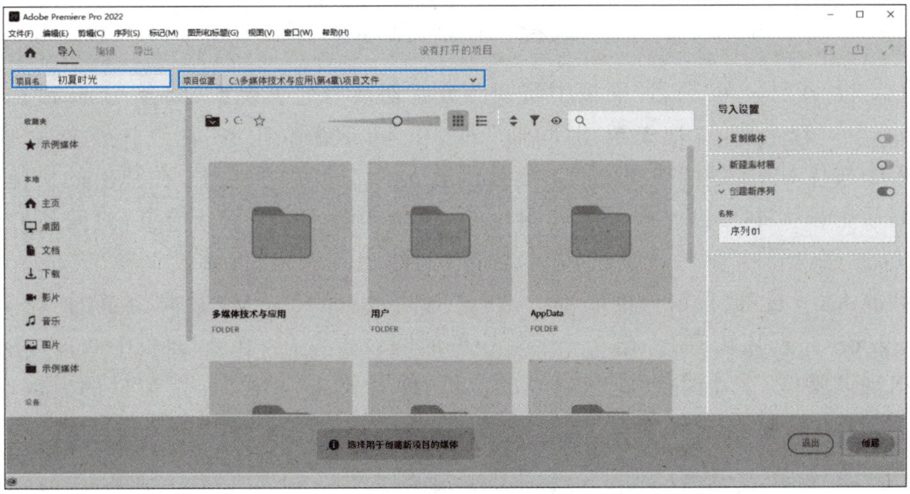

图 4-3 新建项目

(2) 导入“花”素材：执行“文件”→“导入”命令，弹出“导入”对话框，选择素材文件夹中“花 1.jpg”～“花 8.jpg”8 个素材，单击“打开”按钮把所选素材导入“项目”面板中，图片的长度默认为 5 秒，如图 4-4 所示。

图 4-4 “导入”对话框

(3) 新建序列“花 1”：在“项目”面板中选择素材“花 1.jpg”，将其拖曳至“时间轴”面板中空白处，自动生成以“花 1”命名的序列，如图 4-5 所示。

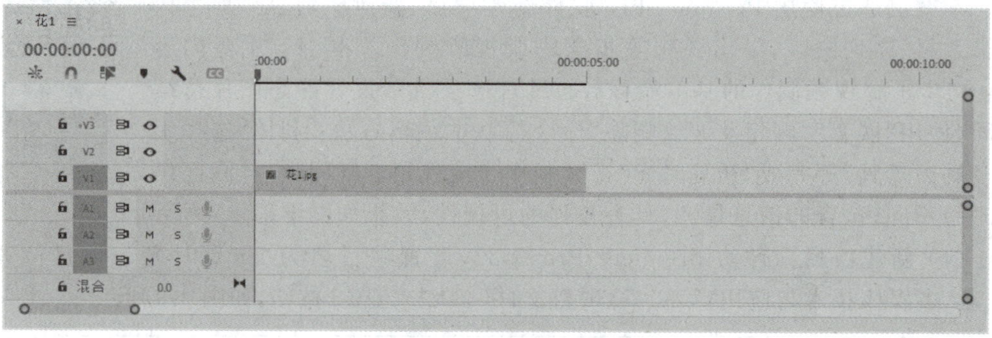

图 4-5 新建“花 1”序列

(4) 图片素材：在“项目”面板中将视图方式切换为列表视图，配合 Shift 键选择素材“花 2.jpg”～“花 7.jpg”，拖曳至“时间轴”面板中 V1 视频轨道的“花 1.jpg”之后，在“时间轴”面板中按住 Shift 键依次单击 V1 视频轨道上的 7 个素材，右击，在弹出的快捷菜单中选择“缩放为帧大小”，快速设置所选图片的大小，如图 4-6 所示。拖曳“时间指针”至“花 6.jpg”位置，在“节目”面板中双击“花 6.jpg”图像，出现调整框，手动调整“花 6.jpg”的位置，使其放在“节目”面板窗口的底部。选择“时间轴”面板中 V1 视频轨道的“花 7.jpg”，将其拖曳至 V2 视频轨道上“花 6.jpg”对应的时间位置。在“节目”面板中双击“花 7.jpg”图像，出现调整框，手动调整“花 7.jpg”的位置，使其放在“节目”面板窗口的上部，效果如图 4-7 所示。

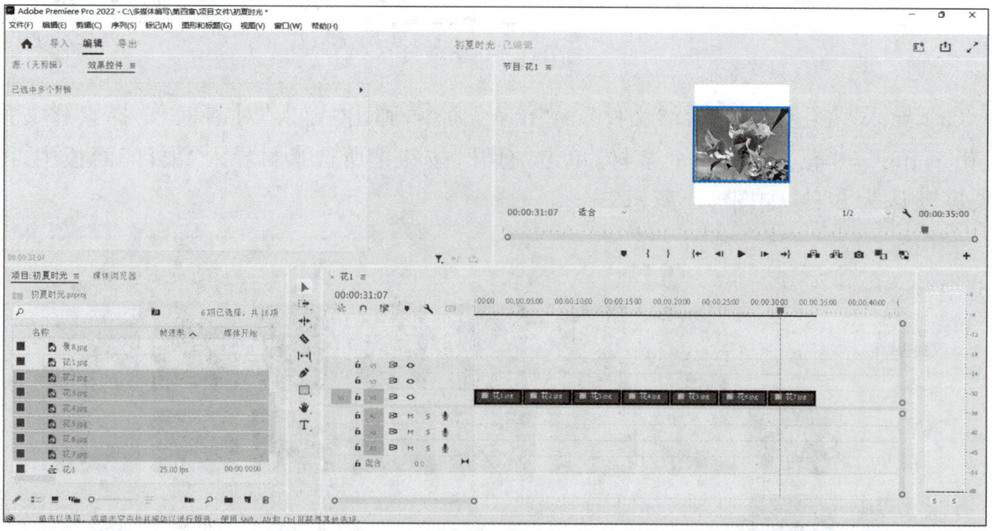

图 4-6 设置帧大小

(5) 新建序列 01：执行“文件”→“新建”→“序列”命令，弹出“序列”对话框，选择“DV-PAL”下的“标准 48kHz”，单击“确定”按钮。“新建序列”对话框如图 4-8 所示。

图 4-7　手动设置图片大小及位置

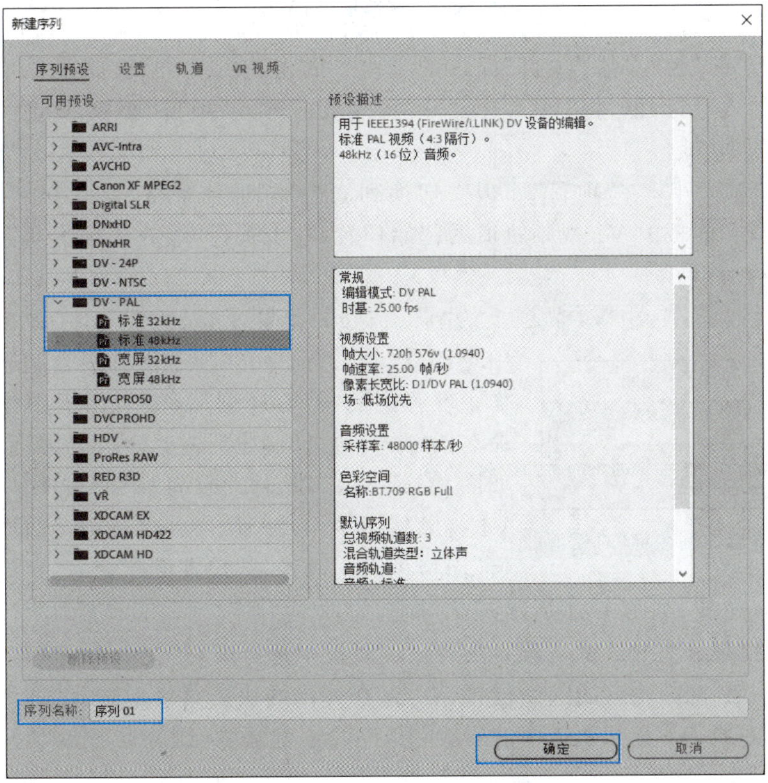

图 4-8　“新建序列”对话框

(6) 设置首选项：执行“编辑”→“首选项”→“时间轴”命令，在弹出的“首选项”对话框中修改“静止图像默认持续时间”为 20 帧，单击“确定”按钮，“首选项”对话框如图 4-9 所示。

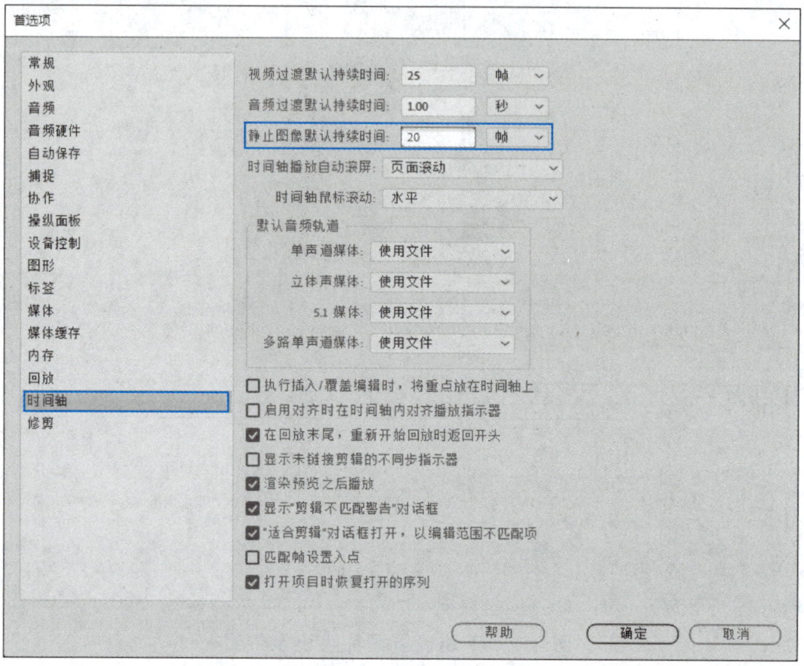

图 4-9 “首选项”对话框

(7) 导入“景”素材：在“项目”面板的空白处右击，在弹出的快捷菜单中选择“导入”命令，打开“导入”对话框，将“景 1.jpg”～“景 8.jpg”导入“项目”面板，此时导入的素材长度即为设置的 20 帧。

(8) 设置帧大小：在“项目”面板中切换列表视图，选择素材“景 1.jpg”～“景 8.jpg”拖曳至“时间轴”面板中 V1 视频轨道的起始位置，右击选择“缩放为帧大小”命令，快速设置所选图片的大小。

(9) 素材嵌套：选中 V1 轨道上的“景 1.jpg”～“景 8.jpg”，右击，在弹出的快捷菜单中选择“嵌套...”命令，将所选图片组合起来进行批量操作。在弹出的“嵌套序列名称”对话框中将该嵌套序列命名为“景”，单击“确定”按钮。“嵌套序列名称”对话框如图 4-10 所示。此时，“时间轴”面板中的“序列 01”的 V1 视频轨道中出现“景”序列。选中该“景”序列，在“节目”面板中双击画面，待出现调整框时，手动调整大小使其放在左上角位置，如图 4-11 所示。

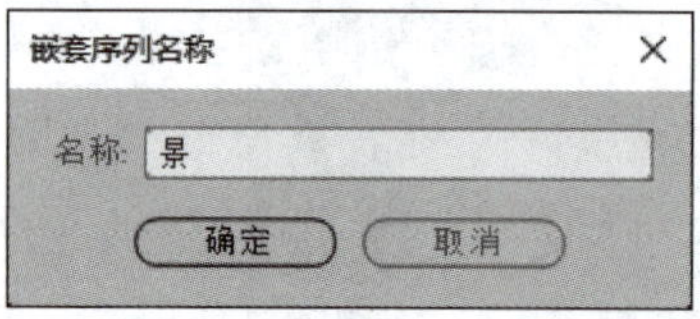

图 4-10 “嵌套序列名称”对话框

(10) 音视频分离并删除音频：在“项目”面板中选择素材“花 8.mp4”直接拖曳至“时间轴”面板中 V2 视频轨道的起始位置，右击，在弹出的快捷菜单中选择“取消链接”命令，分离音视频，选择 A1 音频轨道中的音频，按 Delete 键删除，删除音频后“时间轴”面板如图 4-12 所示。

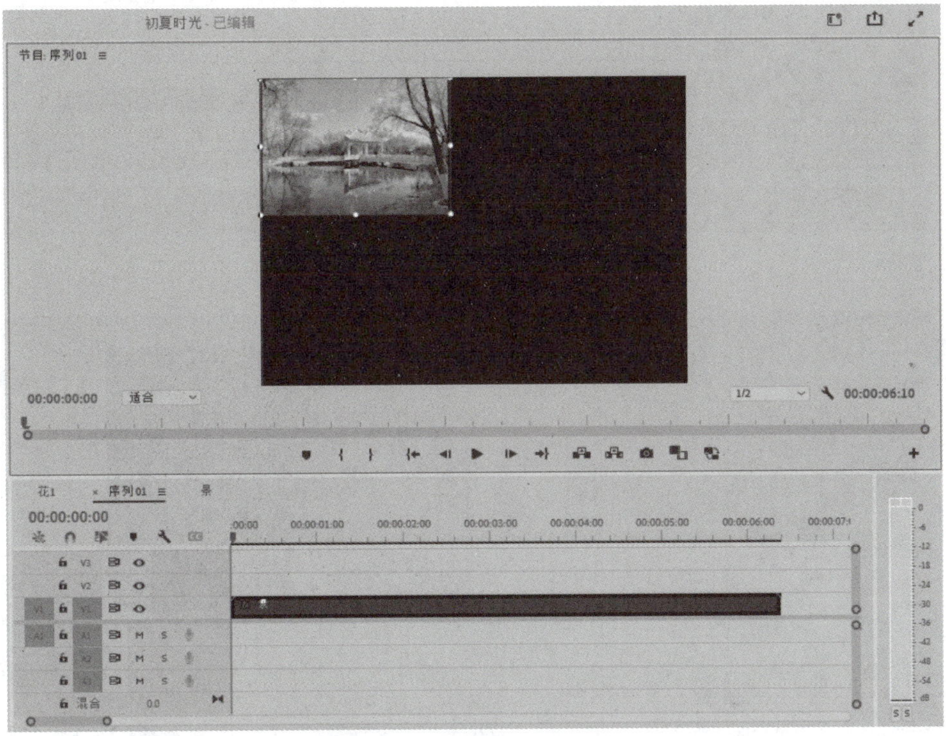

图 4-11 在“序列 01”中设置“景”大小

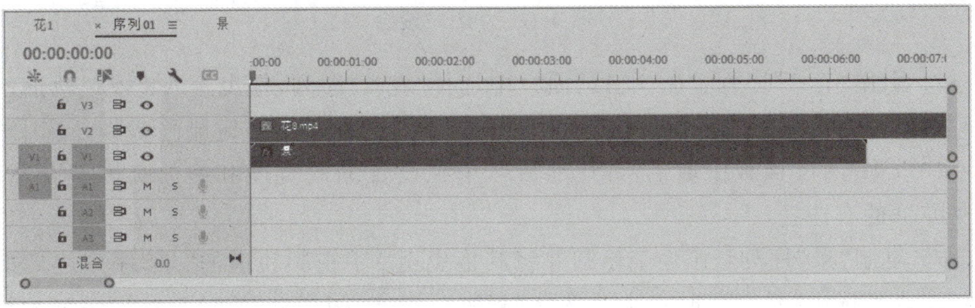

图 4-12 “时间轴”面板

(11) 视频截取：在“工具”面板中选择“剃刀工具”，分别在“00:00:03:00”“00:00:16:00”“00:00:24:00”“00:00:32:00”“00:00:40:00”和“00:00:44:00”位置单击来分割视频。在“工具”面板中选择“选择工具”，按住 Shift 键分别单击第 2、4、6 段视频，右击，在弹出的快捷菜单中选择“波纹删除”即可删除所选片段并且使后续片段自动前移，分割视频后“时间轴”面板效果如图 4-13 所示。

(12) 嵌套“序列花 2”：选择所有剩下的“花 8.mp4”视频，右击并选择“嵌套...”命令，把该嵌套序列命名为“花 2”，“时间轴”面板中 V2 视频轨道上会出现“花 2”序列。选中 V2 视频轨道上的“花 2”，在“节目”面板中双击画面待出现调整框，在“效果控件”面板中取消“等比缩放”，手动调整大小使其放在左下角位置，效果如图 4-14 所示。

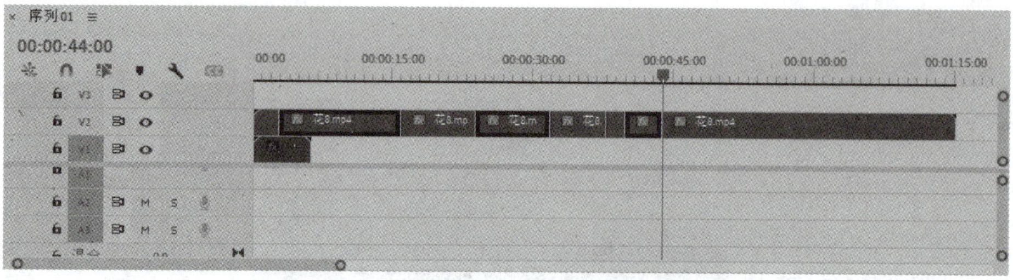

图 4-13　分割视频后“时间轴”面板效果

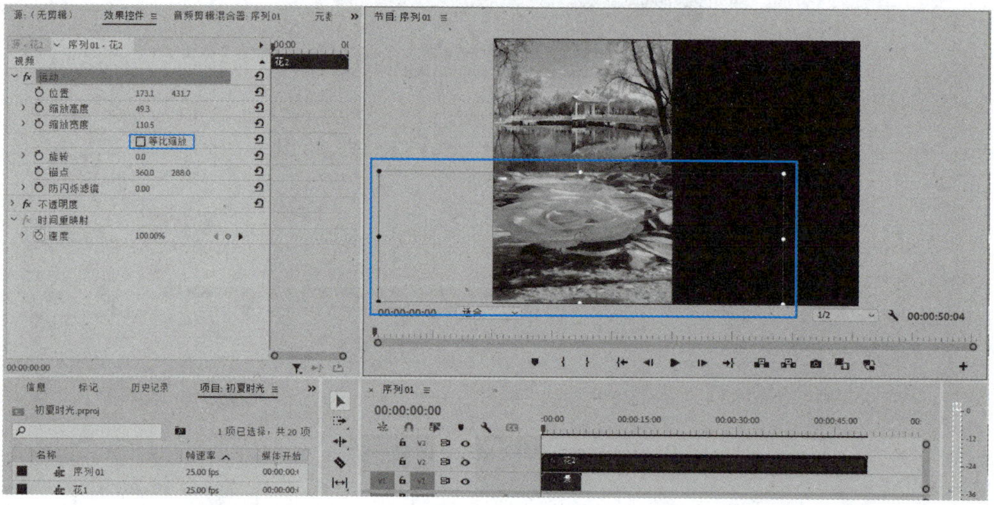

图 4-14　“花 2”设置

（13）引用“花 1”序列：在“项目”面板中选择“花 1”序列，拖曳至 V3 视频轨道的起始位置。右击，在弹出的快捷菜单中选择“取消链接”，选择 Delete 键删除音频。选中“花 1”序列，在“效果控件”面板中取消“等比缩放”，单独设置缩放宽度和缩放高度至合适即可，并放在屏幕的右边。

（14）复制“景”序列：按住 Alt 键并将其拖曳至 V1 视频轨道的“景”序列之后即可实现复制。或者选中“景”序列，右击并选择“复制”，把“时间指针”定位至“景”序列的结束位置，按 Ctrl+V 组合键也可实现复制，可多次复制直至 5 个“景”序列。选择“花 2”序列，拖曳其结束位置至 00:00:30:00 处，如图 4-15 所示。三框同映效果具体设置过程如二维码 4-3 所示。

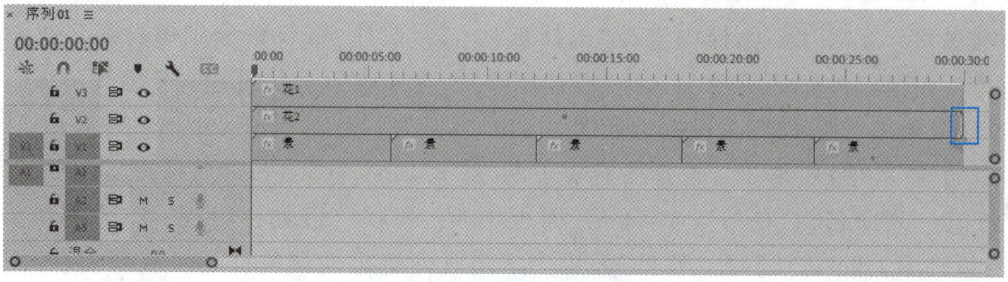

图 4-15　设置视频序列长度

（15）音频设置：导入素材文件“背景音乐.mp3”，将“背景音乐.mp3”拖曳至A1音频轨道起始位置。利用“剃刀工具”在视频结束位置单击以分割音频，选择多余部分音频右击，在弹出的快捷菜单中选择“清除”命令删除多余音频。

二维码4-3
三框同映
效果设置

（16）保存及导出：执行“文件”→“保存”命令，将本项目文件保存。在菜单栏中执行“文件”→“导出”→“媒体”命令，在弹出的“导出设置”对话框中设置输出名称为“初夏时光”，格式选择“H.264”，单击“导出”按钮即可将“初夏时光”导出为MP4格式，如图4-16所示。

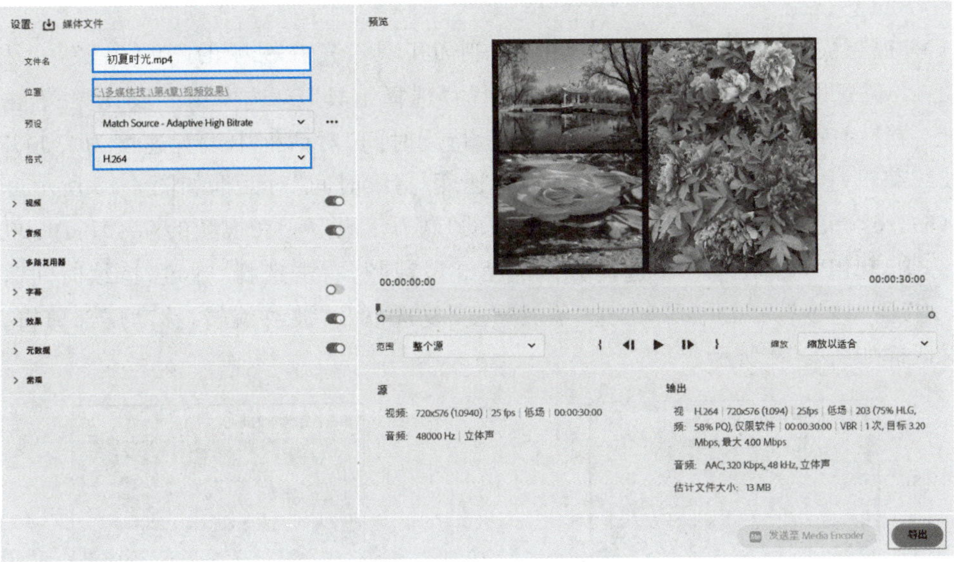

图4-16　导出设置

4.2.2　案例二　运动会集锦

本案例通过运动会素材制作“运动会集锦”。同学们在运动场上团结拼搏，积极进取，展现了当代大学生的风采，别具魅力。为了制作精彩瞬间，需要对拍摄视频进行截取保留，再加入适当的视频过渡效果，让画面衔接自然流畅。本案例的制作使用到了“音视频分离”“出入点设置”“插入、覆盖、提升、提取”按钮的使用，“工具”面板中常用编辑工具的使用及音视频过渡效果的设置等，效果如二维码4-4所示。

二维码4-4
运动会集锦
的样张视频

（1）新建项目：启动Premiere Pro 2022，新建项目“运动会集锦”。

（2）导入素材：在“项目”面板的空白处双击，打开“导入”对话框，将素材文件夹所有素材导入“项目”面板中。

（3）新建序列：在“项目”面板中单击“新建分项”按钮，选择“序列”，在弹出的“新建序列”对话框中选择“DV-PAL”下的“标准48kHz”，单击“确定”按钮完成新建“序列01”。

（4）运动会删除音频：在“项目”面板中选择“运动会.mp4”并将其拖曳至V1轨道起

始位置，弹出“剪辑不匹配警告”对话框，单击“保持现有设置”按钮。“剪辑不匹配警告”对话框如图 4-17 所示。右击“运动会”，选择“取消链接”，单独选中音频，按 Delete 键删除，再次选择“运动会.mp4”，右击选择“缩放为帧大小”。

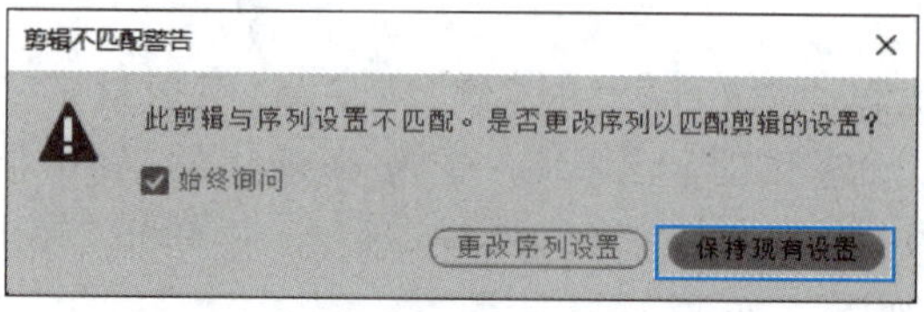

图 4-17 “剪辑不匹配警告”对话框

(5) 视频快放：利用“工具”面板中的“剃刀工具”在视频的 00:00:27:00 和 00:00:54:23 位置进行分割，利用“工具”面板中的“选择工具”选中第 2 段视频，右击选择“速度/持续时间”命令，在弹出的“剪辑速度/持续时间”对话框中设置速度为“300%”，勾选“波纹编辑，移动尾部剪辑”复选框，“剪辑速度/持续时间”对话框如图 4-18 所示。

(6) 视频快速倒放：利用“工具”面板中的“剃刀工具”在视频的 00:01:10:00 位置进行分割，利用“选择工具”选择分割的第 3 段视频，右击选择“速度/持续时间”，在弹出的中设置“速度”为“400%”，勾选“倒放速度”复选框及“波纹编辑，移动尾部剪辑”复选框，对话框如图 4-19 所示。

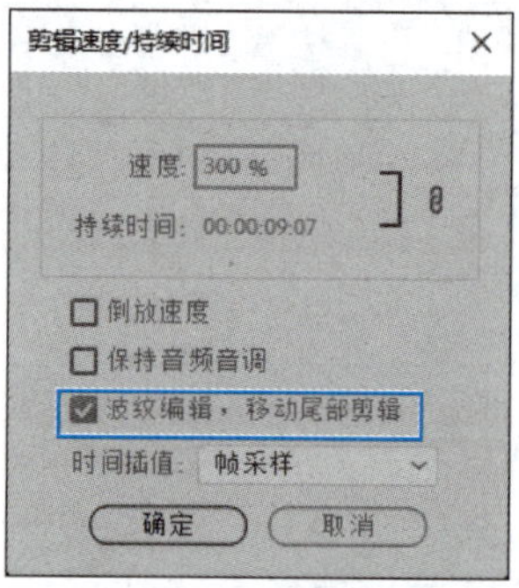

图 4-18 “剪辑速度/持续时间”对话框

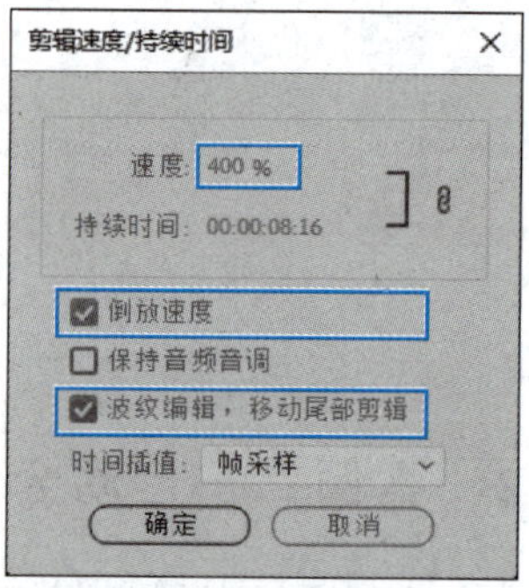

图 4-19 “倒放”设置

(7) “插入”设置：在“项目”面板中选择“人形.mp4”双击，可在“源”面板中预览视频内容。在“源”面板中的 00:00:44:00 位置单击“标记入点”按钮设置开始时间。在“源”面板中的 54 秒位置单击“标记出点”按钮设置结束时间。在“时间轴”面板中将“时间指针”定位至 00:00:44:18 位置，单击“源”面板中的“插入”按钮将选取的视频插入“时间指针”位置，V1 轨道原有视频自动后移，效果如图 4-20 所示。选中插入的“人形.mp4”视频，右击选择“缩放为帧大小”。

(8) “覆盖”设置：在“项目”面板中双击“图形.mp4”，在“源”面板中的 00:00:13:00 和 00:00:23:00 位置分别设置入点和出点。将“时间指针”定位至 00:01:15:00 位置，单击“源”面板中的“覆盖”按钮，将选取的视频覆盖在指定位置以替代原有视频，如图 4-21 所示。选中插入的“图形.mp4”视频，右击选择“缩放为帧大小”。

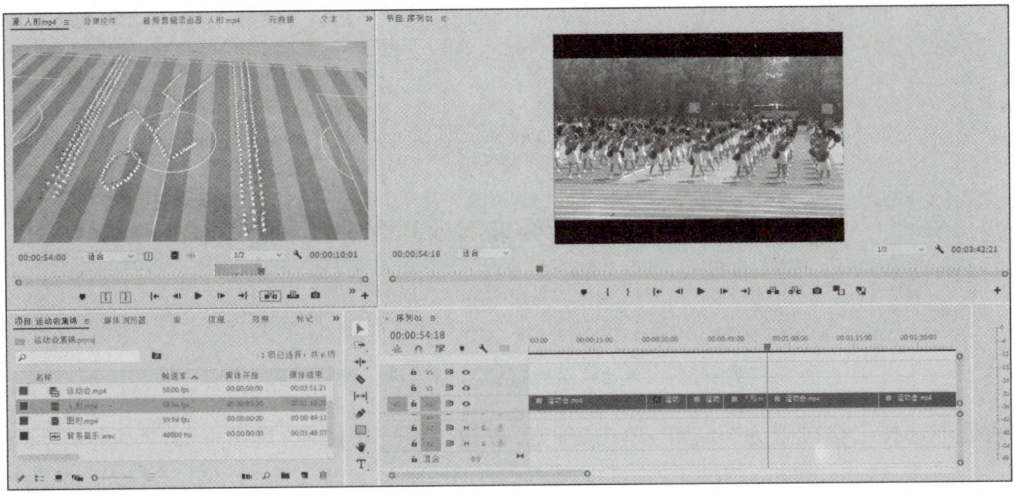

图 4-20　出入点设置及插入按钮的设置

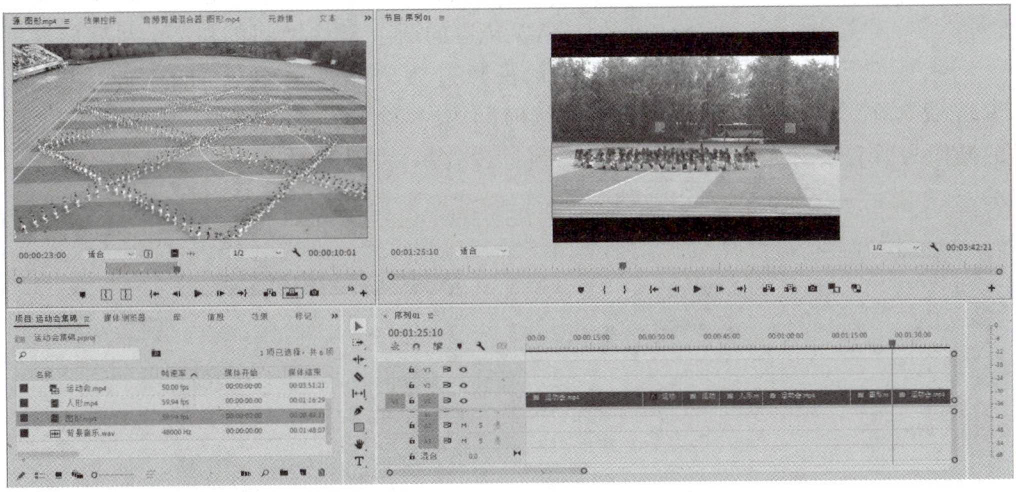

图 4-21　出入点设置及覆盖按钮的设置

(9)“提取”设置：将“时间指针”定位至 00:01:29:00 位置，单击“节目”面板中的“标记入点”按钮 设置入点；将“时间指针”定位至 00:02:45:00 位置，单击“节目”面板中的“标记出点”按钮 设置出点；单击“节目”面板中的“提取”按钮 将选中的视频删除，后续视频自动前移。“节目”面板按钮及“时间轴”面板效果如图 4-22 所示。

(10)“提升”设置：将“时间指针”定位至 00:01:33:00 位置，单击“节目”面板中的“标记入点”按钮 设置入点，单击“节目”面板中的“提取”按钮 将选中的视频删除，后续如果还有视频则视频也不会自动前移。

(11) 帧定格：在“项目”面板中选择“远航. mp4”并将其拖曳至 V1 轨道的最后。选择 V1 轨道上的“远航. mp4”，右击，在弹出的快捷菜单中选择“取消链接”命令并删除音频。选择“远航. jpg”，右击，在弹出的快捷菜单中选择“帧定格选项”命令，在弹出的“帧定格选项”

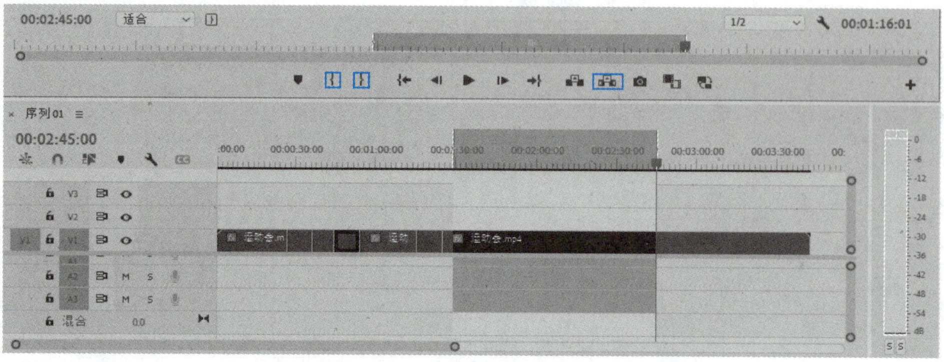

图 4-22 “节目”面板按钮及“时间轴”面板效果

对话框中选择定格位置为“入点”，单击“确定”按钮，“帧定格选项”对话框如图 4-23 所示。

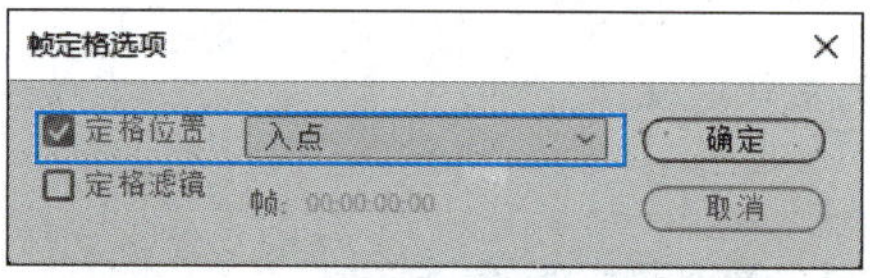

图 4-23 “帧定格选项”对话框

(12) 视频过渡：在“效果”面板中单击“>”展开“视频过渡”，选择“视频过渡”→“沉浸式视频”→“VR 光线”并将其拖曳至“时间轴”面板中 V1 轨道的两个素材之间的位置，为两个素材添加视频过渡效果。选中添加的视频过渡效果“VR 光线”，在“效果控件”面板中设置持续时间为“3 秒”，对齐方式为“中心切入”。用同样的操作为所有素材之间添加不同的视频过渡效果，使其整体过渡自然流畅，如图 4-24 所示。

图 4-24 视频过渡的添加和设置

(13) 背景音乐：在“项目”面板中选中“背景音乐.wav”并将其拖曳至“时间轴”面板的 A1 轨道起始位置，拖曳“背景音乐”的结束位置至视频结束位置。在“效果”面板中单击“>”展开“音频过渡”，选择“音频过渡”→“交叉淡化”→“指数淡化”并分别拖曳至“背景音乐.wav”开始位置和结束位置，设置“淡入”和“淡出”的持续时间为 3 秒，为音频添加相应的淡入淡出音频过渡效果。音频过渡设置及添加效果如图 4-25 所示。

(14) 保存导出：保存项目文件并导出“运动会集锦.mp4”视频。

图 4-25　音频过渡设置及添加效果

4.2.3　知识拓展

1. 新建项目

方法一：在“主页”界面中单击“新建项目”按钮，弹出“新建项目”对话框，“名称”可为当前项目名称。“位置”可指定项目的保存路径，也可通过“浏览”按钮修改路径。除此之外，“主页”界面中还包括“常规”“暂存盘”和“收录设置”三个选项卡，“常规”选项卡可以对项目的视频、采集、音频、视频渲染与回放等选项进行设置；“暂存盘”选项卡中的选项是各个素材和文件的暂存位置，单击“确定”按钮，即可新建一个项目文件。

方法二：执行“文件”→“新建”→“项目”命令。

方法三：使用 Ctrl+Alt+N 组合键。

2. 新建序列

在 Premiere Pro 2022 中需要单独建立序列文件，以下方法都可打开“新建序列”对话框新建序列。

方法一：执行“文件”→“新建”→“序列”命令。

方法二：在“项目”面板的空白处右击，在弹出的快捷菜单中选择“新建项目”→“序列”命令，或在“项目”面板的右下角单击“新建项目”按钮 选择“序列”命令。

方法三：在“项目”面板中选中素材，直接拖放至“时间轴”面板中，也可建立一个以素材为名的序列，其序列的相关参数默认与素材相同。

方法四：使用 Ctrl+N 组合键。

3. 序列嵌套

序列可以单独使用，也可以被当成一个素材放入其他序列中，这种序列素材就称为嵌套序列。项目比较复杂时，可以将素材做成嵌套序列，先分别进行设置和操作，再合成一个总序列，这样既可以对琐碎素材进行批量调整，也可以避免在同一个时间指针上存在过多的素材片段。

4. 导入素材

制作音视频作品应该先将准备好的素材导入项目，常用素材包括音频素材、视频素材、图像素材、序列文件素材和图层文件素材等。导入素材的方法有以下几种。

方法一：执行“文件”→“导入”命令，在打开的“导入”对话框中选择所需素材，单击“打开”按钮导入。

方法二：双击“项目”面板的空白处，打开“导入”对话框，选择所需素材导入。

方法三：使用 Ctrl+I 组合键打开“导入”对话框，选择所需素材并导入。

方法四：右击“项目”面板的空白处，在快捷菜单中选择“导入”命令，在打开的“导入”对话框中选择所需素材并导入。

5. 音视频分离

有些素材既包含音频又包含视频，如果只对音频或视频单独编辑，则需要先把音视频分离，再单独选择进行编辑。选择音视频素材并右击选择“取消链接”命令即可分离音视频。

6. 素材剪辑

素材剪辑的方法有很多种，常用方法如下。

方法一：在“源”面板中设置“入点”和“出点”完成视频素材的剪辑。使用“插入”“覆盖”按钮把剪辑好的素材插入“时间轴”面板的指定位置。

方法二：在“时间轴”面板中直接对素材的开始和结束标记进行拖曳也可以完成视频剪辑。

方法三：在“节目”面板中设置“入点”和“出点”完成视频素材的剪辑。使用“提升”“提取”按钮把选中的素材删除，完成整个视频的剪辑。

方法四：在“时间轴”面板中直接使用“工具”面板中的相关工具完成视频的剪辑。

在“工具”面板中单击或者按组合键即可选择所需工具，“工具”面板如图 4-26 所示。

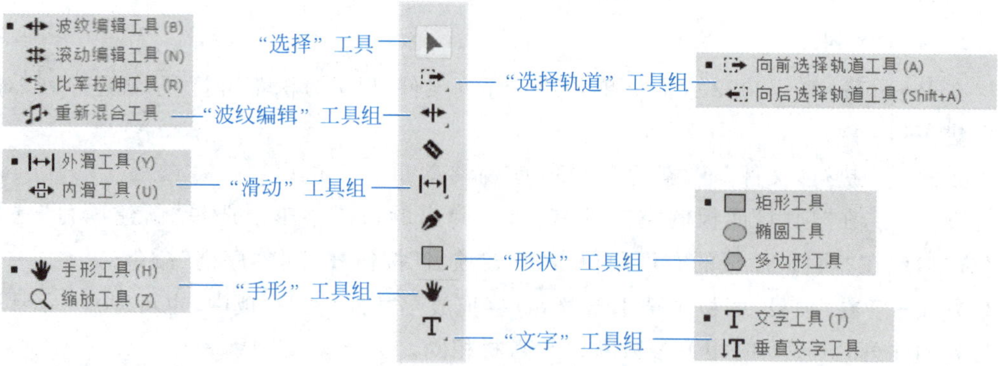

图 4-26 “工具”面板

(1)“选择”工具：用来选中轨道中的素材，单击轨道中的某个素材即被选中。按下 Shift 键同时单击轨道中的多个素材即可选中多个素材。

(2)“选择轨道”工具组。

① 向前选择轨道工具：选择此工具时在“时间轴”面板中单击某素材即选取该素材及所有轨道上此素材右侧的全部素材。按住 Shift 键单击某素材，则选取该素材及同

一轨道中位于其右侧的全部素材。

② “向后选择轨道”工具：选择此工具时在“时间轴”面板中单击某素材，则选取该素材及所有轨道上此素材左侧的全部素材。按住 Shift 键单击某素材，则选取该素材及同一轨道中位于其左侧的全部素材。

(3) “波纹编辑”工具组。

① “波纹编辑”工具：修剪“时间轴”轨道内某素材的入点或出点，保留对要修剪素材左侧或右侧的所有编辑，并将之后的素材整体向前移动或者向后移动，从而导致整个序列的时长改变。

② “滚动编辑”工具：在“时间轴”面板内的两个剪辑之间滚动编辑点。滚动编辑工具修剪一个剪辑的入点和另一个剪辑的出点，同时保留两个剪辑的组合持续时间不变。

注意：与波纹编辑工具不同，用滚动编辑工具改变某片段的入点或出点，其相邻素材的出点或入点也应做相应改变，以使影片的总长度不变。

③ “比率拉伸”工具：用此工具拖曳轨道里片段的首尾，可使该片段在入点和出点不变的情况下加快或减慢播放速度，从而缩短或增长播放时间长度。更精确的调整时间长度的方法是选中轨道里的某片段，右击，在弹出的快捷菜单中选择“速度/持续时间”命令，在弹出的“素材/持续时间”对话框中调节播放时间长度。

(4) “剃刀”工具：将一段视频分为两个或多个视频片段，便于分别对视频进行编辑处理。单击“剃刀工具”按钮，此时鼠标变成一个刀片图形，可以在“时间轴”面板中调整时间指针以确认视频分割的位置，然后单击该位置。

(5) “滑动”工具组。

① “内滑”工具：使两个片段的入点与出点发生本质上的位移，并不影响片段持续时间与节目的整体持续时间，但会影响编辑片段之前或之后的持续时间，迫使前面或后面的影片片段的出点与入点发生改变。

② “外滑”工具：更改片段的入点与出点，但不会改变持续时间，不会影响其他片段的入点时间和出点时间，节目总持续时间也不会发生任何改变。

(6) “钢笔”工具：选择钢笔工具，在“节目”面板中单击来创建锚点，相邻的锚点连接形成形状，也可以选择该组椭圆形或矩形工具来创建椭圆形和矩形。

(7) “手形”工具组。

① “手形”工具：可以拖动“时间轴”面板中轨道的显示位置。注意：轨道里的片段本身不会发生任何改变。

② 缩放工具：选中“缩放”工具，单击轨道可放大时间轴轨道视图，放大的时间轴刻度分化更细，便于编辑细节；按 Alt 键，单击轨道可缩小时间轴，缩小后时间轴刻度分化比较粗，便于宏观编辑。不论是放大还是缩小，序列时间是不变的。

(8) “文字”工具组：包含文字工具和垂直文字工具，适宜创建比较简单的文字输入。

7. 视频的快放、慢放和倒放

方法一：用“比率拉伸工具”拖曳轨道里片段的首尾，可使该片段在入点和出点不变的情况下加快或减慢播放速度，从而缩短或增长播放时间长度。

方法二：选中轨道里的某片段，右击，在弹出的快捷菜单中选择“剪辑速度/持续时间”命令，弹出“剪辑速度/持续时间”对话框，调节持续时间长度或勾选复选框可实现相应的效果，如图 4-27 所示。

8. 视频过渡

Premiere Pro 2022 软件自带的视频过渡共有 8 类，包括内滑、划像、擦除、沉浸式视频、溶解、缩放、过时、页面剥落，每一类视频过渡又包括若干种视频过渡效果，视频过渡效果组如图 4-28 所示。

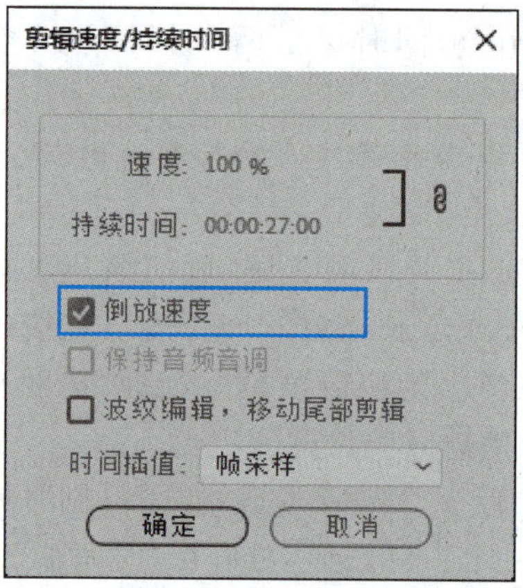

图 4-27 “剪辑速度/持续时间”对话框

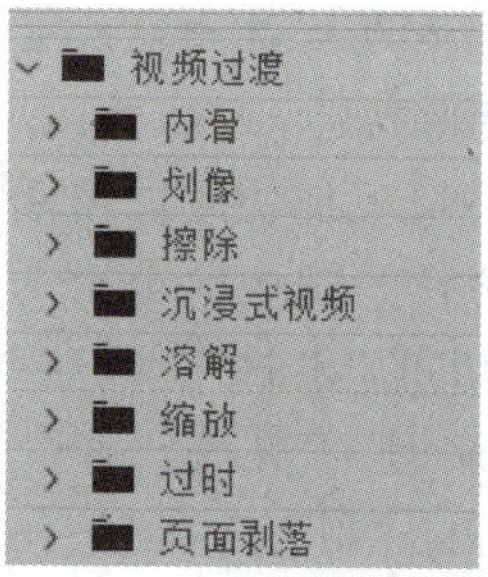

图 4-28 视频过渡效果组

（1）添加“视频过渡”。在“效果”面板中找到所需的视频过渡效果，直接拖曳至素材的开始或结束位置即可，且只能添加一种视频过渡。如果添加多个视频过渡，后添加的视频过渡会替换原有的视频过渡。

（2）设置“视频过渡”具体效果。选中添加的视频过渡，然后在“效果控件”面板中进行预览和具体参数的设置，每种视频过渡效果的参数不同，“VR 光线”过渡效果参数如图 4-29 所示，风车过渡效果参数如图 4-30 所示。

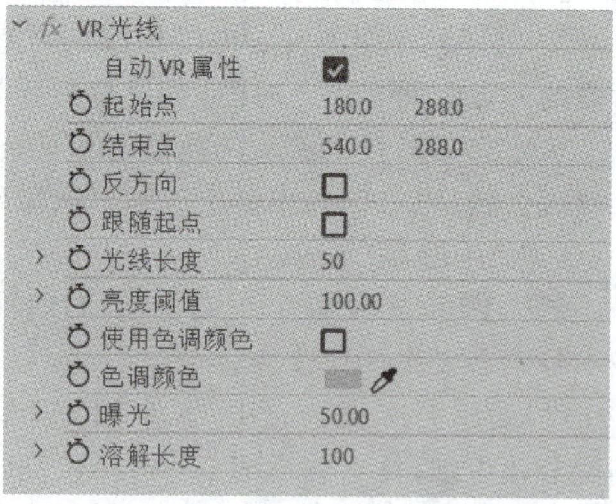

图 4-29 “VR 光线”过渡效果参数

9. “音频过渡”的添加和设置

“音频过渡”的添加和设置与“视频过渡”的添加和设置方法相同，音频过渡效果组及音频过渡设置如图 4-31 所示。

10. 保存项目

视频制作完成后，可在“节目”面板中整体播放并预览最终效果，在确认无误后保存项目，并选择合适的视频格式导出视频。以下方法都可保存项目。

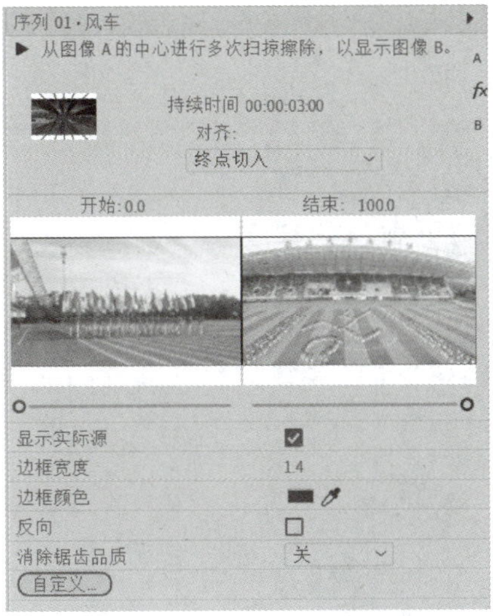

图 4-30　风车过渡效果参数

图片：风车过渡效果参数

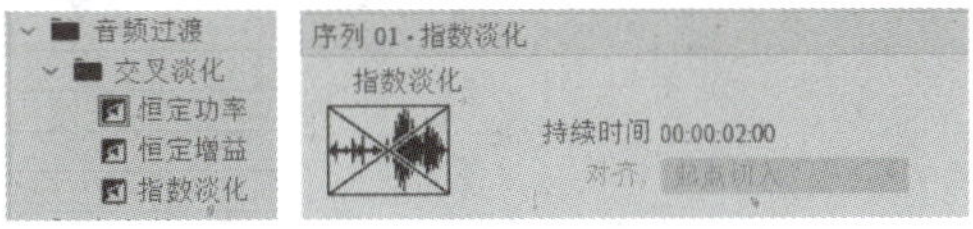

图 4-31　音频过渡效果组及音频过渡设置

方法一：设置自动保存。执行"编辑"→"首选项"→"自动保存"命令，在"首选项"对话框中设置自动保存时间（一般设置为 5 分钟），勾选"自动保存也会保存当前项目"复选框，Premiere Pro 2022 每过 5 分钟自动保存一次项目文件。

方法二：执行"文件"→"保存"命令或执行"文件"→"另存为"命令，设置保存路径和名称后即可保存当前项目。

方法三：在"项目"面板中选择当前的项目名称并右击，选择"保存项目"即可将选中项目保存。

方法四：使用 Ctrl+S 组合键保存当前项目。

11. 导出文件

视频剪辑的最后步骤为导出文件。在导出文件之前，先根据自己的需要设置输出选项。如选择"媒体"，可在该对话框中选择适当的媒体类型并对相应的参数进行设置，导出命令如图 4-32 所示，参数设置如图 4-33 所示。

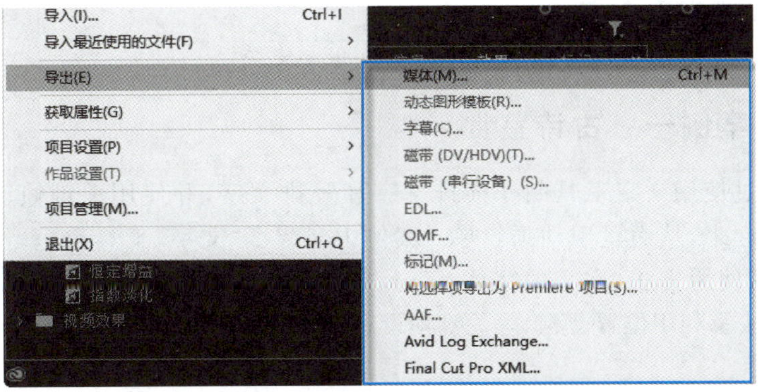

图 4-32　"导出"菜单栏

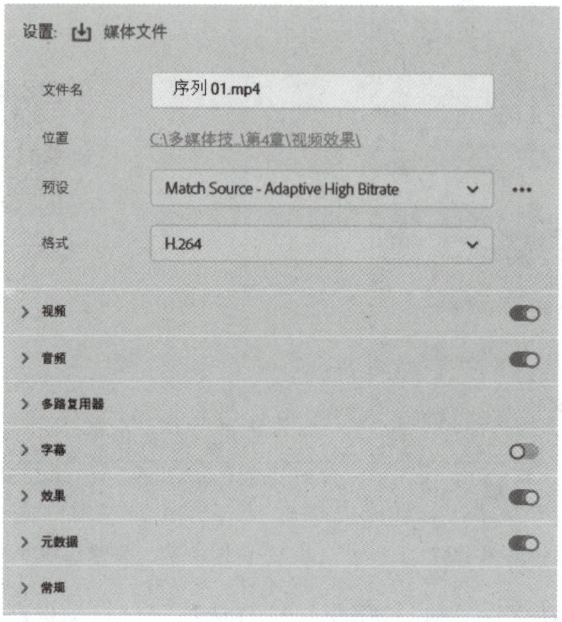

图 4-33 “导出”参数设置

4.3 字幕与关键帧

学习目标及要求

(1) 掌握各种字幕的添加和设置方法。

(2) 掌握关键帧的添加和设置方法。

育人目标

(1) 提高学生对中国历史和文化的自信。

(2) 引导学生感悟中华文明的当代价值和世界意义。

4.3.1 案例一 古诗鉴赏

本案例通过使用文字工具制作横排文字和竖排文字，并使用关键帧技术让文字动起来，从而呈现动画效果。案例中介绍了“文字”工具和“垂直文字”工具的使用方法，文字的字体、字号、字体颜色、对齐方式、行间距等常用设置方法及利用位置、蒙版等关键帧设置方法制作动画效果，效果如二维码 4-5 所示。

二维码 4-5 古诗鉴赏的样张视频

(1) 新建项目：启动 Premiere Pro 2022，新建项目“古诗鉴赏”。

(2) 导入素材：执行“文件”→“导入”命令，弹出“导入”对话框，将所需素材导入“项目”面板中。

(3) 新建序列：执行“文件”→“新建”→“序列”命令，在弹出的“序列”对话框内选择“DV-PAL”下的“标准 48kHz”，单击“确定”按钮完成新建序列。

(4) 背景设置：在“项目”面板中分别选择“夕阳. jpg”和“月亮. jpg”并拖曳至 V1 轨道起始位置，“持续时间”均设置为“5 秒”。选中“夕阳. jpg”，在“效果控件”面板中设置“缩放”为“50. 0”，“位置”为“(280，360)”。选中“月亮. jpg”，在“效果控件”面板中去掉勾选“等比缩放”复选框，设置缩放宽度为“111. 0”。按住 Alt 键并拖曳“夕阳. jpg”到“月亮. jpg”之后，完成复制。

(5) 过渡效果：将“交叉溶解”视频过渡效果添加至“夕阳. jpg”与“月亮. jpg”之间。选中“交叉溶解”，在“效果控件”面板中设置对齐为“起点切入”。在“月亮. jpg”和“夕阳. jpg”之间添加“百叶窗”视频过渡效果，设置方向为“自西向东”，对齐为“起点切入”。

(6) 露珠设置：将“时间指针”定位至 00：00：06：00 位置，在“项目”面板中选择“露珠. png”并拖曳至 V2 轨道的“时间指针”位置，设置“持续时间”为“2 秒”。分别将“叠加溶解”和“交叉溶解”视频过渡效果添加至“露珠. png”的起始位置和结束位置，效果如图 4-34 所示。

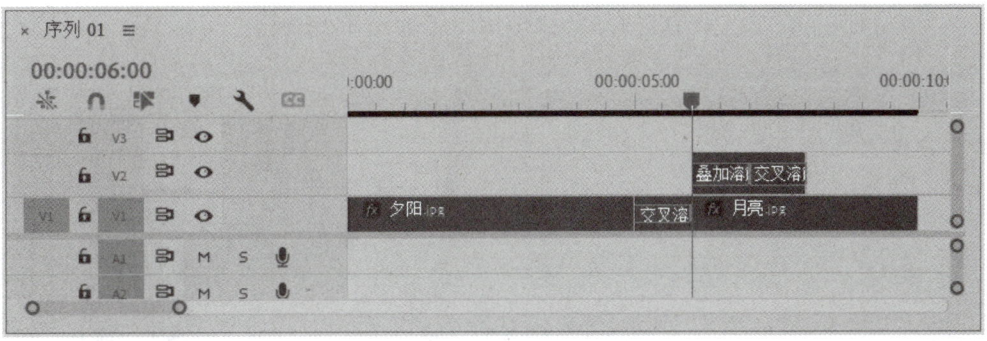

图 4-34 视频过渡效果设置

(7) 题目设置：在“工具”面板中选择“文字工具”，但不选择任何视频轨道。在“节目”面板的合适位置单击，在出现的红框内分别输入“暮江吟”和“唐. 白居易”，会自动在 V3 轨道的时间指针位置插入一个图形。利用“选择工具”选中图形，在“效果控件”面板中会有“文本(暮江吟)”和“文字(唐. 白居易)”选项，展开“文本(暮江吟)”，文本设置“字体”为“隶书”，字号为合适大小，填充为线性渐变“红黄蓝绿”，“角度”为“90 度”。“描边”为“白色”，“宽度”为“8. 0 像素”。展开“文字(唐. 白居易)”，设置字体为“隶书”，大小合适字号，“填充”为“白色”。设置图像持续时间为“0～10 秒”，文本设置及效果如图 4-35 所示。文本设置过程视频如二维码 4-6 所示。

二维码 4-6
文本设置过程视频

(8) 题目动画设置：在“时间轴”面板中选中图形，将“时间指针”定位至起始位置，在“效果控件”面板中设置“变换”→“位置”为(330，680)，即窗口下方位置。单击“位置”前面的“切换动画”按钮激活并添加第 1 个关键帧。将“时间指针”定位至 00：00：03：00 位置，设置

图 4-35　文字工具添加文本及文本设置

“变换”→“位置”为(330,100),即在文字停止的位置添加第 2 个关键帧,为文本“暮江吟”添加“从下到上”的动画效果。用同样的方法设置文字“唐. 白居易”从下到上的动画效果,使文字“唐. 白居易”比文本“暮江吟”整体慢 10 帧,如图 4-36 所示。

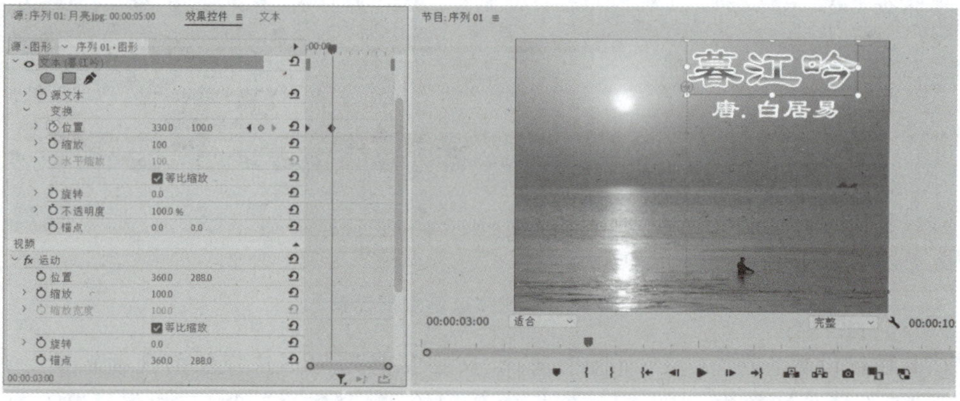

图 4-36　“位置”关键帧设置

(9) 诗句设置:在“工具”面板中选择“垂直文字工具”,将“时间指针”定位至 00:00:03:10 位置,不选择任何视频轨道,在“节目”面板的合适位置单击,在出现的红框内输入全部诗句,这样会自动在 V4 轨道的“时间指针”位置插入一个图形。设置持续时间至 00:00:10:00 位置。在“效果控件”面板中设置诗句的字体、字号、颜色等,竖排文本设置及效果如图 4-37 所示。

(10) 诗句动画设置:在“效果控件”面板中选中诗句文本并单击“创建 4 点多边形蒙版”按钮,在“节目”面板中拖曳蒙版四个角的控制点把所有诗句包括起来。勾选“已反转”复选框,使所有诗句消失。“时间指针”定位至 00:00:03:10 位置,单击“蒙版路径”前面的“切换动画”按钮 激活并添加第 1 个关键帧。将“时间指针”定位至 00:00:04:10 位置,

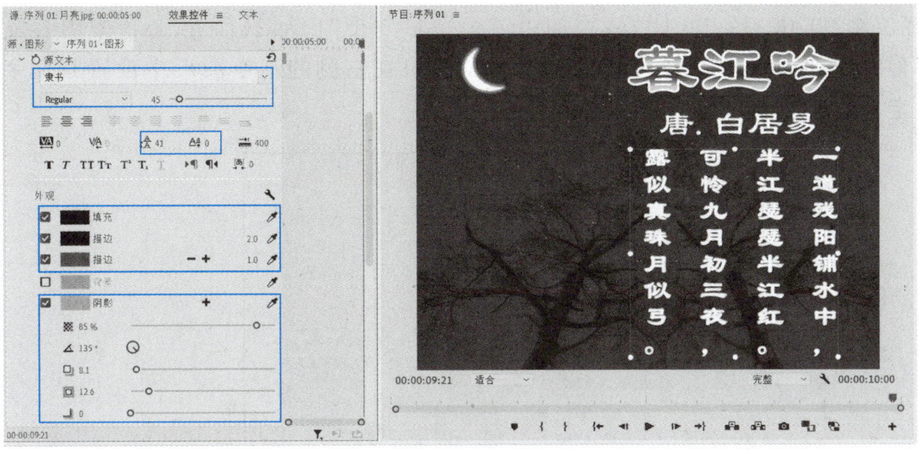

图 4-37 竖排文本设置及效果

图片：竖排文本设置及效果

拖曳蒙版右侧两个角的控制点使其显示出第一句诗句后即可添加第 2 个关键帧。将“时间指针”定位至 00:00:05:10 位置，拖曳蒙版右侧两个角的控制点使其显示出第二句诗句后添加第 3 个关键帧。用同样的方法，将“时间指针”分别定位至 00:00:06:10 和 00:00:07:10 位置，以显示第三句和第四句。单击“节目”面板中的“播放”按钮即可预览诗句逐句显示的动画效果，竖排文本动画设置及效果如图 4-38 所示。竖排文本动画设置过程如二维码 4-7 所示。

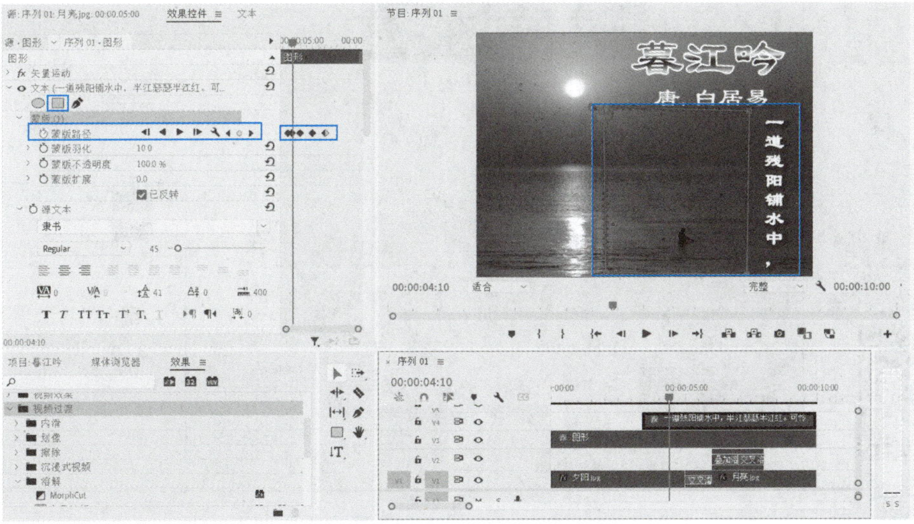

图 4-38 竖排文本动画设置及效果

（11）作者简介设置：将“时间指针”定位至 00:00:11:00 位置，在“文本”面板中单击“创建新字幕轨”，格式选择为“副标题”。视频轨道最上方即出现“副标题”C1 轨道。在“文本”面板中单击 ⋯ 按钮下的“添加新字幕分段”来添加字幕“白居易简介”，在“副标题”C1 轨道的“时间指针”位置即出现一个字幕，设置字幕的时间长度为“1 秒”。使用同样的操作，将

二维码 4-7 竖排文本动画设置过程

“时间指针”定位至 00:00:12:00 位置，添加第二个字幕并把“白居易简介. txt”中内容复制于此处，字幕的添加如图 4-39 所示。选中“字幕”后可在右侧的基本图形中设置其文字属性，效果自定，字幕的设置如图 4-40 所示。

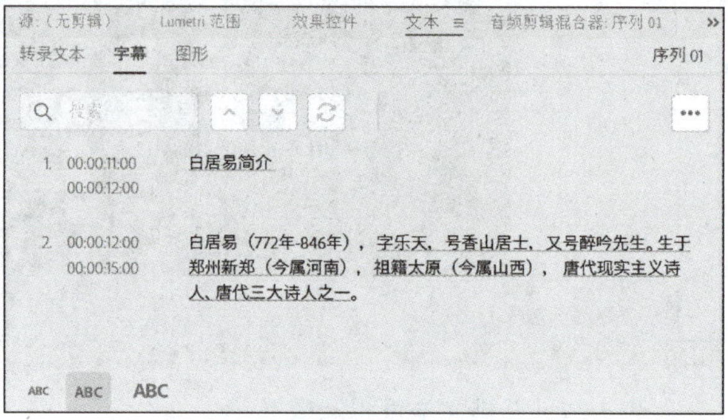

图 4-39　字幕的添加

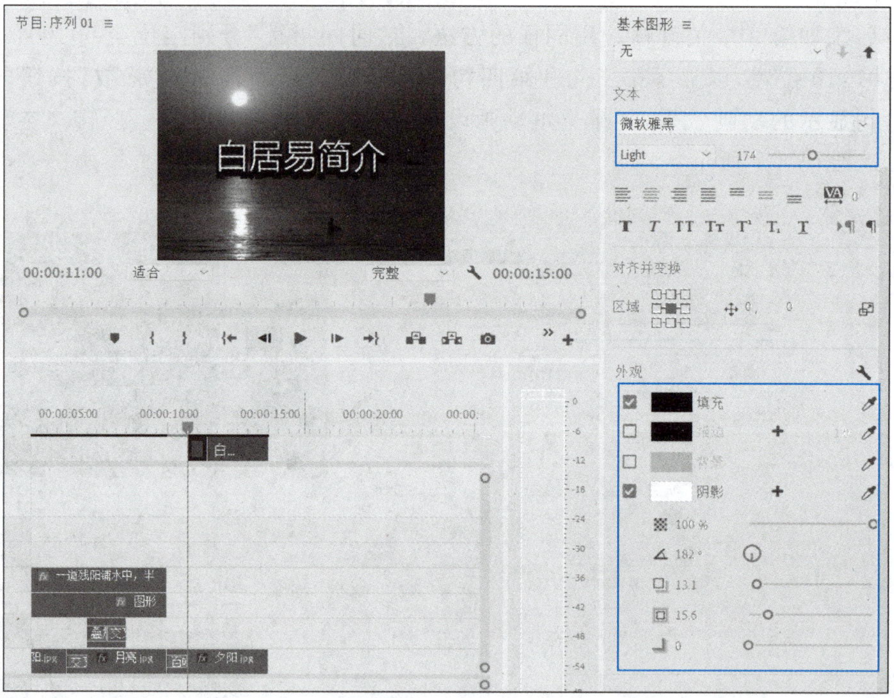

图片：字幕的设置

图 4-40　字幕的设置

（12）保存导出：保存项目文件并导出“古诗鉴赏. mp4”视频。

4.3.2　案例二　电子相册

本案例通过制作旧版标题相应的文字和形状，并使用关键帧技术让字幕动起来，以呈现不一样的文字效果。案例中介绍了形状、路径文字、滚动文字的设置方法；位置、缩放比例、旋转、不透明度、键控等效果的关键帧设置方法，效果如二维码 4-8 所示。

（1）新建项目：启动 Premiere Pro 2022，新建项目“电子相册”。

（2）导入素材：执行“文件”→“导入”命令，弹出“导入”对话框，将所有素材导入“电子相册”项目面板中。

（3）新建序列：执行“文件”→“新建”→“序列”命令，在弹出的“序列”对话框中选择“DV-PAL”下的“标准 48kHz”，单击“确定”按钮完成新建序列。

二维码 4-8
电子相册
样张视频

（4）新建旧版标题：执行“文件”→“新建”→“旧版标题...”命令，弹出“新建字幕”对话框，单击“确定”按钮，完成新建“字幕 01”，在打开的“字幕”面板中选择矩形工具，在窗口的左侧绘制“矩形框”，选中“矩形框”，在“旧版标题属性”中设置填充为“纹理”，单击“纹理”后面的预览框，打开素材文件夹选择“胶片.jpg”，设置垂直为“32%”，使其在矩形框中正好放置 3 个胶片大小图像，形状的绘制与设置效果如图 4-41 所示。

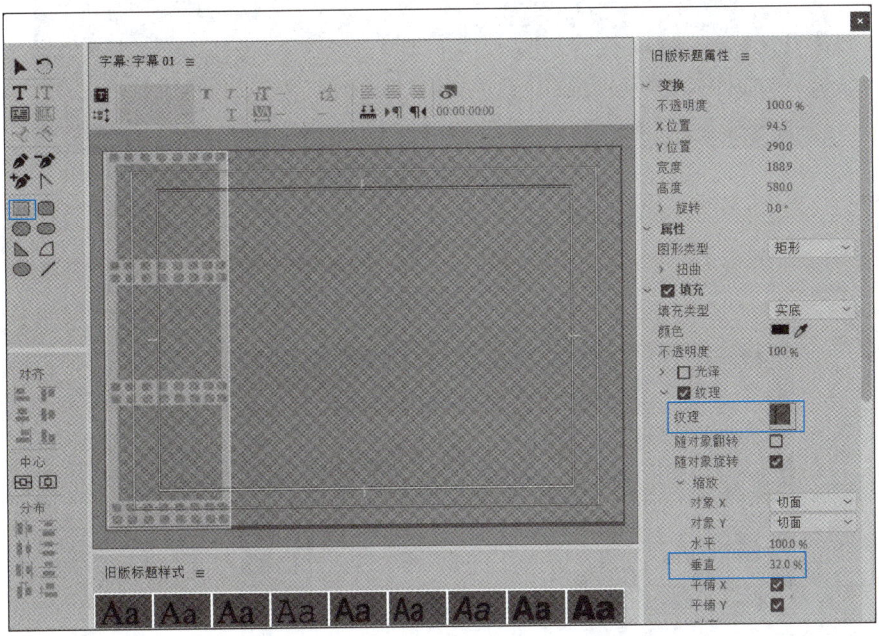

图 4-41　形状的绘制与设置效果

（5）照片胶片：采用同样的方法再绘制一个小矩形，大小正好适合胶片的中心空白处。将其填充纹理更改为素材“1.jpg”，将“垂直”的值更改为“100%”。选中小矩形，按 Ctrl+C 组合键进行复制，按 Ctrl+V 组合键粘贴两次，得到 3 个小矩形框，利用“选择工具”拖曳复制的小矩形框分别放置到第 2 个和第 3 个胶片空白处，依次更改第 2 个和第 3 个小矩形框的填充纹理为素材“2.jpg”和素材“3.jpg”，制作成照片胶片效果，如图 4-42 所示。

（6）照片胶片滚动：在“字幕 01”面板中单击“滚动/游动”选项按钮，在弹出的“滚动/游动选项”对话框中设置字幕类型为“滚动”，“定时(帧)”勾选“开始于屏幕外”复选框和“结束于屏幕外”复选框。制作“字幕 01”左侧照片胶片“从下到上”滚动效果，如图 4-43 所示。胶片效果设置过程如二维码 4-9 所示。

图 4-42 照片胶片效果

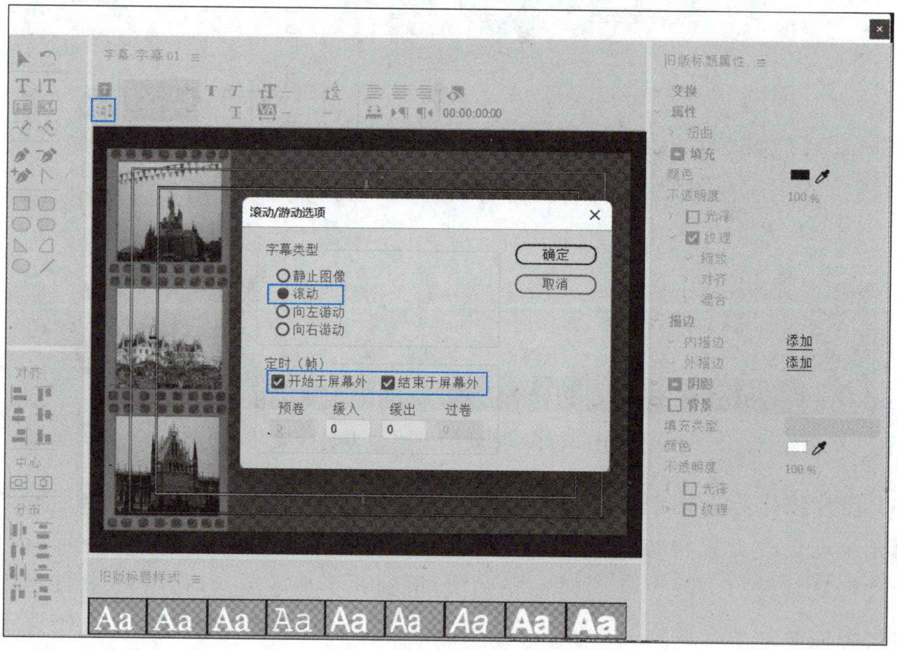

图 4-43 由下到上滚动字幕的设置

（7）右侧胶片：在“字幕”面板中单击“基于当前字幕新建字幕”按钮新建“字幕 02”，按住 Shift 键选中左侧的所有矩形框，将其拖曳至右侧得到右侧的照片胶片效果，并依次更改填充纹理为素材“4.jpg”～“6.jpg”，效果如图 4-44 所示。

二维码 4-9
胶片效果设置过程

图 4-44　右侧照片胶片效果

(8) 右侧胶片滚动：在“字幕 02”面板中单击“滚动/游动”选项按钮 ，弹出“滚动/游动选项”对话框，设置字幕类型为“向右游动”，“定时(帧)”勾选“开始于屏幕外”复选框和“结束于屏幕外”复选框，单击“确定”按钮。再次单击“滚动/游动”选项按钮 ，弹出“滚动/游动选项”对话框，设置字幕类型为“滚动”，“定时(帧)”勾选“开始于屏幕外”复选框和“结束于屏幕外”复选框。制作“字幕 02”右侧照片胶片“从上到下”滚动效果，“滚动/游动选项”对话框如图 4-45 所示。

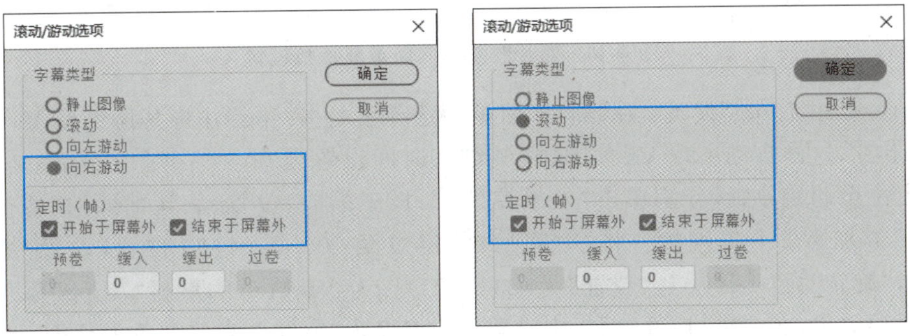

图 4-45　由上到下滚动字幕的设置

(9) 循环播放：在“项目”面板中分别选择“字幕 01”和“字幕 02”并拖曳至 V1 轨道和 V2 轨道的起始位置，设置“持续时间”均为 5 秒。将“时间指针”定位至 00:00:02:12 位置，按住 Shift 键分别选中“字幕 01”和“字幕 02”，按住 Alt 键拖曳至 V3 轨道和 V4 轨道的“时间指针”位置即可得到复制的“字幕 01”和“字幕 02”。将“时间指针”定位至 00:00:05:00 位置，使用同样的方法复制“字幕 01”和“字幕 02”至 V1 轨道和 V2 轨道的“时间指针”位置，得到照片胶片不间断循环播放效果，如图 4-46 所示。

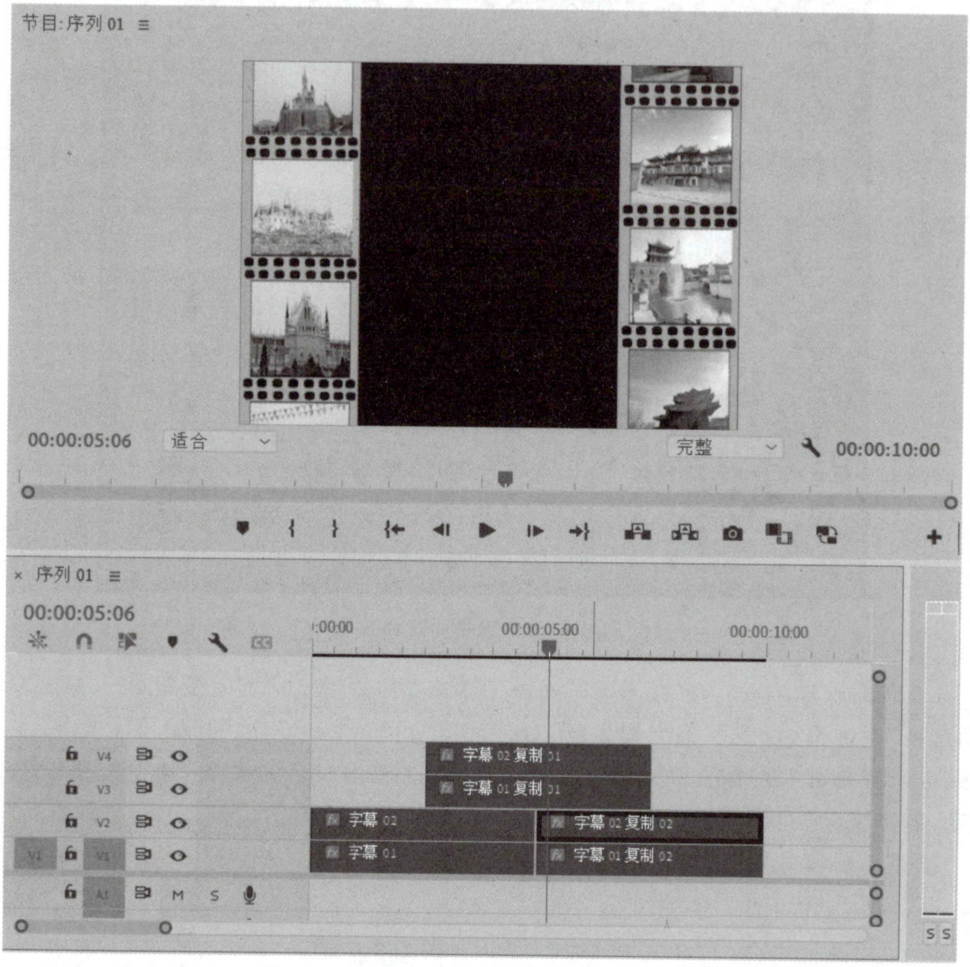

图 4-46 照片胶片不间断重复播放设置

(10) 素材“7.jpg”设置：在“项目”面板中选择素材“7.jpg”并将其拖曳到 V4 轨道起始位置上方，这样自动出现 V5 轨道，将其结束时间设置至 00:00:07:12 位置。将“时间指针”定位至起始位置，分别单击“效果控件”面板中缩放、位置、旋转前面的“切换动画”按钮，添加第 1 个关键帧。将“时间指针”定位至 00:00:02:00 位置，设置“缩放”为“25.0”，“旋转”为“−15.0”，“位置”为(330,127)。为 V5 轨道的素材“7.jpg”添加“边缘斜面”视频效果，在“效果控件”面板中设置边缘厚度为“0.03”，光照颜色为黄色。

(11) 素材“8.jpg”和素材“9.jpg”设置：将“时间指针”定位至 00:00:02:00 位置，在“项目”面板中选择素材“8.jpg”并将其拖曳至 V6 轨道的“时间指针”位置，结束时间设为 00:00:07:12 位置。选中素材“7.jpg”，在“效果控件”面板中复制素材“7.jpg”的“运动”和“边缘斜面”视频效果，选择 V6 轨道素材“8.jpg”，将已复制视频效果粘贴，即可快速复制效果。将“时间指针”定位至 00:00:04:00 位置，使用同样的方法设置素材“9.jpg”的效果，适当调整素材“8.jpg”和素材“9.jpg”的第 2 个关键帧参数，使其呈现不同的角度和位置，最终效果参考图 4-47。照片动画效果设置过程如二维码 4-10 所示。

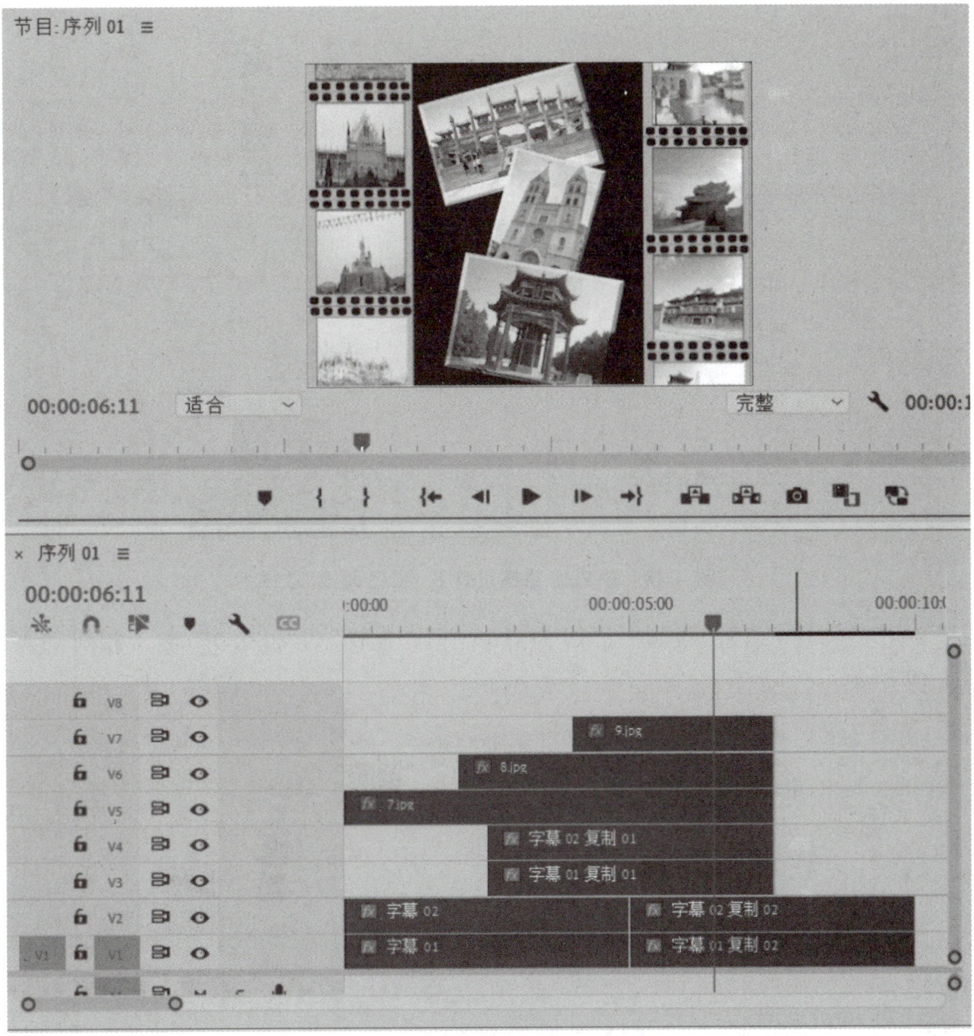

图 4-47　照片动画及效果的设置

(12)“电子相册”文字：在“工具”面板中选择“垂直文字工具”，将“时间指针”定位至 00:00:07:12 位置。不选择任何视频轨道，在“节目”面板的合适位置单击，在出现的红框内输入“电子相册”，这样会自动在 V8 轨道的时间指针位置插入一个图形，设置其持续时间至 00:00:10:00 位置。在“效果控件”面板中适当设置“电子相册”的字体字号。在“项目”面板中选择素材“10.jpg”并拖曳至 V7 轨道素材“9.jpg”之后，结束时间位置为 00:00:10:00。为 V7 轨道素材“10.jpg”添加“轨道遮罩键”视频效果，在“效果控件”面板中设置遮罩为“视频 8”，如图 4-48 所示。

二维码 4-10
照片动画效果设置过程

(13)“电子相册”动画：将“时间指针”定位至 00:00:07:12 位置，选中 V8 轨道素材“10.jpg”，在“效果控件”面板中依次单击锚点缩放、旋转前的“切换动画”按钮，添加第 1 个关键帧，设置“锚点”为四字中心位置，缩放为“0.0”，“旋转”为“0.0”。将“时间指针”

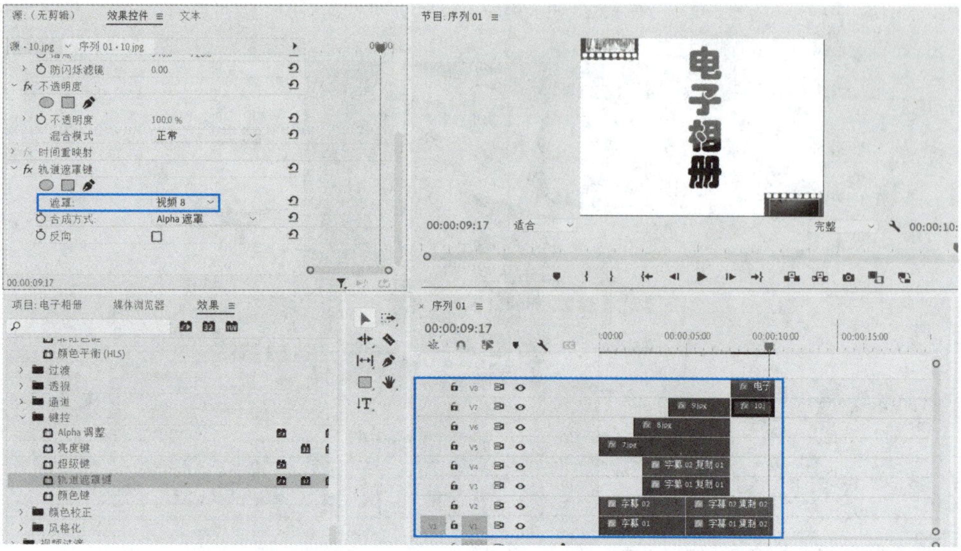

图 4-48 轨道遮罩键设置及“项目面板”效果

定位至 00:00:09:00 位置,设置“缩放”为“100.0”,“旋转”为“360.0”,电子相册动画效果如图 4-49 所示。

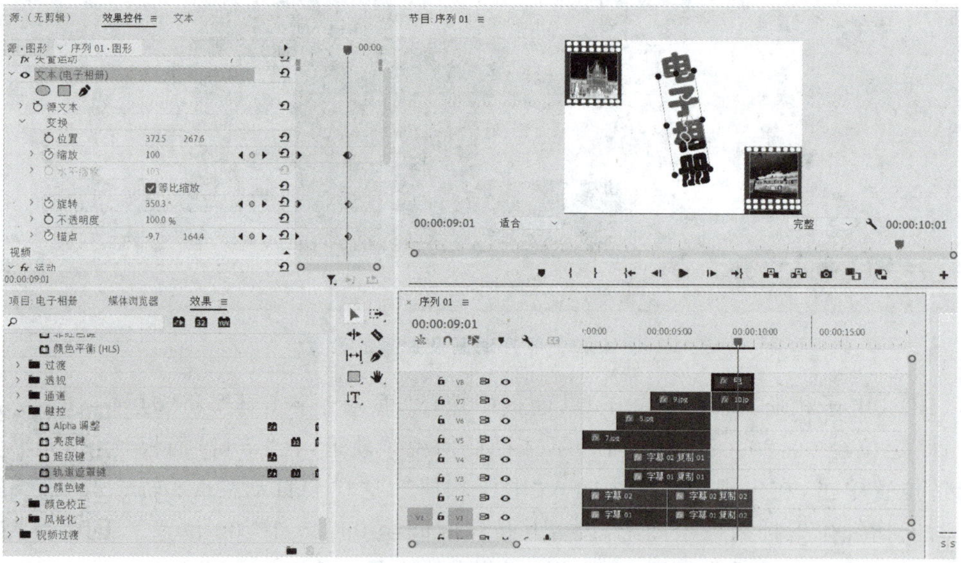

图 4-49 电子相册动画设置

(14) 保存导出:保存项目文件并导出视频“电子相册.mp4”。

4.3.3 知识拓展

1. 文字工具创建字幕

选择“工具”面板中的“文字工具” T ,如图 4-50 所示。在“节目”面板中单击或拖曳形成文本框输入文字，输入完成后在“时间轴”面板中的视频轨道上会自动生成一个图形素材。在“效果控件”面板中可对出现的图形（文本）具体效果进行设置，如图 4-51 所示。若选择“垂直文字工具”，则输入直排文字。

图 4-50　文字工具组

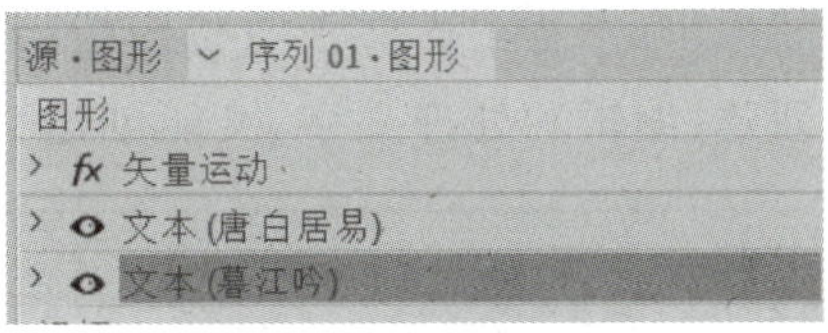

图 4-51　选中“文本”

2. 独立字幕轨道创建字幕

在 Premiere Pro 2022 中提供了“文本”面板，在该面板的字幕选项卡中可以单独创建新字幕轨道，如图 4-52 所示。

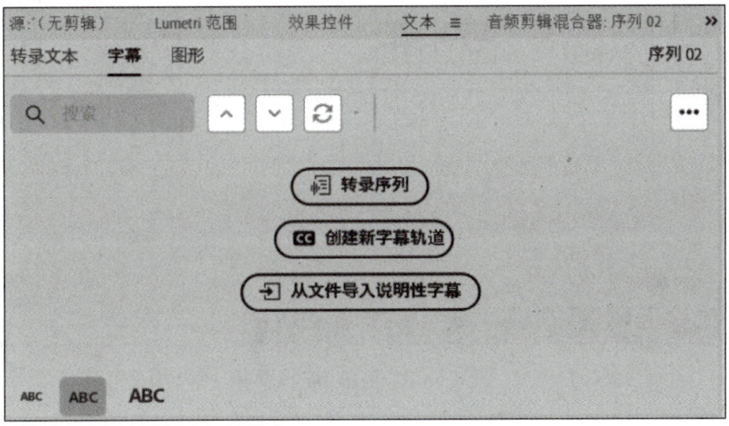

图 4-52　创建新字幕轨道

单击“创建新字幕轨道”按钮，格式选择为“副标题”。视频轨道上方会出现 C1“副标题”轨道，且该轨道始终在所有轨道的最上方。在“文本”面板中单击“添加新字幕分段”按钮即可添加字幕。在右侧的基本图形中可以设置选中字幕的文字属性，如图 4-53 所示。

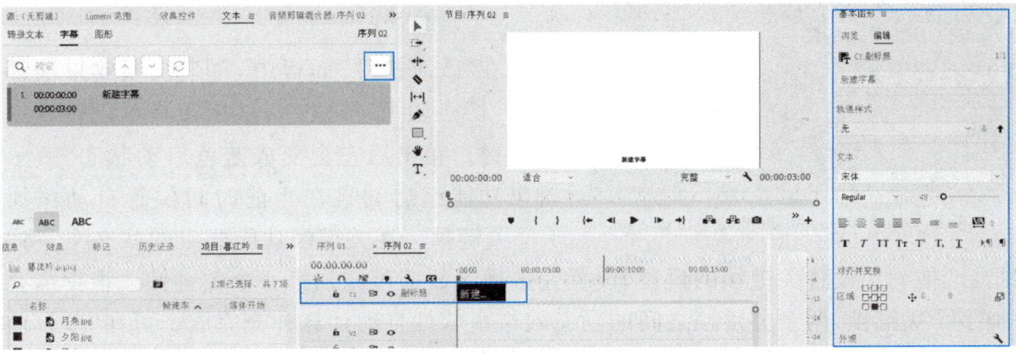
图 4-53　添加新字幕分段及字幕设置

3. 旧版标题创建字幕

执行“文件”→“新建”→“旧版标题...”命令，弹出“新建字幕”对话框，单击“确定”按钮后弹出“字幕”编辑面板，如图 4-54 所示。“字幕”编辑面板中包含字幕属性栏、字幕工具箱、字幕动作栏、字幕工作区、“旧版标题属性”子面板和“旧版标题样式”子面板，在此面板中，既能创建、编辑和处理文字，又能创建文字效果和各种图形。

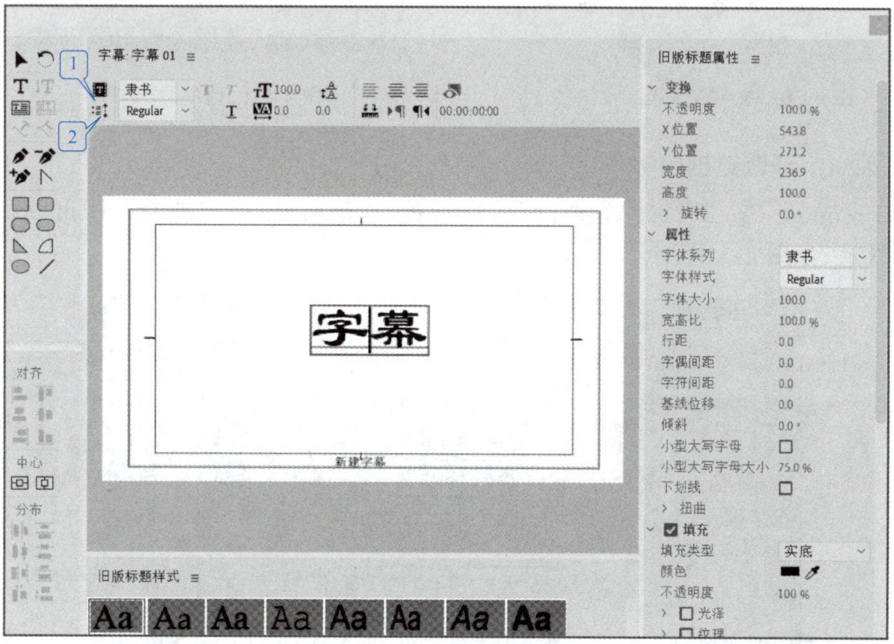

图 4-54 “字幕”编辑面板

（1）“基于当前字幕新建字幕”按钮：单击该按钮，将以当前字幕为基准创建一个与当前字幕相同的新字幕。

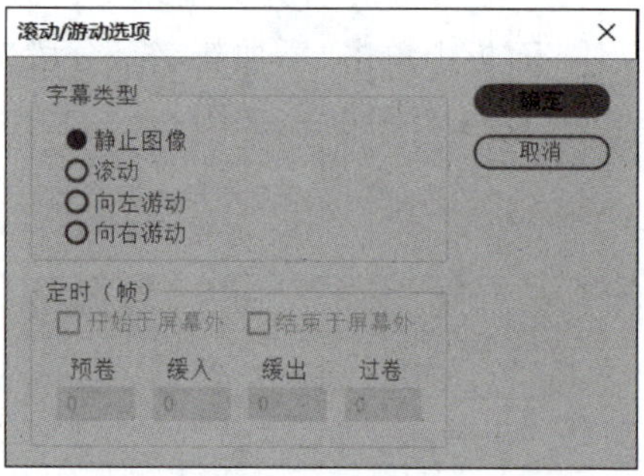

图 4-55 “滚动/游动选项”对话框

（2）“滚动/游动选项”按钮：单击该按钮，在弹出的“滚动/游动选项”对话框中可设置如图 4-55 所示的字幕类型。

4. 关键帧

在“效果控件”面板中，每个视频效果前都有一个“切换动画”按钮，该按钮是关键帧功能的启动键。单击后它会变成蓝色启动状态，表示关键帧功能已启动且在当前时间位置自动添加第 1 个关键帧。在关键帧功能开启的状态下，将“时间指针”拖到想设置关键帧的位置，设置完选项参数即可添加第 2 个关键帧。根据需要可添加多个关键帧，两个关键帧之间的动态效果由软件自动计算补充完成。可在“节目监视器”中预览关键帧的变换效果。如果想保持某种已更改状态，也可以单击“添加/移除关键帧”按钮添加一个保持关键帧，使两个关键帧之间图像设置保持不变。

在“效果控件”面板中选中关键帧，可以对关键帧进行移动、复制、粘贴、删除等操作。或通过右击，在弹出的快捷菜单中选择“空间插值”和“临时插值”命令，对关键帧运动轨迹的曲直及运动速度和平滑度进行更改。

4.4 视频特效

学习目标及要求

(1) 掌握视频特效的查找和添加方法。
(2) 掌握视频特效的参数设置。
(3) 掌握视频特效的复制和删除方法。
(4) 掌握视频特效的动画设置方法。

育人目标

(1) 培养学生珍惜时间、遵循自然规律的意识。
(2) 促进学生理解人与自然和谐共生的理念。

4.4.1 案例一 四季变换

本案例通过图像的合成及色彩的调整展现一年四季的变化。案例中介绍了几种常用的调整视频效果的使用方法：通过视频效果的设置同样达到视频过渡效果；通过对文字添加视频效果实现某些特殊文字效果；通过关键帧的设置实现视频效果随时间而变化；通过视频效果的复制实现色彩的快速调整，效果如二维码 4-11 所示。

二维码 4-11
四季变换
样张视频

(1) 新建项目：启动 Premiere Pro 2022，新建项目“四季变换”。

(2) 导入素材：执行“文件”→“导入”命令，弹出“导入”对话框，将所有素材导入“项目”面板中。

(3) 新建序列：执行“文件”→“新建”→“序列”命令，在弹出的“序列”对话框中选择“DV-PAL”下的“标准 48kHz”，单击“确定”按钮完成序列新建。

(4) 景色设置：在“项目”面板中分别将“草原. png”和“树 1. png”拖曳至 V1 轨道和 V2 轨道起始位置，持续时间均设置为 5 秒。选择 V1 轨道中的“草原. png”，在“效果控件”面板中设置“缩放”为“112.0”。选中“树 1. png”，在“效果控件”面板中设置“缩放”为“52.0”，“位置”为(186,182)。

(5) 景色复制：在“时间轴”面板中同时选中“草原. png”和“树 1. png”，按住 Alt 键向后拖曳至上一组素材结束位置，复制 3 次共形成 4 组景色，分别用于“春”“夏”“秋”“冬”的设置。

(6) 春季设置：在“效果”面板中选择“视频效果”→“过时”→“RGB 曲线”效果，将其拖曳至“时间轴”面板第 1 组的“树 1. png”上。在“效果控件”面板的“RGB 曲线”选项中设置参数，如图 4-56 所示。在“效果控件”面板中选择“RGB 曲线”选项，右击选择“复制”，然后选择“时间轴”面板第 1 组的“草原. png”，在其“效果控件”面板的空白处右击选择“粘贴”，“草原. png”应用与“树 1. png”相同的“RGB 曲线”视频效果。在“效果控件”面板中选中“RGB 曲线”选项，在原有的基础上微调参数，使春季草原色彩更自然，参数设置如图 4-57 所示。最终效果如图 4-58 所示。

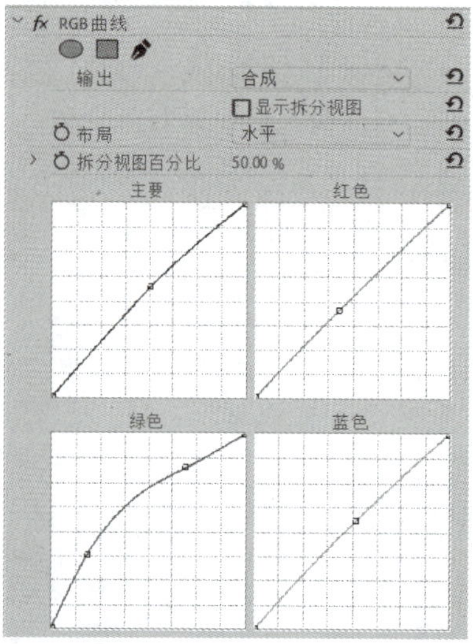

图 4-56 “树”的“RGB 曲线”参数设置

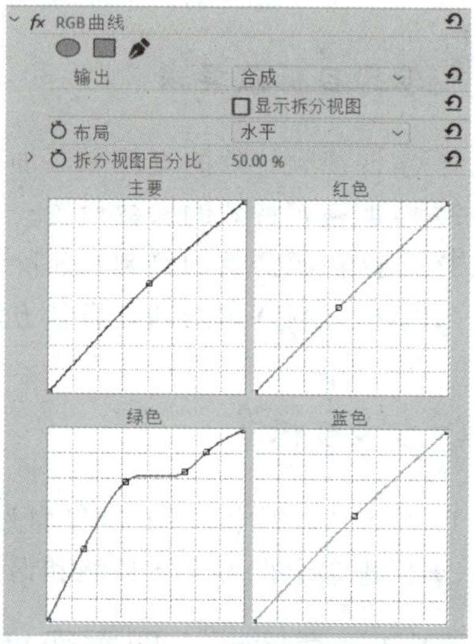

图 4-57 “草原”的“RGB 曲线”参数设置

图片：春季的色彩效果

图 4-58 春季的色彩效果

(7) 夏季设置：在“效果”面板中选择“视频效果”→“过时”→“三向颜色校正器”效果，将其拖曳至“时间轴”面板中第 2 组的“树 1. png”上。在“效果控件”面板的“三向颜色校正器”选项中设置如图 4-59 所示参数。在“效果控件”面板选中“三向颜色校正器”选项，使用 Ctrl+C 组合键进行复制，然后选择“时间轴”面板中第 2 组的“草原. png”，在其“效果控件”面板的空白处使用 Ctrl+V 组合键进行粘贴。在“效果控件”面板中选中“三向颜色校正器”选项，在原有的基础上微调参数，使夏季草原的色彩更自然，参数设置如图 4-60 所示。最终效果如图 4-61 所示。

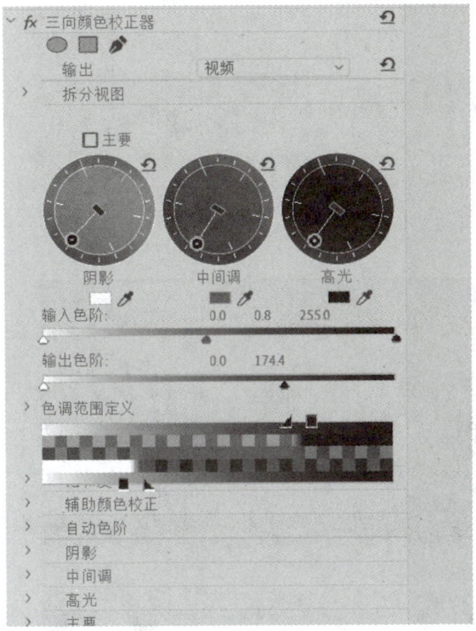

图 4-59　“树”的“三向颜色校正器”参数设置

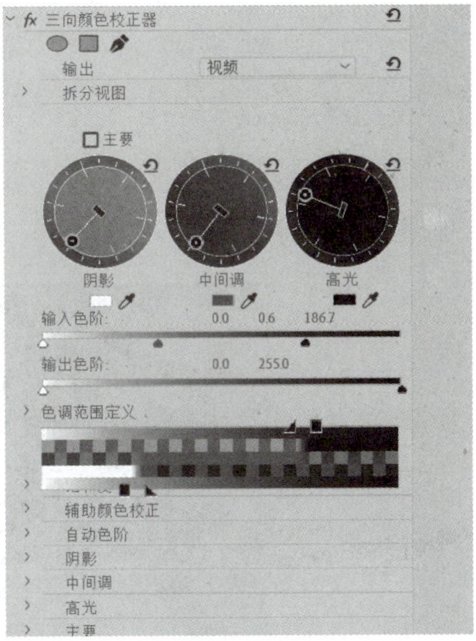

图 4-60　“草原”的“三向颜色校正器”参数设置

图片：“树”和“草原”的“三向颜色校正器”参数设置

图 4-61　夏季的色彩效果

图片：夏季的色彩效果

（8）秋季设置：在“效果”面板中直接输入“颜色平衡”快速查找到该效果，将其拖曳至“时间轴”面板中 V2 轨道上第 3 组的“树 1”上。在“效果控件”面板的“颜色平衡”选项中设置如图 4-62 所示参数。在“效果控件”面板中选中“颜色平衡”选项，复制到第 3 组的“草原. png”上并微调参数，使秋季草原的色彩更自然，参数设置如图 4-63 所示，最终效果如图 4-64 所示。

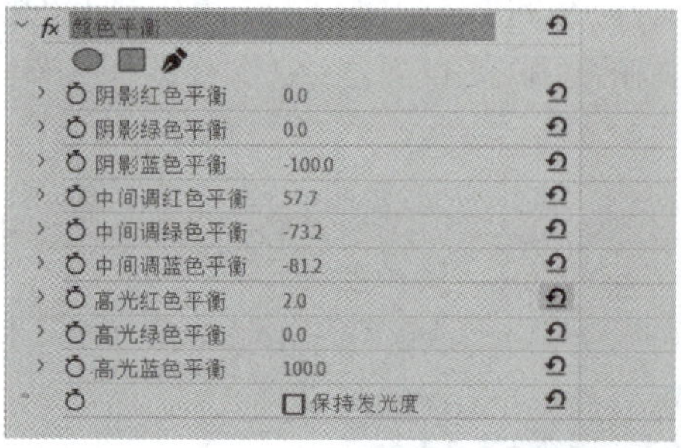

图 4-62 “树”的“颜色平衡”参数设置

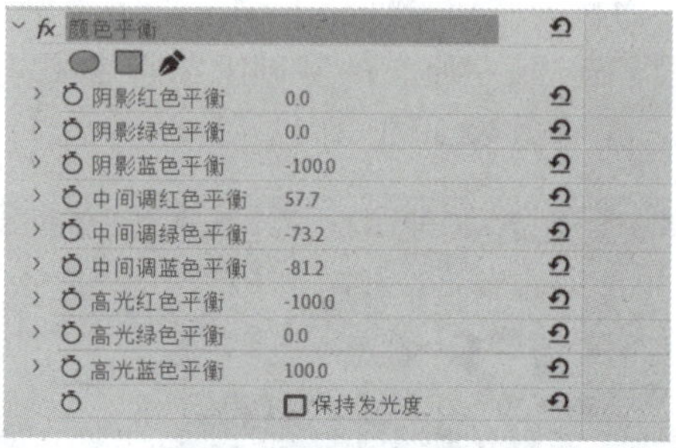

图 4-63 “草原”的“颜色平衡”参数设置

图片：秋季的色彩效果

图 4-64 秋季的色彩效果

(9) 冬季设置：删除第 4 组的“树 1. png”。在“项目”面板中选择“树 2. png”，并将其拖曳至 V2 轨道上第 4 组的“草原. png”上面，“持续时间”设置为“5 秒”。选中“树 2. png”，在“效果控件”面板中设置“缩放”为“73. 0”，“位置”为(189，185)。为第 4 组的“草原. png”添加“更改颜色”视频效果，并适当设置参数。在“效果控件”面板的“更改颜色”选项中单击“创建四点多边形蒙版”按钮添加蒙版(1)，使冬季草原的色彩更自然，设置参数如图 4-65 所示。最终效果如图 4-66 所示。

图片：“草原”的“更改颜色”参数设置及蒙版的位置

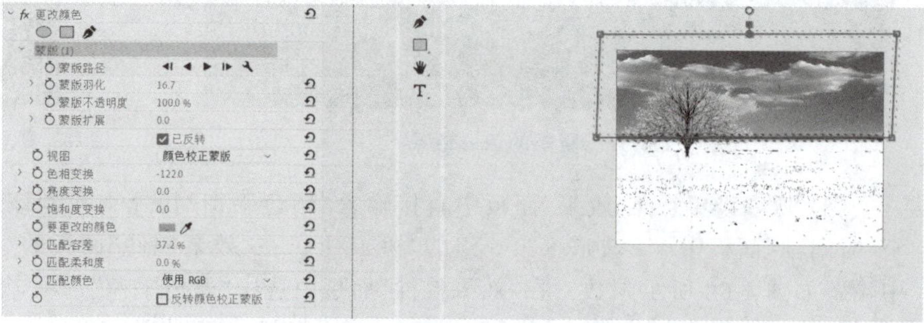

图 4-65 “草原”的“更改颜色”参数设置及蒙版的设置

图 4-66 冬季的色彩效果

图片：冬季的色彩效果

(10) 素材嵌套及复制：在“时间轴”面板中选择第 1 组的“草原.png”和“树 1.png”，右击选择“嵌套”命令，在弹出的“嵌套序列名称”对话框中将该嵌套序列命名为“春”，单击“确定”按钮。使用同样的方法完成“夏”“秋”“冬”的嵌套序列。选中“春”序列，按住 Alt 键，并将其拖曳到 V1 轨道上“冬”序列之后。使用同样的方法依次复制“夏”“秋”“冬”嵌套序列在第 2 组“春”序列的上方即 V2 轨道至 V4 轨道的 00:00:20:00 位置上。同时选中第 1 组的“春”“夏”“秋”“冬”序列，右击选择“速度/持续时间”命令，在弹出的对话框中设置持续时间为“3 秒”，勾选“波纹编辑，移动尾部剪辑”复选框，最终效果如图 4-67 所示。

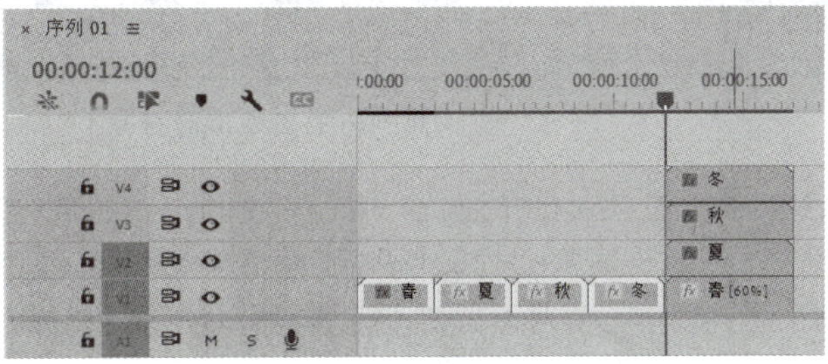

图 4-67 四季的嵌套及复制

(11) 树的剪裁：在“效果”面板中选择“视频效果”→“变换”→“裁剪”效果，将其拖曳至“时间轴”面板中 V4 轨道的“冬”序列上。在“效果控件”面板的“剪裁”选项中设置如图 4-68 所示参数，复制“剪裁”视频效果到第 2 组的“春”“夏”“秋”嵌套序列上。

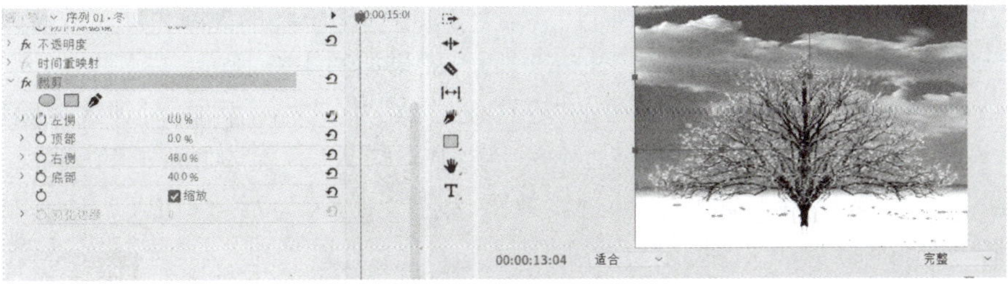

图 4-68 树的剪裁

(12) 树的四季：在“时间轴”面板中选择 V4 轨道的“冬”序列，单击“节目”面板使其在被选中状态下。在“视图”菜单中选择“显示标尺”命令，拖曳标尺线横线位于“288”，竖线位于“360”，把画面分成四份。在“效果控件”面板的“不透明度”选项中单击“创建四点多边形蒙版”按钮添加蒙版(1)，设置如图 4-69 所示参数。复制“不透明度”视频效果到第 2 组的“秋”“夏”“春”嵌套序列上，并分别更改其位置，效果如图 4-70 所示，树的四季设置过程如二维码 4-12 所示。

图片：不透明度蒙版的设置

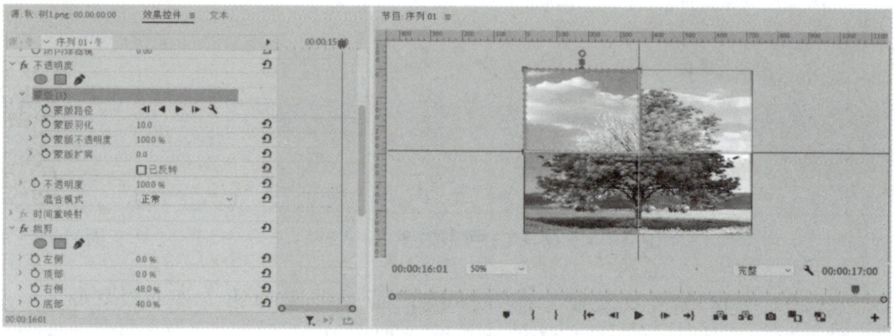

图 4-69　不透明度蒙版的设置

图片：树的四季蒙版效果

图 4-70　树的四季蒙版效果

二维码 4-12 树的四季设置过程

(13) 四季变换：在“时间轴”面板中选择第 2 组的“春”序列，在“效果”面板中选择“视频效果”→“过渡”→“线性擦除”效果，将其拖曳至“时间轴”面板中第 2 组的“春”序列上。在“效果控件”面板的“线性擦除”选项中设置“擦除角度”关键帧，将“时间指针”定位至 00:00:12:00 位置，设置“过渡完成”为“50%”，“擦除角度”为“−90”。单击“擦除角度”前面的“切换动画”按钮⏱激活并添加第 1 个关键帧。将“时间指针”定位至 00:00:13:00 位置，设置“擦除角度”为“0”，添加第 2 个关键帧，完成“春”的动态显现效果，如图 4-71 所示。使用同样的方法设置“夏”“秋”“冬”的动态显现效果，夏的擦除角度关键帧 13～14 秒为 0～90°；秋的擦除角度关键帧 14～15 秒为 90°～180°；冬的擦除角度关键帧 15～16 秒为 180°～270°，具体参数为如图 4-72～图 4-74 所示，效果如图 4-75 所示。

(14) 视频过渡：分别在 V1 轨道的“春”“夏”“秋”“冬”之间添加“时钟式擦除”视频过渡效果，设置持续时间为“3 秒”，设置“对齐”为“中心切入”。在 V1 轨道的“冬”“春”之间的位置添加“VR 默比乌斯缩放”视频过渡效果，设置“对齐”为“终点切入”，使其整体过渡自然流畅，效果如图 4-76 所示。

图 4-71　春的线性擦除动画效果

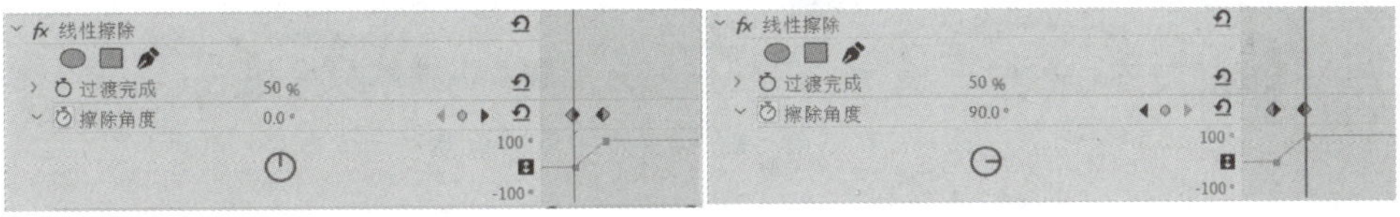

图 4-72　夏的线性擦除关键帧设置(13～14 秒)

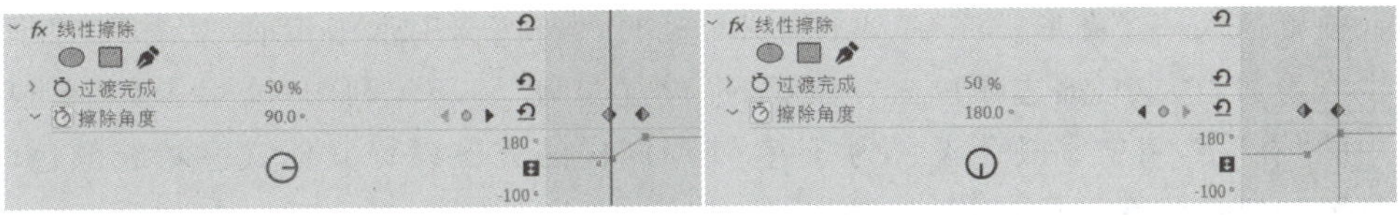

图 4-73　秋的线性擦除关键帧设置(14～15 秒)

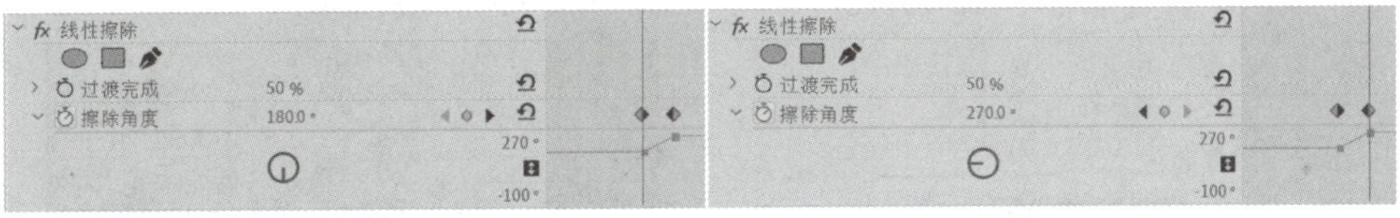

图 4-74　冬的线性擦除关键帧设置(15～16 秒)

图 4-75　四季变换动态效果

(15) 第一组文字：将“时间指针”定位至起始位置，在“文本”面板中单击“创建新字幕轨道”，格式选择为“副标题”。单击“添加新字幕分段”添加字幕“春”，设置字幕的长度为 11 秒，具体设置为隶书，仿粗体，设置字号大小适当，位置为底部中心，白字红边，描边宽度为“20”。将“时间指针”分别定位至“00:00:03:00”“00:00:06:00”和“00:00:09:00”位置依次拆分出字幕“夏”“秋”“冬”，具体效果如图 4-77 所示。

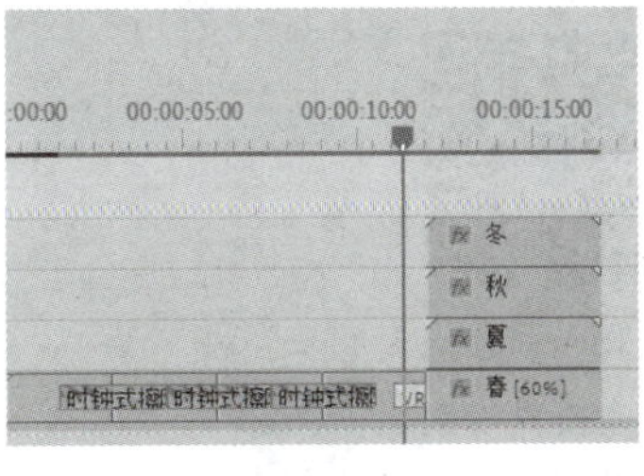

图 4-76　过渡效果的设置

(16) 第二组文字：将“时间指针”定位至 00:00:12:

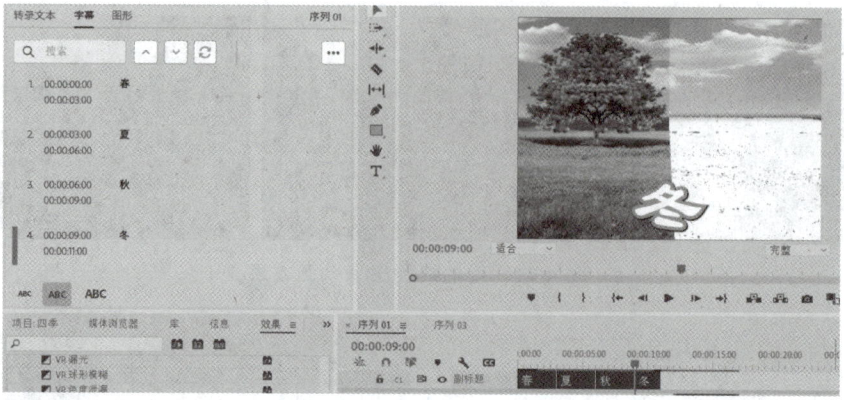

图 4-77 “春、夏、秋、冬”字体的设置

00 位置，在“工具”面板中选择“文字工具”，不选择任何视频轨道，在“节目”面板的合适位置单击，在出现的红框内输入“冬春”，按 Enter 键换行输入“秋夏”，自动在 V5 轨道的时间指针位置插入一个图形。在“基本图形”面板的“编辑”选项卡中设置“字体”为“华文行楷”，字号为适当大小，描边颜色为“红色”，描边宽度为“15.0”，利用“文字工具”单独选中图形中的“春”字，将文字颜色设置为绿色，使用同样的方法设置其他文字填充颜色，适当调整位置和锚点位置效果，如图 4-78 所示。

图片：“春、夏、秋、冬”字体的效果

图 4-78 “春、夏、秋、冬”字体的效果

(17) 文字视频效果：在“效果”面板中分别查找“Alhpa 发光”和“彩色浮雕”视频效果，将其拖曳至 V5 轨道的文字图形上。在“效果控件”面板中设置参数，具体参数如图 4-79 所示。

图片：字体的视频效果设置

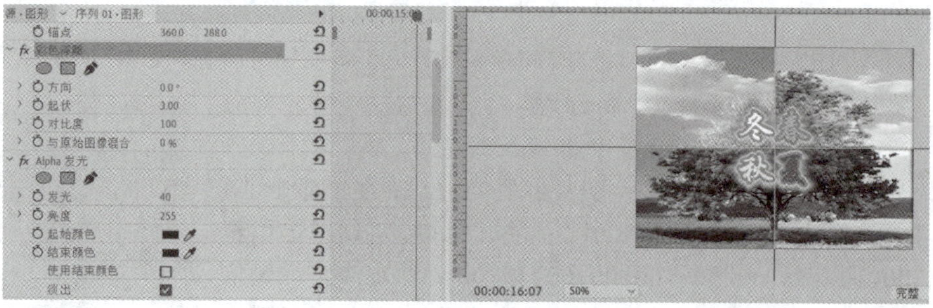

图 4-79 字体的视频效果设置

(18) 视频过渡：为 V5 轨道的“冬春秋夏”文字的起始位置添加“时钟式擦除”视频过渡效果，设置其持续时间为“4 秒”，使其动态显现，效果如图 4-80 所示。

图 4-80　字体的动态效果

(19) 背景音乐：在“项目”面板中选中“背景音乐.wav”并拖曳至“时间轴”面板的 A1 轨道起始位置，设置持续时间为 17 秒。在“效果”面板中选择“音频过渡”→“交叉淡化”→“指数淡化”并拖曳至音频结束位置，为音频添加“淡出音频”过渡效果。

(20) 保存导出：保存项目文件并导出视频“四季变换.mp4”。

4.4.2　案例二　动物乐园

本案例通过使用键控、蒙版抠图及图像的合成来完成最终效果。案例中介绍了几种常用的抠图方法；通过视频效果的设置，让画面产生不同的效果；结合关键帧的设置实现视频效果的动态变化，效果如二维码 4-13 所示。

二维码 4-13 “动物乐园”样张视频

(1) 新建项目：启动 Premiere Pro 2022，新建项目“动物乐园”。

(2) 导入素材：执行“文件”→“导入”命令，弹出“导入”对话框，将所有素材导入“项目”面板中。

(3) 新建序列：在“项目”面板中选择“草原 1.png”，并将其拖曳至“时间轴”面板新建的“草原 1”序列。

(4) “湖”的设置：在“项目”面板中选择“湖.jpg”并将其拖曳至 V2 轨道的起始位置，持续时间为 5 秒。选中“湖.jpg”，在“效果控件”面板中，在“不透明度”的下方单击“创建椭圆形蒙版”按钮添加“蒙版(1)”，适当设置“椭圆形”蒙版的大小和位置，蒙版羽化设为“22”，完成湖的设置，如图 4-81 所示。

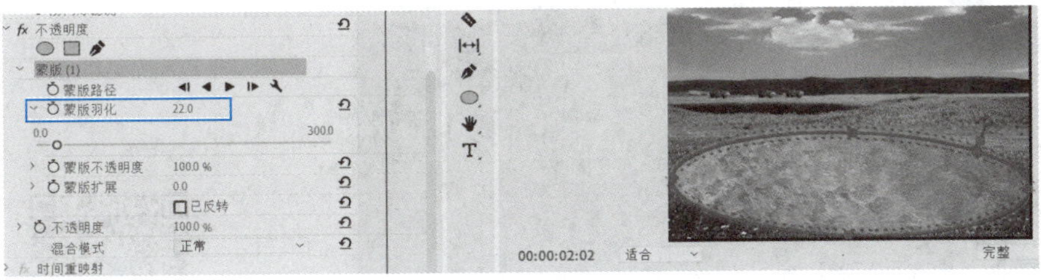

图 4-81　“湖”的蒙版设置

(5) “马”的设置：在“项目”面板中选择“马 1.png”并将其拖曳至 V3 轨道的起始位置，持续时间为 5 秒，“默认媒体缩放”设置为“缩放为帧大小”。为“时间轴”面板中 V3 轨道上的“马 1.png”添加“颜色键”视频效果。选中“马 1.png”，在“效果控件”面板中选择“颜色键”，单击“主要颜色”后的“吸管”按钮，在“节目”面板中单击背景色“蓝色”即可吸取背景色，设置颜色“容差”为“177”，完成去除背景色，即抠图操作，设置“缩放”为“30.0”，“位置”为(158，336)。使用同样的方法拖曳“马 2.png”至 V4 轨道起始位置，“默认媒体缩放”设置为“缩放为帧大小”，并添加“视频效果”→“键控”→“超级键”效果，设置“主要颜色”为“马 2.png”的背景色，完成“马 2.png”的抠图，并设置“缩放”为“32.0”，“位置”为“(598，344)”。

(6)“倒影”的设置：按住 Alt 键拖曳“马 1.png”至 V5 轨道起始位置，在“效果”面板中快速查找“垂直翻转”视频特效，将其拖曳至 V5 轨道的“马 1.png”上，设置“缩放”为“23.0”，“位置”为(158，446)，“旋转”为“10.0”，“不透明度”为“60%”，完成倒影的效果设置，参数设置如图 4-82 所示，最终效果如图 4-83 所示，“马”景效果设置过程如二维码 4-14 所示。

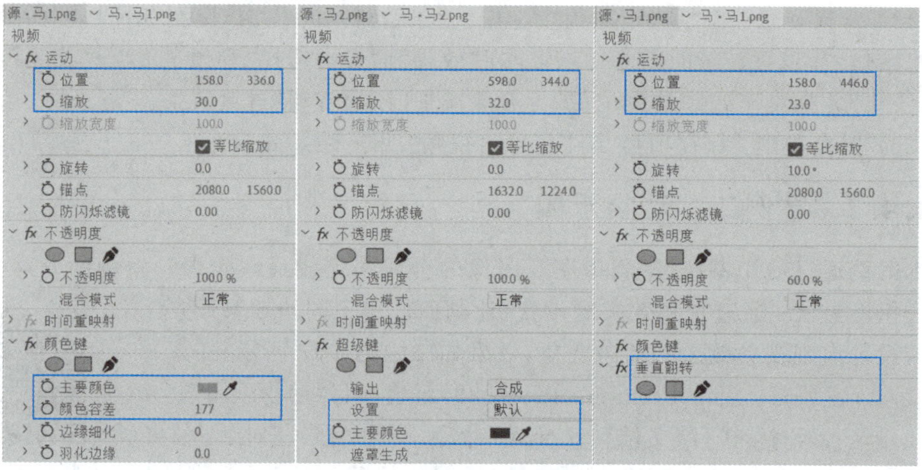

图 4-82 颜色键、超级键、倒影设置

图 4-83 “马”景最终效果

二维码 4-14 “马”景效果设置过程

(7)“长颈鹿”的设置：在“项目”面板中选择“草原 2.avi”并将其拖曳至 V1 轨道的“草原 1.png”之后，持续时间均为 5 秒。选择“长颈鹿.png”并将其拖曳至 V2 轨道的

“湖.jpg”之后，设置“默认媒体缩放”为“缩放帧大小”后再适当调整其位置和大小。“效果”面板中选择“视频效果”→“键控”→“亮度键”效果，将其拖曳至“长颈鹿.png”上，选中“长颈鹿”，在“效果控件”面板中选择“亮度键”，设置“阈值”为“16.0%”，“屏蔽度”为“10%”，完成抠图，参数设置如图 4-84 所示。在“项目”面板中拖曳“马 3.jpg”至 V3 轨道的“长颈鹿.png”之上，设置“不透明度”关键帧。将“时间指针”分别定位至 00:00:05:00、00:00:07:00、00:00:08:00 和 00:00:10:00 位置，依次设置不透明度为“0%”“100%”“100%”“0%”，如图 4-85 所示，完成“长颈鹿.png”和“马 3.jpg”交替出现的动画效果，效果如图 4-86 所示。

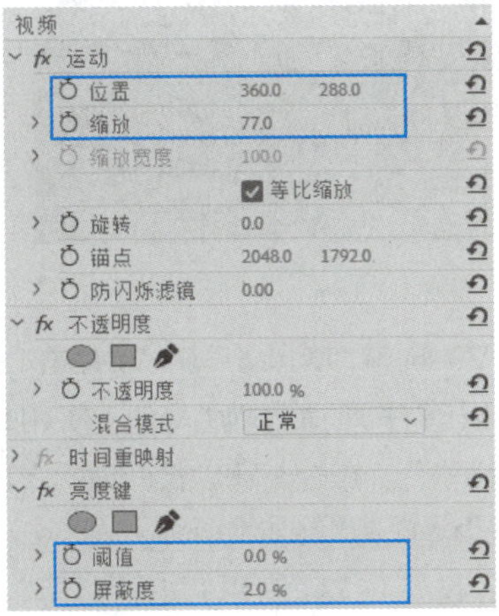

图 4-84 “亮度键”设置

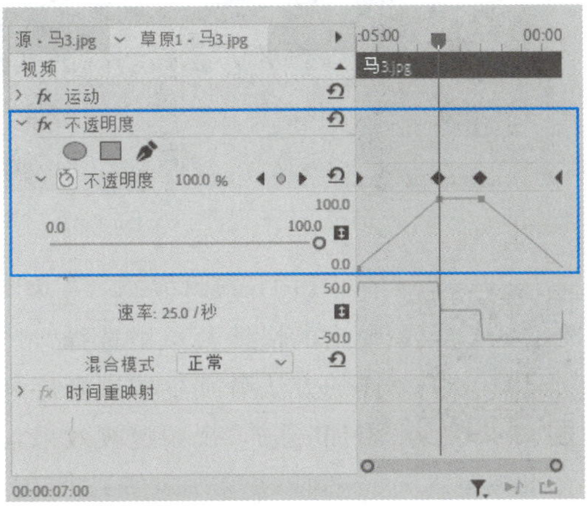

图 4-85 “不透明度”关键帧设置

图 4-86 设置不透明度关键帧后效果

(8)“牦牛”全景：在“项目”面板中选择“牦牛.jpg”，将其拖曳至 V1 轨道的“草原 2.avi”之后，设置“持续时间”为“5 秒”。选中“时间轴”面板中的“牦牛.jpg”并右击，“默认媒体缩放”选择“缩放为帧大小”。设置“位置”和“缩放”的关键帧，将“时间指针”定位至 00:00:10:00 位置，设置“缩放”为“464.0”，在位置为(240，－60)处添加第 1 个关键帧；将“时间指针”定位至 00:00:14:00 位置，设置“缩放”为“106.0”，在位置为(365，290)处添加第 2 个关键帧。

图片：设置不透明度关键帧后效果

(9)“牦牛”特写：按住 Alt 键拖曳“牦牛.jpg”至 V2 轨道 00:00:10:00 位置，完成复制。单击“位置”和“缩放”前面的“切换动画”按钮，删除所有关键帧。将“时间指针”定位至 00:00:10:00 位置，设置“缩放”为“380.0”，“位置”为(300,40)。在“不透明度”的下方单击“创建椭圆形蒙版”按钮添加“蒙版(1)”，适当设置“椭圆形”蒙版的大小和位置，蒙版羽化设为“10”，完成蒙版的设置。在“效果”面板中快速查找“彩色浮雕”视频特效，将其拖曳至 V2 轨道的“牦牛.jpg”上。单击“位置”前面的“切换动画”按钮，添加第 1 个关键帧，将“时间指针”定位至 00:00:14:00 位置，设置“位置”为(250,−150)，完成“牦牛”的动画效果，如图 4-87 所示，“牦牛”效果设置过程如二维码 4-15 所示。

图 4-87 “牦牛”动画效果

二维码 4-15 “牦牛”效果设置过程

(10) 素材嵌套：选中“马”景中 V1～V5 轨道“草原 1-马 1”，右击，在弹出的快捷菜单中选择“嵌套”命令，将该嵌套序列命名为“马”。使用同样的方法分别生成嵌套序列“长颈鹿”和“牦牛”。在“马”和“长颈鹿”之间添加“急摇”视频过渡效果，并将“对齐方式”设置为“终点切入”。

(11) 文字设置：将“时间指针”定位至起始位置，使用“文字工具”在 V2 轨道上创建文字“动物乐园”，设置其持续时间为 15 秒，位置为(360,288)，文字效果如图 4-88 所示。在“效果”面板中分别查找“波形变形”和“光照效果”视频效果，依次拖曳至“动物乐园”上。在“效果控件”面板中设置“光照效果”参数及其关键帧，将“时间指针”分别定位至 00:00:05:00 和 00:00:10:00 位置，依次设置“光照 1”→“中央”和“光照 2”→“中央”的关键帧，参数设置如图 4-89 所示。光照颜色互换的动画效果如图 4-90 所示。

图片：“动物乐园”文字设置

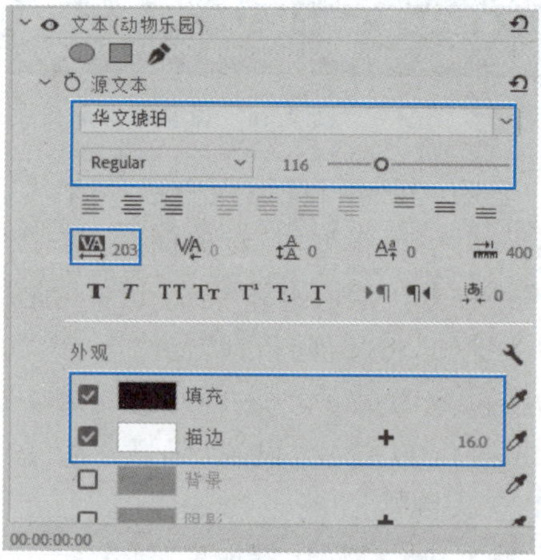

图 4-88 “动物乐园”文字设置

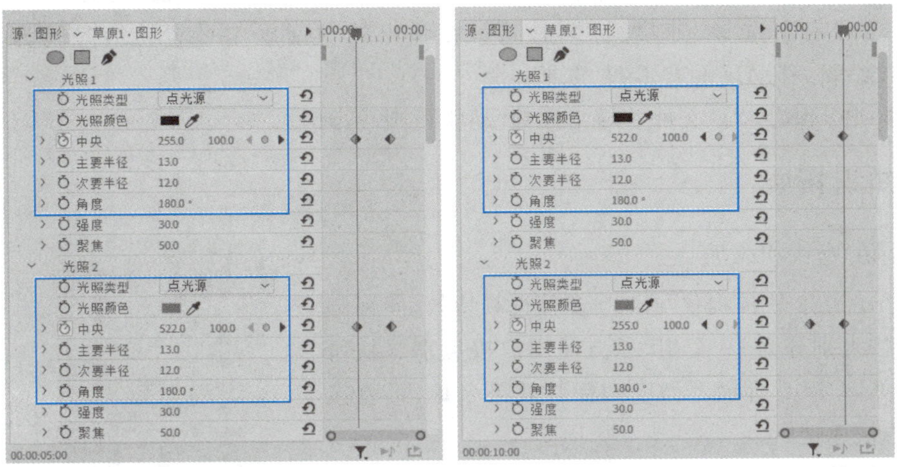

图 4-89　光照效果"5 秒"和"10 秒"位置参数设置

图片：光照效果"5 秒"和"10 秒"位置参数设置

图 4-90　光照颜色互换的动画效果

图片：光照颜色互换的动画效果

（12）"黑场"设置：执行"文件"→"新建"→"黑场视频"命令，在"项目"面板中新建"黑场视频"并将其拖曳至 V3 轨道起始位置，"持续时间"设为 5 秒。在"效果控件"面板中选择"运动"，取消勾选"等比缩放"复选框后设置"缩放高度"为"52"，"位置"为(360，148)。选中轨道 V3 中的"黑场视频"，设置其"位置"关键帧，将"时间指针"定位至起始位置添加第 1 个关键帧；将"时间指针"定位至 00：00：05：00 位置，设置"位置"为(360，−160)，添加第 2 个关键帧。按住 Alt 键并拖曳"黑场视频"至 V4 轨道完成复制，适当更改 V4 轨道中"黑场视频"的"位置"关键帧参数，完成"黑场视频""由中间同时向上下两边展开"的动画，效果如图 4-91 所示。

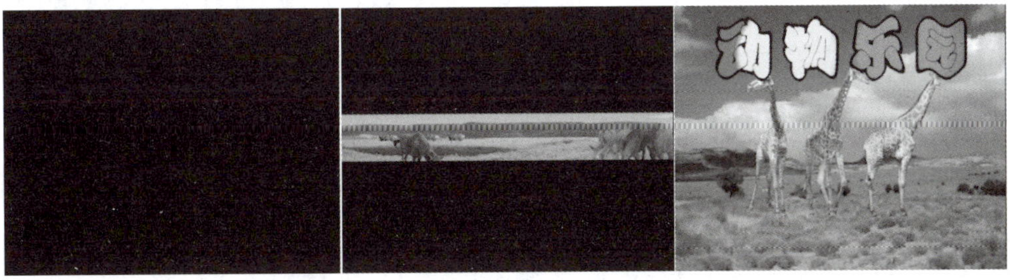

图 4-91　黑场视频的动画效果

（13）背景音乐：在“项目”面板中选中“背景音乐”并将其拖曳至“时间轴”面板的A1轨道起始位置，然后右击选择“速度/持续时间”，在弹出的对话框中设置持续时间为15秒，勾选“波纹编辑，移动尾部剪辑”复选框。

（14）保存导出：保存项目文件并导出视频“动物乐园.mp4”。

4.4.3 知识拓展

1. 视频效果的查找和添加

Premiere Pro 2022软件提供了120多种视频特效，同视频过渡效果一样，按类别分为19个组，以方便用户按类别寻找所需的视频效果，如图4-92所示。如已知视频效果名称，可直接在“效果”面板中快速搜索。

添加视频效果只需在“效果”面板中找到所需视频效果，并拖曳至素材上即可。一种视频效果可以添加到多个素材之上，一个素材也可添加多种视频效果。如果添加多个视频效果，添加的先后顺序和参数值的设置不同会导致最终效果的不同。视频效果的设置需要在“效果控件”面板中先选中要添加的视频效果，然后在“节目”面板中一边进行效果预览，一边进行具体参数的设置。

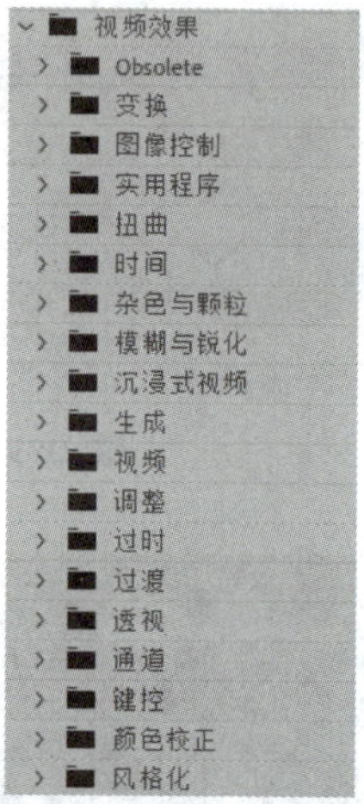

图4-92 视频效果组

2. 视频效果的删除

在“时间轴”面板中选中素材，在“效果控件”面板中选中要删除的视频效果并右击，在弹出的快捷菜单中选择“消除”命令即删除视频效果。

3. 视频效果的复制

可以将设置好的视频效果复制并应用在其他素材上，实现视频效果的快速调整。在“效果控件”面板中选中所需视频效果并右击，在弹出的快捷菜单中选择“复制”命令，然后选中未设置的素材，在“效果控件”面板中右击，在弹出的快捷菜单中选择“粘贴”命令即可把设置好的视频效果应用到新素材上，也可在视频效果上调整参数以达到不同效果。

图4-93 预设菜单

4. 视频效果的关键帧设置

在素材上应用的视频效果，可以通过设置具体参数的关键帧实现视频效果的动态变化，关键帧的设置可参考4.3节介绍。

5. 视频效果的预设应用

除了直接为素材添加内置的视频效果外，还可以使用系统自带并且已经设置好的各项参数的预设效果或Lumetri预设，如图4-93所示。

4.5　综合练习　夕阳夜景

本练习综合运用了视频制作的基本流程，包括新建项目、素材导入、新建序列、视频特效、关键帧动画、视频过渡、音频添加及字幕设置。练习中介绍了几种常用的分屏效果，效果如二维码 4-16 所示。

二维码 4-16
夕阳夜景
样张视频

（1）新建项目：启动 Premiere Pro 2022，新建项目“夕阳夜景”。

（2）导入素材：在“项目”面板的空白处双击，在弹出的“导入”对话框中将所有素材导入“项目”面板中。

（3）新建序列：在“项目”面板中单击“新建项目”按钮选择“序列”，弹出“新建序列”对话框，选择“DV-PAL”下的“标准 48kHz”，单击“确定”按钮完成“序列 01”的新建。

（4）“片头”设置：在“项目”面板中选择“夕阳 1.jpg”并将其拖曳至 V1 轨道起始位置，持续时间设为“5 秒”，大小调整至合适。按住 Alt 键拖曳“夕阳 1.jpg”至 V2 轨道起始位置完成复制。为 V1 轨道的“夕阳 1.jpg”添加“黑白”视频效果。选中 V2 轨道上的“夕阳 1.jpg”，在“效果控件”面板的“不透明度”选项中单击“创建四点多边形蒙版”按钮添加“蒙版(1)”，蒙版位置及大小如图 4-94 所示。将“时间指针”分别定位至 00:00:00:00 和 00:00:05:00 位置，依次设置“蒙版路径”关键帧位置参数，完成蒙版从左到右移动的动画效果，如图 4-95 所示。

图 4-94　蒙版位置及大小设置

（5）“夕阳”竖屏：在“项目”面板中分别选择“夕阳 2.jpg”～“夕阳 4.jpg”，将其依次拖曳至 V1 轨道至 V3 轨道的 00:00:05:00 位置，“默认媒体缩放”均设置为“缩放为帧大

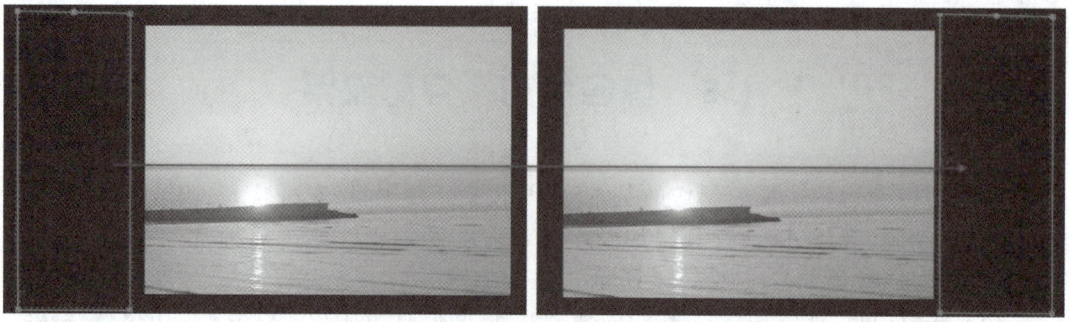

图 4-95 蒙版从左到右移动的动画效果

小”并适当调整位置。选中 V3 轨道上的“夕阳 4.jpg”，在“效果控件”面板的“不透明度”选项中单击“创建四点多边形蒙版”按钮添加“蒙版(1)”，使用同样的方法为“夕阳 3.jpg”和“夕阳 2.jpg”设置“不透明度”蒙版，蒙版形状如图 4-96 所示。分别在 00:00:05:00 和 00:00:07:00 设置“位置”关键帧动画，使“夕阳 2.jpg”和“夕阳 4.jpg”从下至上运动，“夕阳 3jpg”从上至下运动，动画效果如图 4-97 所示。夕阳竖屏效果设置如二维码 4-17 所示。

图 4-96 “夕阳 4.jpg”～“夕阳 2.jpg”蒙版形状设置

图 4-97 “夕阳 2.jpg”～“夕阳 4.jpg”的动画效果

二维码 4-17 夕阳竖屏效果设置

(6) “夕阳”横屏：在“项目”面板中分别选择“夕阳 5.jpg”～“夕阳 7.jpg”，并将其依次拖曳至 V1 轨道至 V3 轨道 00:00:10:00 位置，“默认媒体缩放”均设置为“缩放为帧大小”。分别为“夕阳 5.jpg”～“夕阳 7.jpg”添加“裁剪”视频效果，适当修改缩放、位置及裁剪参数，参数设置可参考图 4-98 所示。分别为“夕阳 5.jpg”～“夕阳 7.jpg”添加“线性擦除”视频效果并设置“线性擦除”的“过渡完成”关键帧，使其在 10～12 秒内完成“夕阳 7.jpg”和

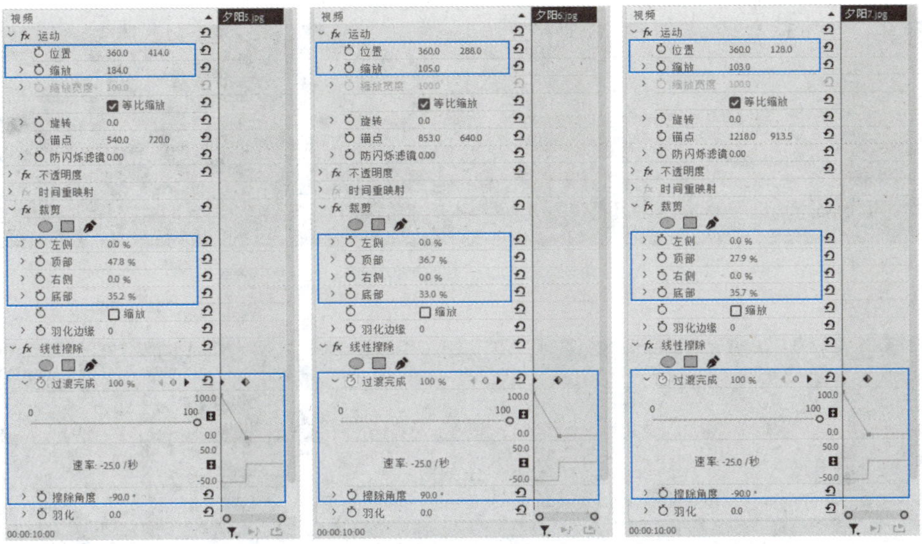

图 4-98　“夕阳 5.jpg”～“夕阳 7.jpg”的参数设置

“夕阳 5.jpg”从左至右、“夕阳 6.jpg”从右至左动画的交叉进入，动画效果如图 4-99 所示。

图 4-99　“夕阳 5.jpg”～“夕阳 7.jpg”的动画效果

(7) 夜景 1～夜景 3：在“项目”面板中分别选择“夜景 1.jpg”～“夜景 3.jpg”，并将其依次拖曳至 V1 轨道至 V3 轨道的 00:00:15:00 位置，“持续时间”均设置为“5 秒”，“默认媒体缩放”均设置为“缩放为帧大小”后再适当调整大小和位置，使“夜景 2.jpg”和“夜景 3.jpg”分别各占屏幕的左右一半即可。将“插入”视频过渡效果分别拖曳至“夜景 2.jpg”和“夜景 3.jpg”的起始位置和结束位置，设置起始位置参数如图 4-100 所示(红色框)，效果如图 4-101 所示。使用相同方法设置结束位置参数(绿色框)，形成头尾相反的过渡效果，如图 4-102 所示。“夜景 1～夜景 3”过渡效果设置如二维码 4-18 所示。

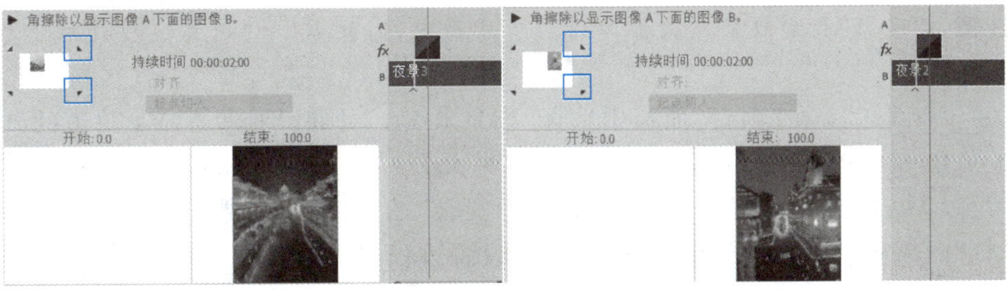

图 4-100　“夜景 2～夜景 3”的“插入”过渡效果设置

图 4-101　“夜景 2～夜景 3”的“插入”过渡效果

图 4-102　“夜景 2～夜景 3”的“插入”相反过渡效果

(8) 夜景 4：在“项目”面板中选择“夜景 4.jpg”并将其拖曳至 V1 轨道的 00:00:20:00 位置，设置持续时间为“5 秒”，图片设置至适当大小。在“效果控件”面板中分别设置“缩放”和“旋转”关键帧，设置“缩放”为“73.0”，“旋转”为“0.0”。将“时间指针”定位至 00:00:22:00 位置，设置“缩放”为“90.0”，“旋转”为“15.0”。将“时间指针”定位至 00:00:24:00 位置，设置“缩放”为“73.0”，“旋转”为“0.0”，完成动画效果。右击选中“嵌套”命令为“夜景 4”进行嵌套。为“夜景 4”添加“残影”视频效果，参数设置如图 4-103 所示。

二维码 4-18　“夜景 1～夜景 3”过渡效果设置

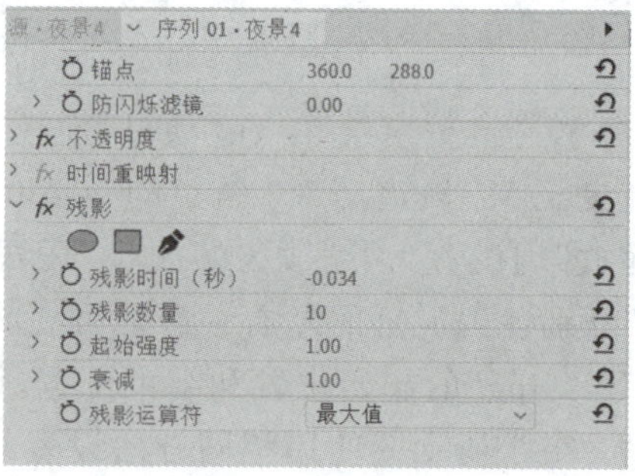

图 4-103　“夜景 4”的“残影”参数设置

注意：“残影”视频效果只能添加到动态画面中，因此需要利用关键帧技术使静态画面动起来。

(9)“夜景 5”：在“项目”面板中选择“夜景 5.jpg”并将其拖曳至 V1 轨道的 00:00:25:00 位置，持续时间为 5 秒，图片设置至适当大小。为“夜景 5.jpg”添加“闪光色”视频特效，设置闪光灯的“闪光色”和“与原始图像混合”的关键帧，参数设置可参考图 4-104，“闪光灯”效果如图 4-105 所示。闪光灯参数设置过程如二维码 4-19 所示。

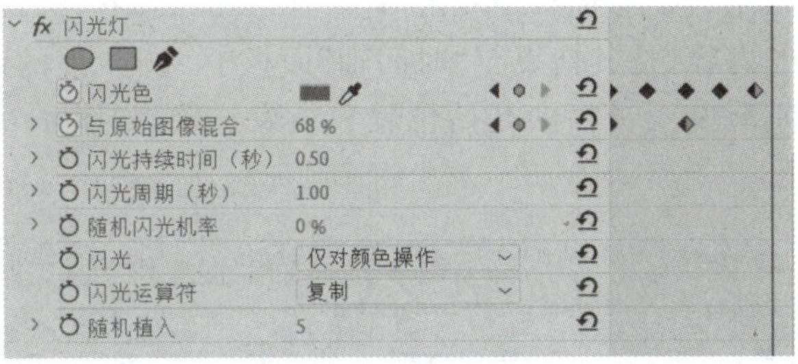

图 4-104 “夜景 5”的“闪光灯”参数设置

图 4-105 “夜景 5”的“闪光灯”效果

图片：“夜景 5”的“闪光灯”效果

(10) 字幕：将“时间指针”定位至 00:00:25:00 位置，选择“文字工具”，在“节目”面板的适当位置单击并输入“明天会更好!”，其“文字”参数设置如图 4-106 所示。为文字添加“放大”视频效果，设置“放大率”为“127”，“大小”为“85”，中央为“明”字中间，设置“中央”关键帧。将“时间指针”定位至 00:00:29:00 位置，设置中央为“!”，完成如图 4-107 所示的逐字放大动画效果。

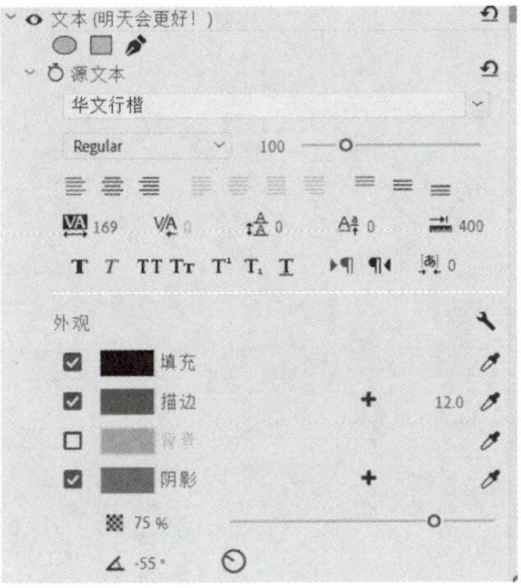

二维码 4-19 闪光灯参数设置过程

图 4-106 字幕的参数设置

图片：字幕的参数设置

图 4-107 字幕的“逐字放大”效果设置

（11）“背景音乐”：在“项目”面板中双击“背景音乐.mp3”，在“源”面板中从 00:00:03:14 位置开始截取 30 秒的内容，将其拖曳至“时间轴”面板中 A1 轨道的起始位置，将“指数淡化”音频过渡效果分别拖曳至音频的起始位置和结束位置，如图 4-108 所示，完成音频的淡入和淡出效果设置。

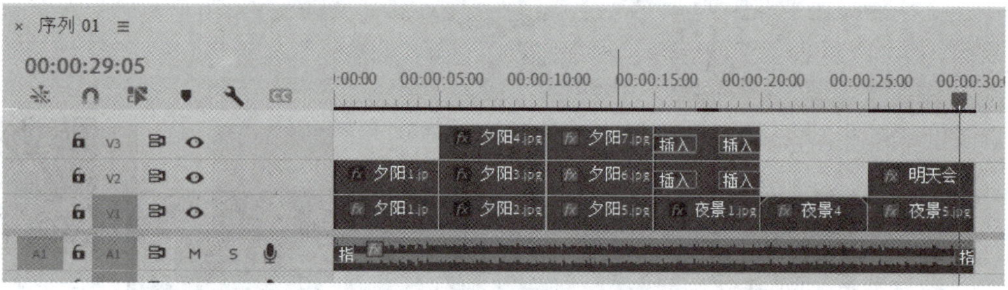

图 4-108 “背景音乐”的效果设置

（12）保存导出：保存项目文件并导出视频“夕阳夜景.mp4”。

第5章

动画编辑与处理技术

Adobe Animate 简称“AN”，是由 Adobe 公司出品和发行的一款专业动画制作软件，主要用于二维动画和交互式动画的制作。Adobe Animate 是由 Flash 更名而来，在继续支持 Flash、SWF、AIR 格式的同时，还支持 HTML5 Canvas、WebGL，并能通过可扩展架构支持包括 SVG 在内的大多数动画格式。

Adobe Animate 软件功能强大，易学易用，被广泛应用于电视广告、动画制作、游戏开发等二维动画制作领域。此外，在交互式设计制作领域、移动应用开发领域和 Web 制作领域也有大量的应用。本章主要介绍动画的基础知识和 Adobe Animate 2022 动画制作软件的应用。本章所需素材如二维码 5-1 所示。

二维码 5-1
第 5 章素材

课程思政

“工匠精神”中的“敬业”“精益”“专注”“创新”四个要点不仅体现在专业技术上，还体现在追求突破、追求革新的创新精神上和精益求精、不断追求卓越的思想品质中。践行“工匠精神”，坚持将“国之大者”作为引领，让学生在潜移默化中充分领会工匠精神的内涵，培养学生形成向其自觉看齐的内驱动力。

5.1 动画的基础知识

学习目标及要求

(1) 了解动画的基础知识和分类。
(2) 掌握 Adobe Animate 2022 工作界面的组成。

育人目标

(1) 培养学生用综合思维认识事物。

(2) 培养学生用联系和发展的眼光看问题。

5.1.1 动画原理

动画 animation 一词源自拉丁文字根 anima，意思为“灵魂”，动词 animate 是“赋予生命”的意思，引申为使某物活起来的意思，是一种使用绘画的手法，创造生命运动的艺术。

动画利用人眼具有的“视觉暂留”的特性，通过连续、快速地播放一系列画面，给视觉造成连续变化的影像，从而产生动感。它与电影、电视一样，都是利用“视觉暂留”原理。医学证明，人的眼睛看到一幅画或一个物体后，在 1/24 秒内不会消失。利用这一原理，在一幅画还没有消失前播放出下一幅画，即每秒在人眼前播放 24 幅甚至更多画面时，就会使人产生一种流畅的视觉变化效果。

为保证画面播放流畅，一般二维动画都是以每秒 24 帧(影像动画中最小单位的单幅影像画面)为标准，但由于现代科技的发达，动画帧数可以不用达到每秒 24 帧。

5.1.2 常用的动画文件格式

1. SWF 格式

SWF 格式是一种基于矢量的 Flash 动画文件格式，被广泛应用于网页设计、动画制作等领域，特点是数据量小，动画流畅，可以在任何操作系统和浏览器中播放，能让网络较慢的用户也能顺利浏览。

2. GIF 格式

GIF 全称为 Graphics Interchange Format，又称图形交换格式，是 Compu Serve 公司推出的一种图像文件格式标准，也是一种比较常用的动态图像格式。GIF 分为静态 GIF 和动画 GIF 两种。特点是体型小，支持透明背景图像，适用于多种操作系统，网页上的很多小动画都采用 GIF 格式。

3. FLC 格式

FLC 格式是 Autodesk 公司在其出品的 2D、3D 动画制作软件中采用的动画文件格式，它是由 FLI 格式发展而来，最初是基于 320×200 分辨率的动画文件格式。FLC 采用了更高的无损数据压缩技术，画面分辨率也随之扩大到(320×200)～(1800×1280)。FLC 动画每帧 256 色，是 8bit 动画格式，被广泛用于动画图形中的动画序列、计算机辅助设计和计算机游戏应用程序中。

5.1.3 Animate 2022 界面简介

Animate 2022 的工作界面主要包括菜单栏、“工具”面板、舞台、“时间轴”面板、常用面板和浮动面板组，如图 5-1 所示。

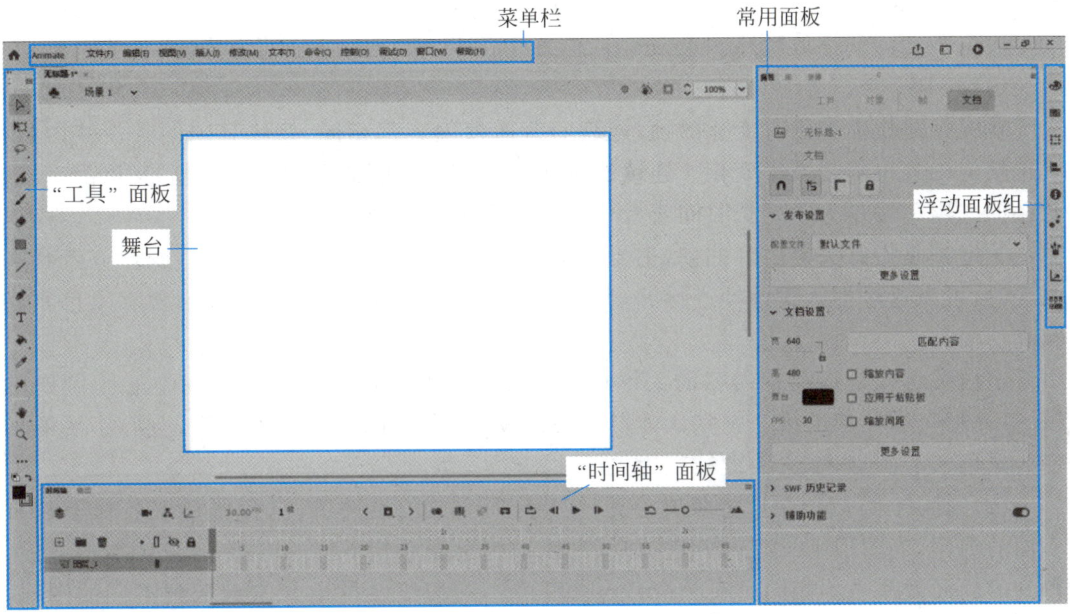

图 5-1 Adobe Animate 2022 工作界面

1. 菜单栏

菜单栏提供了 Animate 的命令集合，将命令按不同功能分别放到"文件""编辑""视图""插入""修改""文本""命令""控制""调试""窗口""帮助"11 个菜单项中，通过不同的功能类型，可以快速找到所要使用的命令选项。

2. "工具"面板

"工具"面板提供了图形绘制和编辑的各种工具，使用这些工具，可以实现绘图、上色、修改、编排文字等各种功能。"工具"面板一般与"属性"面板结合使用，选择不同的工具后，可以在"属性"面板中进行参数设置。

在"工具"面板中，部分工具图标的右下角有小三角标志，表示该工具是一组同类型的工具组。在有小三角的工具图标上长按鼠标左键或右击该图标，则弹出该工具组的所有工具。

3. 舞台

舞台是用来创建和编辑动画的区域。在创建 Animate 文件时，可以设置舞台大小，一般默认大小为 640×480，白色背景，可以在"属性"面板中对舞台的大小和颜色进行修改。

舞台的上方为编辑栏，编辑栏左侧显示了当前的场景或元件，有"元件编辑"和"场景编辑" 场景 1 两个选项；编辑栏右侧，用于编辑和修改舞台位置、方向及显示比例，包括"舞台居中"、"舞台旋转"、"剪切掉舞台范围以外的内容"以及"舞台显示比例" 100% 四项内容。

4. "时间轴"面板

"时间轴"面板利用关键帧和图层组织内容创建动画。主要由帧、图层和播放指针组成。

（1）帧：是 Animate 动画中最基本的单位。1 帧就是一幅画面，帧在时间轴上的排列顺序决定了动画的播放顺序。Animate 2022 中一共有 3 种帧，分别为普通帧、关键帧、空白关键帧。

普通帧是指内容没有变化的帧，连续的普通帧内容都相同，修改其中的某一帧内容，其他帧的内容也随之发生变化。连续的普通帧在“时间轴”面板中呈现灰色，又称静态帧，此帧的作用一般是为了延长时间或者延续上一个关键帧的内容。

关键帧是指有关键内容的帧，主要用来定义动画的变化。当发生运动变化或者状态改变时，可以通过插入关键帧进行编辑。关键帧在“时间轴”面板中呈现为含有黑色实心圆点的帧。

空白关键帧是指没有内容的关键帧。在“时间轴”面板中呈现为含有空心小圆圈的帧。一般来说，图层的第一帧默认为空白关键帧，当在上面创建了内容后，空心小圆圈即变为黑色实心圆点，空白关键帧变为关键帧。

（2）图层：可以把图层想象成一张一张上下叠放的透明胶片，每张透明胶片上都有不同的内容，当图层上没有内容遮挡时，可以通过上层看到下层的内容，改变图层的顺序，得到的画面效果也不相同。在 Animate 2022 中，可以把不同的元素分散到不同的图层，分开操作，方便修改。

（3）播放指针：在时间轴面板的上方，有一排带有刻度的标尺，即为时间标尺，时间标尺上标明了帧数。在时间标尺上的蓝色指针即为播放指针，表示当前帧，因此，播放指针移动到哪个帧上，舞台上显示的就是哪个帧的内容。

5. 常用面板

在 Animate 中，常用面板包括“属性”面板、“库”面板和“资源”面板。

（1）“属性”面板：用于更改不同对象的属性。根据选择对象的不同，“属性”面板中显示的信息也不同。在 Animate 中，选定单个对象，如文本、组件、形状、位图、视频、组、帧、舞台时，可以通过“属性”面板，更改其参数设置。

（2）“库”面板：用于存放和管理元件，还可以存储导入的文件，包括位图图形、声音文件和剪辑的视频。

（3）“资源”面板：里面包含了很多静态图像、动画和声音剪辑资源，可以直接拖放至舞台上使用，同时也可以将自己创建的场景或动画导出，保存在“资源”面板中。

6. 浮动面板组

Animate 2022 的浮动面板组，包括了“变形”面板、“样本”面板、“颜色”面板、“对齐”面板、“信息”面板、“动画预设”面板、“画笔库”面板、“图层深度”面板、“帧选择器”面板 9 个折叠面板，这些面板主要对帧、图层及舞台中的对象进行设置。

5.1.4 设置工作环境

执行“窗口”→“工作区”命令，在弹出的下拉菜单中共提供了 8 种常用的“工作区”，可以按照用户的个人操作习惯选择合适的“工作区”，也可以通过下拉菜单，对当前选择的工作区进行重置，如图 5-2 所示。本章内容所有涉及案例均使用“基本功能”工作区。

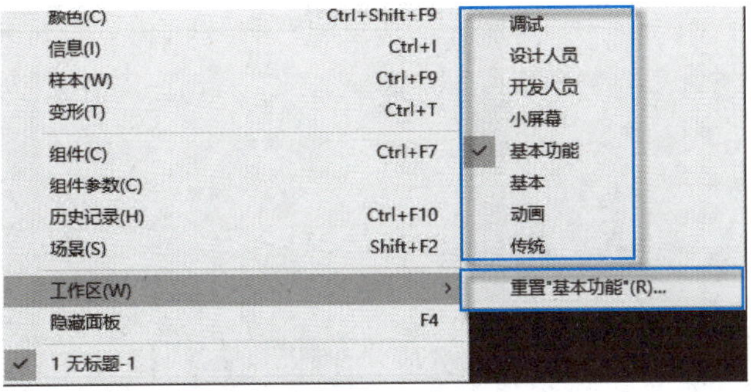

图 5-2 工作区的选择和重置

5.2 Animate 的基本功能和逐帧动画

学习目标及要求

(1) 掌握文件的基本操作。

(2) 掌握常用工具的使用。

(3) 掌握“属性”面板的使用。

(4) 掌握“颜色”面板的使用。

(5) 掌握插入帧和插入关键帧的用法。

育人目标

(1) 培养学生不忘初心、志存高远、努力拼搏的精神。

(2) 引导学生思考人与自然的关系，培养学生热爱自然、尊重自然、敬畏自然的情感。

5.2.1 案例一 绘制“春光”动画场景

通过使用“工具”面板、“属性”面板、“颜色”面板，创建如图 5-3 所示的动画场景，掌握常用工具的使用，属性及颜色的设置与修改。

(1) 执行“文件”→“新建”命令，弹出“新建文档”对话框，选择“角色动画”，“预设”为“标准 640×480”，“帧速率”为“30”，“平台类型”为“ActionScript 3.0”，如图 5-4 所示。单击“创建”按钮，打开“场景 1”动画编辑窗口。

图 5-3 “春光”动画场景效果图

(2) 选择“矩形工具”，在界面右侧的“属性”面板中设置“填充”为“黑白渐变”，“笔触”为“无”，从舞台左上角开始拖曳，绘制一个与舞台大小相同的矩形。单击“选择工具”，选中矩

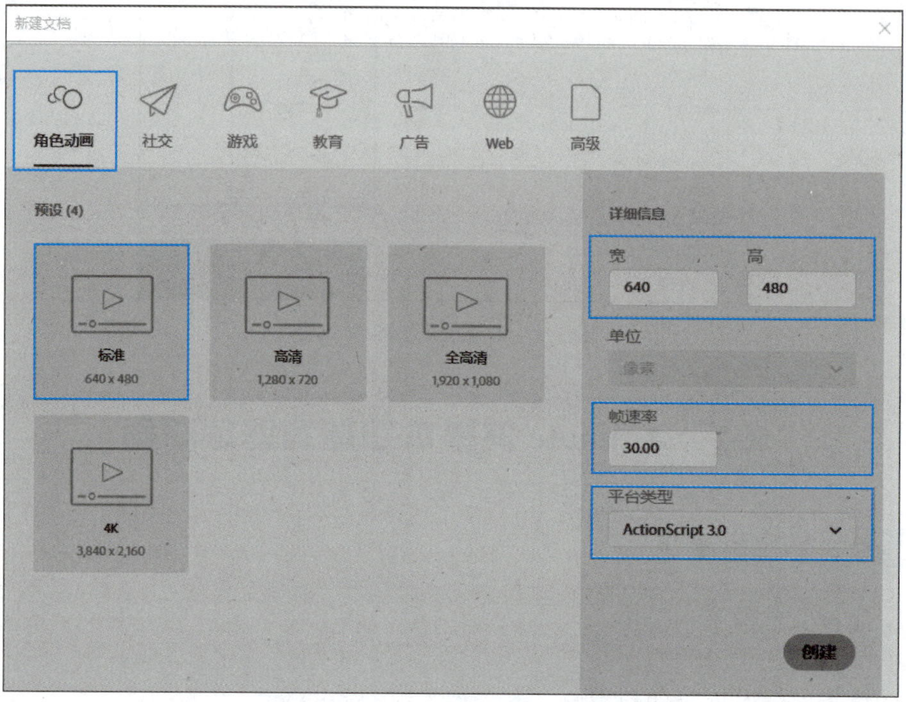

图 5-4 “新建文档”对话框参数设置

形,在界面右侧单击 ,打开“颜色”面板,在下方的颜色条处单击选中右侧“色标” ,设置颜色值(R: 0,G: 229,B: 244),如图 5-5 所示。

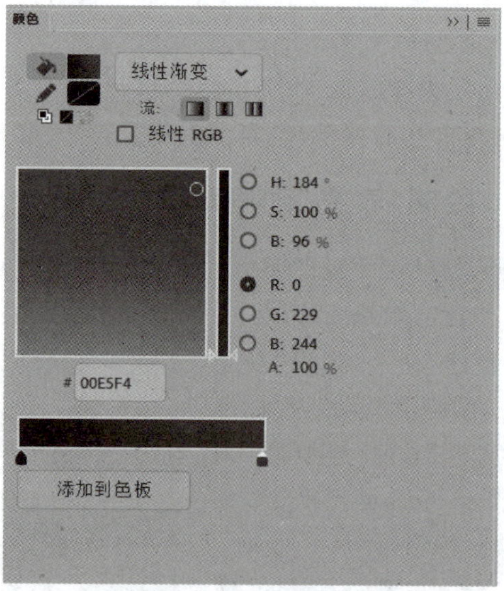

图 5-5 “颜色”面板参数设置

(3) 在“工具”面板中长按“任意变形工具” ,在弹出的下拉菜单中选择“渐变变形工具” ,在舞台上单击选中矩形,拖曳右侧的箭头,缩减渐变的宽度,在右上角的圆圈处长按鼠标左键，逆时针旋转渐变方向，拖曳画面中心的圆圈，向上移动渐变的位置，如图 5-6 所示。“任意变形工具”和“渐变变形工具”的应用如二维码 5-2 所示。

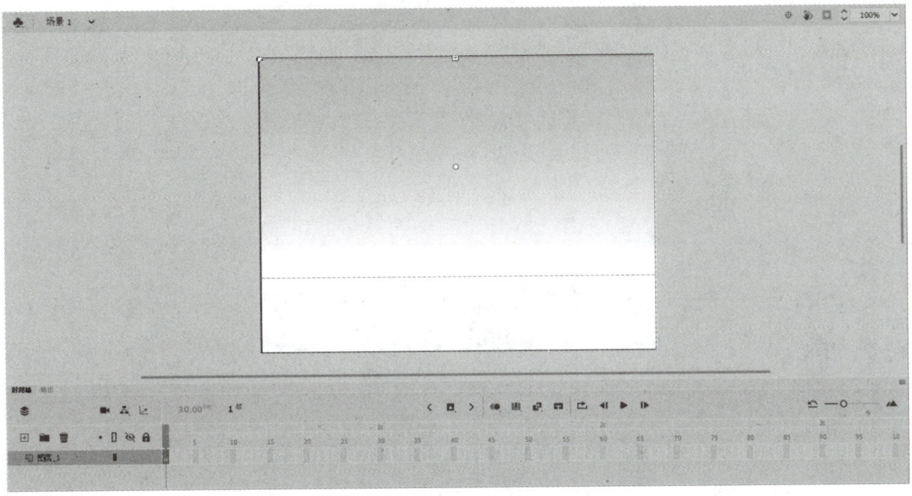

图 5-6 “渐变变形工具”使用后的效果

（4）在“工具”面板中单击“矩形工具”，在弹出的快捷菜单中选择“椭圆工具”，在“属性”面板中设置填充为“白色”，笔触为“无”，在舞台右侧的灰色区域绘制多个椭圆叠加，形成“云彩”效果，可参考图 5-7 效果。

二维码 5-2 “任意变形工具”和“渐变变形工具”的应用

图 5-7 利用椭圆工具绘制云彩

（5）选择“选择工具”，选中绘制的“云彩”，执行“修改”→“转换为元件”命令，在弹出的对话框中选择默认参数，单击“确定”按钮后将其转换为图形“元件 1”。选中并移动“云彩”到舞台的合适位置，在“属性”面板中修改其大小。使用同样的方法绘制其他云彩，效果如图 5-8 所示。

（6）选择“线条工具”，在“属性”面板中设置“笔触”颜色为“黑色”，在舞台左侧偏下到舞台右下角绘制一条直线，选择“选择工具”，在直线中间位置拖曳并改变直线的弧度，效果如图 5-9 所示。用同样的方法绘制多条曲线，可参考图 5-10 效果。

（7）单击“选择工具”，选中曲线之间的区域，在“属性”面板中设置颜色，如图 5-11 所示。

（8）将其他形状区域填充颜色，效果如图 5-12 所示。

（9）按住 Shift 键，逐一选择白云，执行“编辑”→“反转选区”命令，将“白云”之外的区域选中，在“属性”面板中设置“笔触”为“无”，效果如图 5-13 所示。

图 5-8　利用椭圆工具绘制多朵云彩

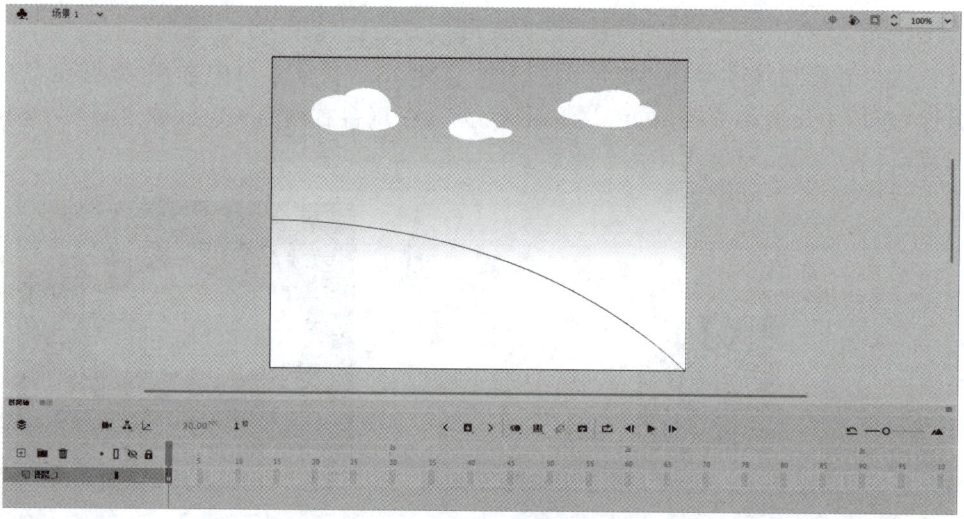

图 5-9　绘制直线并更改弧度

图片："绘制多条曲线"效果

图 5-10　"绘制多条曲线"效果

图 5-11　选中形状区域并设置颜色

图 5-12　填充颜色后的画面效果

图 5-13　去掉笔触线条后的画面效果

(10) 选择“流畅画笔工具”，在“属性”面板中设置填充为“#00CCFF”，绘制弯曲波浪线，参数设置如图 5-14 所示。绘制完成后，选择“选择工具”，单击曲线形状区域，在“属性”面板中设置填充为“#00CCFF”，效果如图 5-15 所示。“远山湖泊”的绘制如二维码 5-3 所示。

(11) 继续利用“流畅画笔工具”绘制曲线，并设置填充为“#0099FF”，效果如图 5-16 所示。

(12) 选择“流畅画笔工具”，在“属性”面板中设置大小为“20”，在舞台左侧灰色区域内绘制小树的轮廓，效果如图 5-17 所示，选择“选择工具”，选中小树轮廓，打开“属性”面板，设置填充为“#006600”。

(13) 选择“流畅画笔工具”，在“属性”面板中设置填充为“#663300”，大小为“8”，并绘制树干和树枝。绘制完成后，选择“选择工具”，按住 Shift 键，选中整个小树，执行“修改”→“转换为元件”命令，在弹出的对话框中选择默认参数，单击“确定”按钮，移动小树到舞台上，完成后效果如图 5-18 所示。

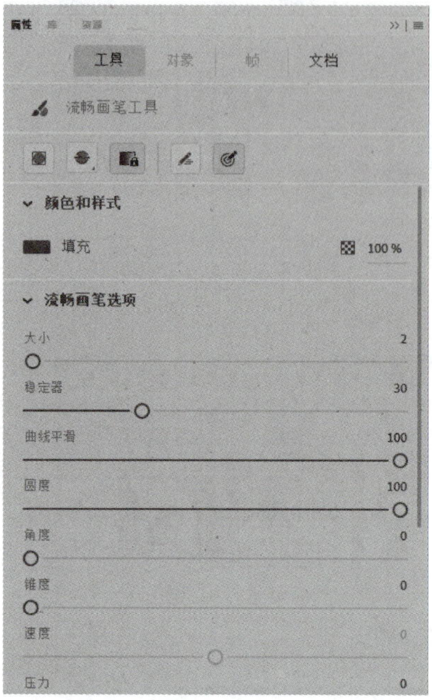

图 5-14 “属性”面板参数设置

图 5-15 绘制曲线填充后的效果

二维码 5-3 远山湖泊的绘制

图 5-16 再次绘制曲线并填充后的效果

图 5-17 利用“流畅画笔工具”绘制小树

图 5-18 小树绘制完成后的效果

(14) 选择"选择工具",选中小树,在"属性"面板中设置宽为"50 像素",高为"260 像素",设置完成后,移动小树到合适的位置。按住 Alt 键拖曳复制小树,调整大小和位置,效果如图 5-19 所示。小树的绘制如二维码 5-4 所示。

图 5-19 复制多棵小树并调整大小和位置

二维码 5-4 小树的绘制

(15) 执行"文件"→"另存为"命令,将文件保存为"春光. fla"。执行"文件"→"导出"→"导出图像"命令,设置如图 5-20 所示的参数,单击"保存"按钮。在弹出的对话框中修改文件名为"春光",选择存储的位置,单击"保存"按钮,将动画场景保存为"春光. jpg"。

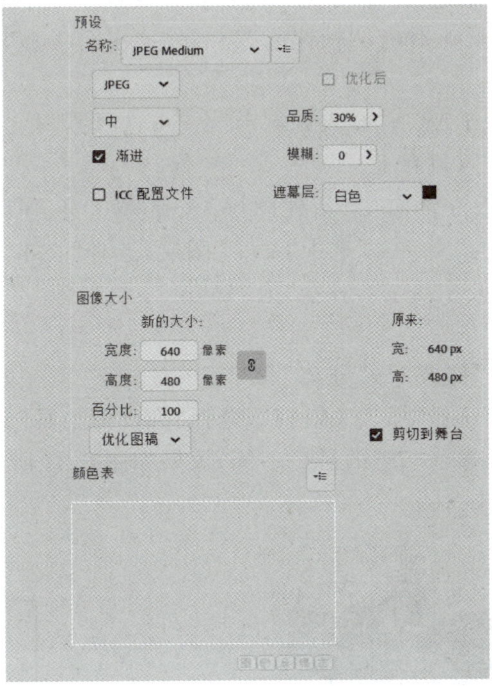

图 5-20 导出图像参数设置

5.2.2 案例二 文字逐笔显示

通过图层、帧和关键帧的使用,创建如图 5-21 所示的文字逐帧动画,并在逐帧动画的制作中，掌握橡皮擦工具和翻转帧的使用。动画效果样张如二维码 5-5 所示。

二维码 5-5
文字逐笔显示
动画样张视频

图 5-21　文字和海鸥飞翔逐帧动画

(1) 执行“文件”→“新建”命令，在弹出的“新建文档”对话框中设置参数，选择“角色动画”，“预设”为“标准 640×480”，“帧速率”为“30”，“平台类型”为“ActionScript3.0”，完成文件创建。

(2) 执行“文件”→“导入”→“导入到舞台”命令，选择素材文件夹“背景.jpg”图片，单击打开，将“背景”图片导入舞台上。

(3) 在“时间轴”面板左侧右击“新建图层”按钮 。在弹出的快捷菜单中选择“属性”命令，修改图层名称为“文字”。选中“文字”图层，选择“文本工具” T ，在舞台上输入文字“春”。在“属性”面板中设置“字号”为“150pt”，填充为“#990000”，效果如图 5-22 所示。

(4) 选中文字，执行“修改”→“分离”命令，分离文字。在“时间轴”面板第 5 帧处右击，在弹出的快捷菜单中选择“插入关键帧”，选择“橡皮擦工具” ，在“属性”面板中设置橡皮擦的大小为 4 像素，擦除“春”的最后一笔，效果如图 5-23 所示。

图 5-22　添加文字后的效果

图 5-23　“春”擦除最后一笔的效果

(5) 同理，在“时间轴”面板 10 秒处插入关键帧，利用“橡皮擦工具”擦除“春”字的倒数第二笔，持续每 5 帧插入一个关键帧，每插入一个关键帧，就倒数着擦除“春”字的一笔。擦除过程中可根据需要适当修改橡皮擦大小，直到完全擦除，关键帧设置如图 5-24 所示。

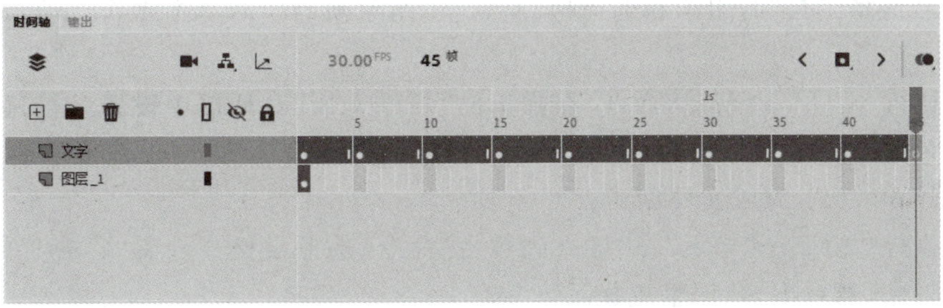

图 5-24　“文字”关键帧的设置

(6) 选中“文字”图层的第 1 帧关键帧，按住 Shift 键，选中最后一帧关键帧，在选中的帧区域内右击，在弹出的快捷菜单中选择“翻转帧”命令，完成文字的逐帧动画制作，帧的设置如图 5-25 所示。

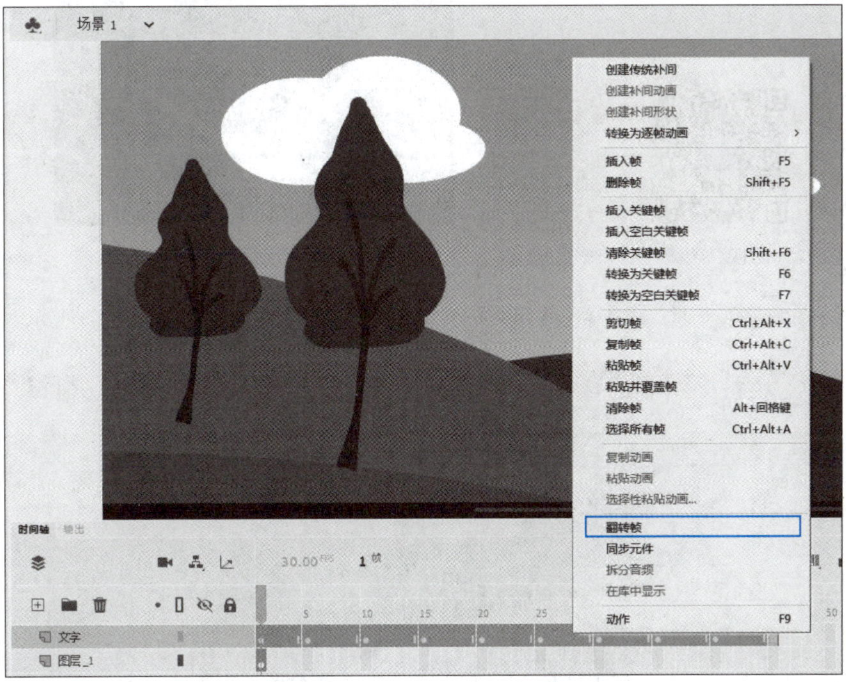

图 5-25　“翻转帧”的设置

(7) 在“图层_1”第 45 帧处右击，在弹出的快捷菜单中选择“插入帧”命令。单击“时间轴”面板中的“播放”按钮查看动画效果。“春”字动画的制作如二维码 5-6 所示。

二维码 5-6
“春”字动画的制作

(8) 执行“文件”→“导出”→“导出影片”命令，选择文件存储位置，将完成后的动画存储为“文字逐笔显示动画.swf”。

5.2.3 案例三 海鸥飞翔

通过图层、帧和关键帧的使用，创建如图 5-21 所示的“海鸥飞翔”逐帧动画，在动画设置中，掌握“线条工具”的用法和选择帧、复制帧、删除帧等帧的基本操作。动画效果样张如二维码 5-7 所示。

(1) 执行“文件”→“新建”命令，在弹出的“新建文档”对话框中设置参数，创建文件。选择“角色动画”，“预设”为“标准 640 × 480”，“帧速率”为“30”，“平台类型”为“ActionScript 3.0”，完成文件创建。

(2) 执行“文件”→“导入”→“导入到舞台”命令，选择素材文件夹“1.swf”文件，单击打开，将其导入舞台上，并调整位置。

(3) 在“时间轴”面板左侧单击“新建图层”按钮完成新建“图层_2”，并将图层名称修改为“海鸥”。选中“海鸥”图层，选择“线条工具”，在“属性”面板中设置“笔触”为白色，“大小”为“5”，在舞台左侧灰色区域内绘制海鸥形状的 3 条直线。按 Shift 键依次选择 3 条直线，执行“修改”→“合并对象”→“联合”命令，完成后效果如图 5-26 所示。

二维码 5-7 海鸥飞翔动画样张视频

图 5-26 利用“直线工具”绘制海鸥

(4) 选择“选择工具”选中海鸥，将海鸥移动到舞台上，效果如图 5-27 所示。

图 5-27 移动海鸥到舞台上的效果及帧设置

(5) 选择“海鸥”图层，将“播放指针”移动到第 1 帧的位置，单击“选择工具”，在不选中海鸥的情况下，将海鸥翅膀的两条斜线更改为弯曲的弧线。效果如图 5-28 所示。

图 5-28　海鸥翅膀弯曲后的效果

(6) 继续在 5 秒、10 秒、15 秒、20 秒的位置插入关键帧，在每个关键帧处，修改海鸥翅膀曲线的弯曲度，如图 5-29 所示。

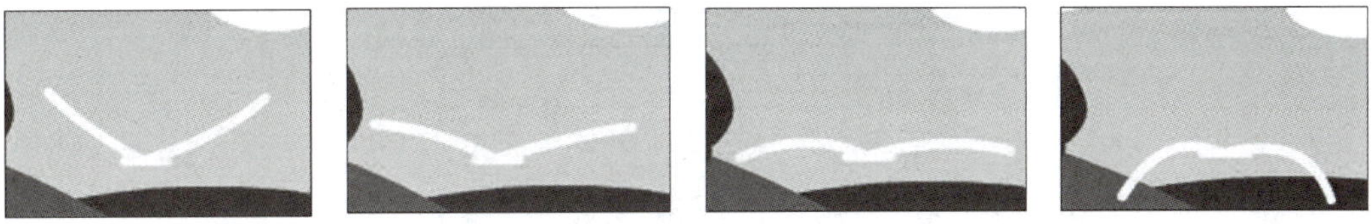

图 5-29　每个关键帧处翅膀弯曲效果

(7) 选中“海鸥”图层第 21～45 帧，右击，在弹出的快捷菜单中选择“删除帧”。选中第 1～20 帧，右击，在弹出的快捷菜单中选择“复制帧”；在第 21 帧的位置右击，在弹出的快捷菜单中选择“粘贴帧”，帧设置如图 5-30 所示。

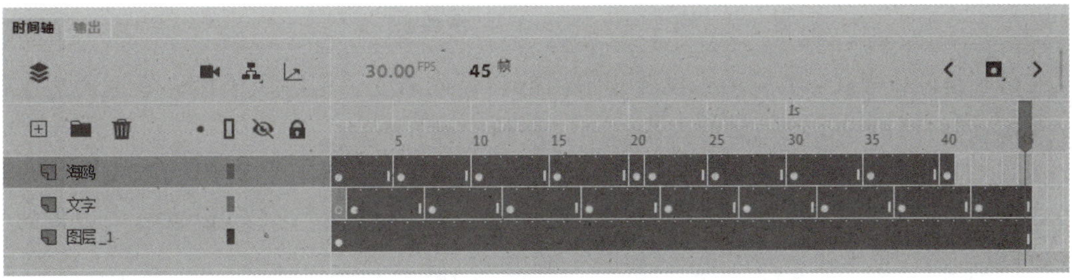

图 5-30　“海鸥飞翔”关键帧的复制

(8) 选中第 21～40 帧，右击，在弹出的快捷菜单中选择“翻转帧”，“海鸥飞翔”动画制作完成。“海鸥飞翔”动画制作如二维码 5-8 所示。

(9) 执行“文件”→“导出”→“导出影片”命令，选择文件存储位置，将完成后的动画存储为“海鸥飞翔动画. swf”。

二维码 5-8
“海鸥飞翔”动画制作

5.2.4 知识拓展

1. 常用工具的使用

1）矩形工具

选择“工具”面板中的“矩形工具”，在舞台上按住鼠标左键拖曳，绘制一个矩形。按住 Shift 键同时拖曳，可得到正方形，在“属性”面板中可以设置对应的参数，如图 5-31 所示。

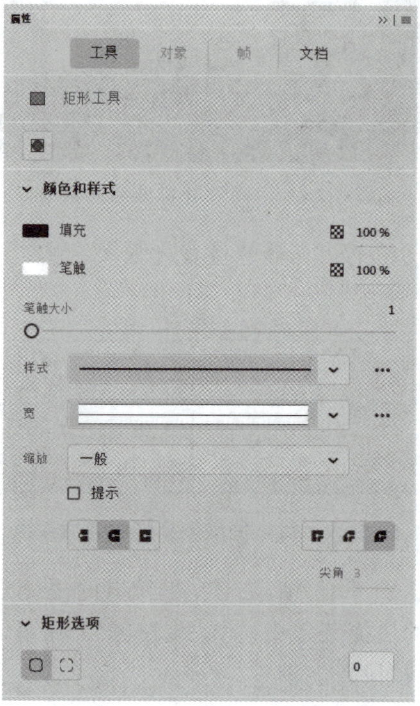

图 5-31 “矩形工具”属性设置

（1）颜色和样式：填充用于设置矩形内部纯色或渐变。笔触用于填充矩形的边缘线条颜色，同时还可以设置笔触的大小、样式、宽和缩放等内容。

（2）矩形选项：选择前面的“矩形边角半径”按钮，设置半径参数，可绘制带边角半径的矩形，如图 5-32 所示。选择后面的“单个矩形边角半径”按钮，设置每个边角的半径，可以绘制边角半径不同的矩形，如图 5-33 所示。

图 5-32 矩形边角半径

图 5-33 单个矩形边角半径

2）椭圆工具

选择“工具”面板中的“椭圆工具”，在舞台上按住鼠标左键拖曳，绘制椭圆形。按住 Shift 键同时拖曳，可得到圆形。在“属性”面板中可以设置对应的参数，如图 5-34 所示。

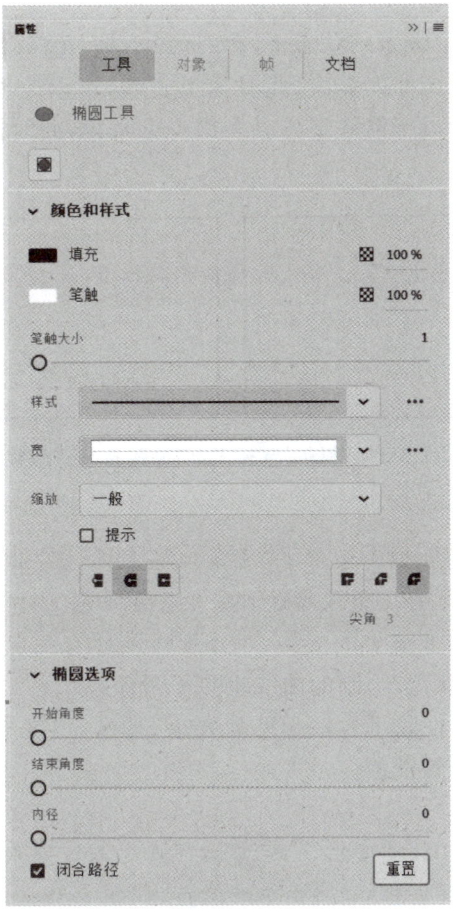

图 5-34 “椭圆工具”属性设置

椭圆选项通过设置开始角度、结束角度和内径，可以绘制不完整的椭圆，例如：绘制“开始角度”为“100”，“结束角度”为“40”，“内径”为“50”的椭圆环，如图 5-35 所示，不勾选闭合路径选项，可得到不闭合的不完整椭圆环，如图 5-36 所示。

图 5-35 闭合的不完整椭圆

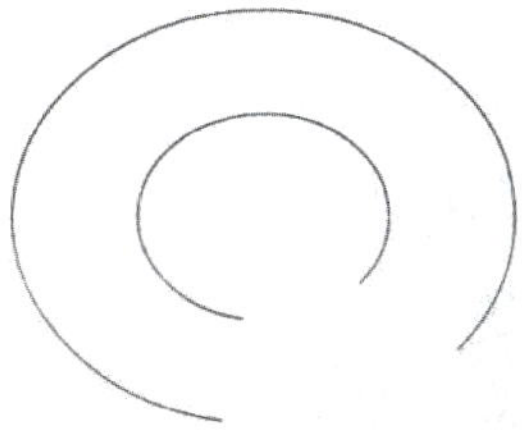

图 5-36 不闭合的不完整椭圆

3）线条工具

选择“工具”面板中的“线条工具”，在舞台上按住鼠标左键拖曳，可以绘制一条直线。按住 Shift 键上下拖曳，可得到垂直的直线，按住 Shift 键左右拖曳，可得到水平的直线，按住 Shift 键斜向拖曳，可得到斜 45 度角的直线。在“属性”面板中可以设置直线的颜色、大小、样式、宽、缩放等参数。

绘制线条后，在不选中线条的状态下，将“选择工具” 放到线条中间位置附近时，鼠标箭头下方会多出一小段弯曲的弧线，此时拖曳直线，可以改变直线的弧度。将“选择工具”放到线条两端附近时，鼠标箭头下方会多出一个直角，此时拖曳直线，可以改变线条端点的位置，如图 5-37 所示。

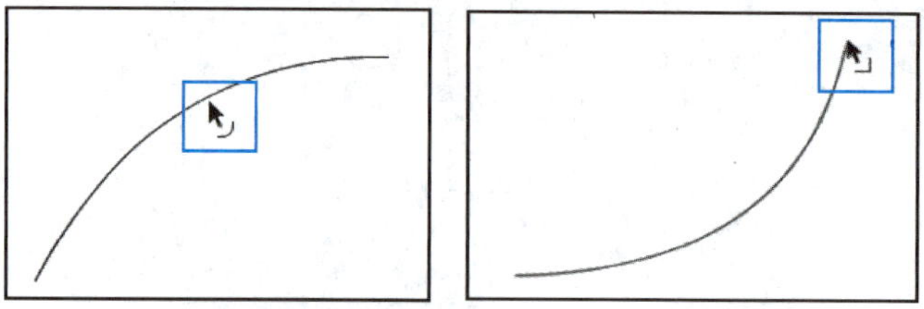

图 5-37 利用“选择工具”调整直线变弧线

4）流畅画笔工具

在 Animate 的“工具”面板中包含了“流畅画笔工具” 和“传统画笔工具” 2 种画笔工具，用来绘制形状各异的线条或者色块。“流畅画笔工具” 又称为“矢量画笔”，它是硬件 GPU 加速画笔，需要显卡的支持，对计算机硬件有一定的要求。“流畅画笔工具”具有更高的性能、更多的参数，绘制的曲线也更平滑流畅。

“流畅画笔工具”的属性除了包括常见的大小、锥度、角度和圆度的设置，还包括稳定器、曲线平滑、速度和压力的设置。

5）渐变变形工具

在“工具”面板中长按“任意变形工具” ，在弹出的快捷菜单中选择“渐变变形工具” 。可用它来改变渐变填充的角度、大小或位置，如图 5-38 所示。

图片：“渐变变形工具”的功能

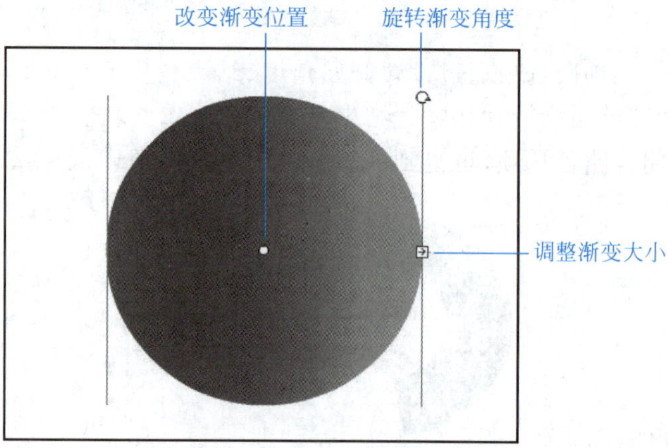

图 5-38 “渐变变形工具”的功能

2. “颜色”面板的使用

选择菜单栏中的“窗口”→“颜色”，打开“颜色”面板，利用“颜色”面板可以自定义颜色，也可以对填充的颜色或位图进行修改。“颜色”面板提供了“无”“纯色”“线性渐变”“径向渐变”和“位图填充”5 种填充方式，如图 5-39 所示。

“线性渐变”和“径向渐变”填充方式的“颜色”面板下方有颜色条，通过设置颜色条上的色标来设置渐变的颜色，如图 5-40 所示。在颜色条上双击色标可打开色板设置颜色。在颜色条上单击可添加色标，将色标拖离颜色条可删除色标。紫色到蓝色的“线性渐变”填充效果如图 5-41 所示，紫色到蓝色的“径向渐变”填充效果如图 5-42 所示。

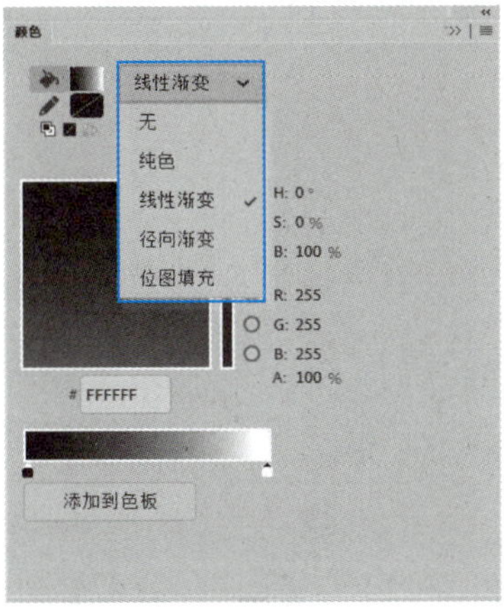

图 5-39　“颜色”面板(1)

图 5-40　“颜色”面板(2)

图片：“颜色”面板(2)

图 5-41　“线性渐变”效果

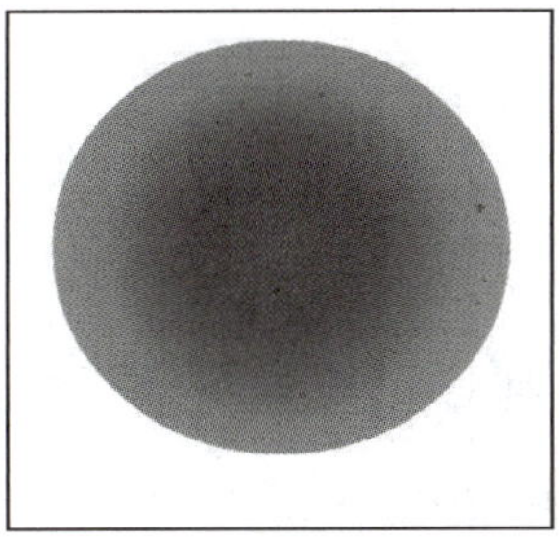

图 5-42　“径向渐变”效果

图片：不同的渐变效果

“位图填充”即利用位图图片对闭合的形状区域进行填充，填充效果如图 5-43 所示。

图 5-43　“位图填充”效果

3. 插入帧、插入关键帧和自动关键帧

插入帧：即插入普通帧，普通帧是指内容没有变化的帧。因此，插入普通帧的目的是维持当前画面的内容。

插入关键帧：当发生运动变化或者状态改变时，可以通过插入关键帧来进行编辑。插入关键帧的目的就是改变当前画面的内容。

自动关键帧：在“时间轴”面板中设置自动关键帧，当发生运动变化或者状态改变时会自动添加关键帧，“自动关键帧”设置如图 5-44 所示。

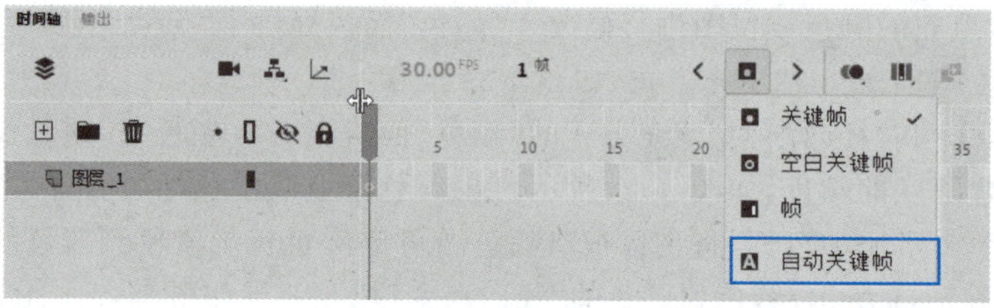

图 5-44 “自动关键帧”设置

5.3 补间动画

学习目标及要求

（1）掌握帧的基本操作和关键帧的设置。
（2）掌握钢笔工具的用法。
（3）掌握元件的概念和应用。
（4）掌握“变形”面板的使用。
（5）掌握传统补间动画和补间形状动画的创建。

育人目标

（1）“一滴清水，一片绿地，一个地球”，引导学生关爱地球，珍惜水资源。
（2）引导学生践行专注、精益求精的工匠精神。

5.3.1 案例一 制作“水滴滴落”动画

通过使用“补间动画”和“传统补间动画”创建如图 5-45 所示的“水滴滴落”动画，同时掌握关键帧的设置与使用，掌握“钢笔工具”的用法和“变形”面板的使用。动画效果样张如二维码 5-9 所示。

二维码 5-9 “水滴滴落”动画样张视频

（1）执行“文件”→“新建”命令，弹出“新建文档”对话框，选择“角色动画”，“预设”为“标准 640×480”，“帧速率”为“30”，“平台类型”为“ActionScript 3.0”。

（2）在“时间轴”面板中双击“图层_1”，修改图层名称为“背景”。选择“矩形工具”，在“属性”面板中设置“填充”为黑白渐变，“笔触”为无在舞台上绘制矩形。使用“选择工具”选中矩形，在“属性”面板中设置“宽”为“640”，“高”为“480”，调整矩形的位置，使其与舞台重合。

（3）打开“颜色”面板，在下方的颜色条处单击选中左侧“色标”，设置颜色为

(R：150,G：240,B：200),选中右侧"色标"，设置颜色为(R：0,G：100,B：255)。

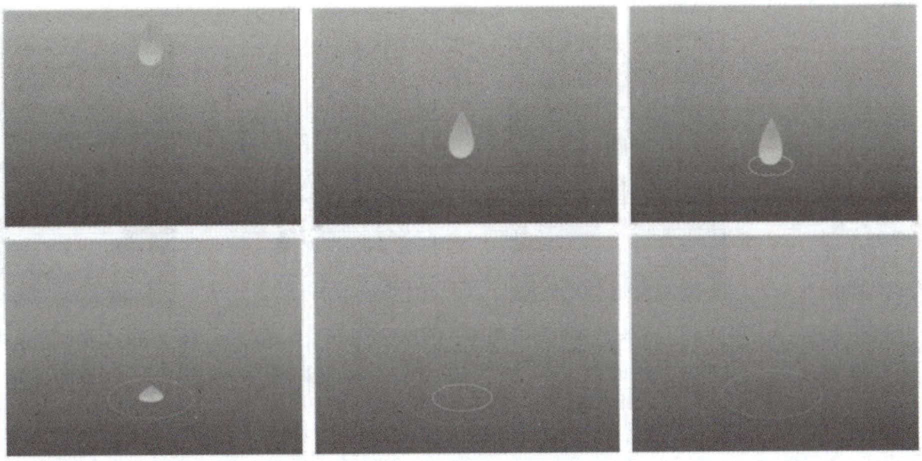

图 5-45　"水滴滴落"动画效果

(4) 选择"渐变变形工具"，在舞台上单击选中矩形,顺时针旋转渐变方向,拖曳画面中心的圆圈,向下移动渐变的位置,设置完成后效果如图 5-46 所示。

(5) 单击"时间轴"面板图层上方的"锁定或解除锁定所有图层"按钮，锁定"背景"图层。

(6) 新建"图层_2",修改其名称为"水滴"。在"工具"面板中选择"钢笔工具"，在舞台左侧的灰色区域依次单击 4 个点,第 1 个点与最后 1 个点重合组成三角形,效果如图 5-47 所示。单击"钢笔工具"选择"转换锚点工具"，拖曳三角形左下角的点形成弧线;使用同样的方法,拖曳右下角的点形成弧线,得到水滴形状,效果如图 5-48 所示。

图 5-46　渐变颜色设置完成后的效果

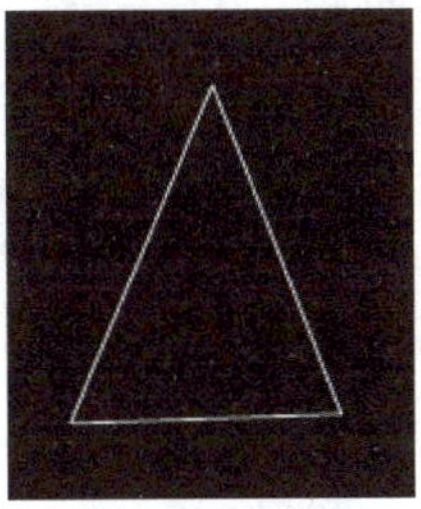

图 5-47　使用"钢笔工具"绘制三角形

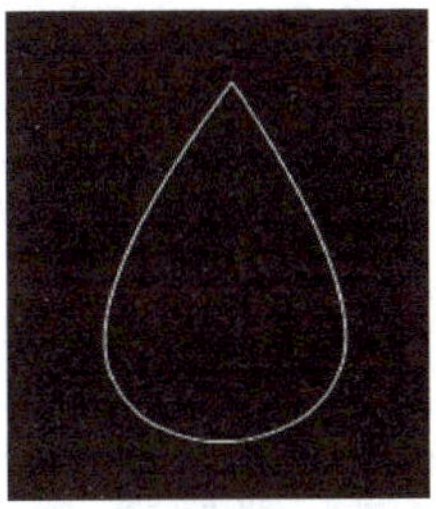

图 5-48　利用"转换描点工具"制作水滴

(7) 使用"选择工具",单击水滴外侧某一点,拖曳出一个方框,将水滴选中,执行"修改"→"形状"→"将线条转换为填充"命令,在"工具"面板中选择"颜料桶工具"，在水滴区域内填充。使用"选择工具"选中水滴的边缘线条,按 Delete 键删除,完成后效果如图 5-49 所示。

(8) 选中"水滴",打开"颜色"面板,设置"水滴"颜色。单击选中左侧"色标"，设置颜色为(R：255,G：255,B：255),选中右侧"色标"，设置颜色为(R：0,G：255,B：255),

选择“渐变变形工具”，逆时针旋转“渐变”的方向，加大“渐变”的大小，将中心点适当下移，效果如图 5-50 所示。

图片：“水滴”颜色填充后的效果

图 5-49 “水滴”颜色填充后的效果

图片：修改“水滴”颜色后的效果

图 5-50 修改“水滴”颜色后的效果

(9) 在“水滴”上右击，在弹出的快捷菜单中选择“转换为元件”，参数设置为默认，单击“确定”按钮，将水滴转换为图形元件。移动“水滴”到舞台上，在“属性”面板中适当调整水滴的大小。

(10) 选择“背景”图层，在第 60 帧的位置右击，在弹出的快捷菜单中选择“插入帧”。选择“水滴”图层，将“播放指针”移动到起始位置，移动“水滴”至舞台外正上方，在第 20 帧的位置右击，在弹出的快捷菜单中选择“插入关键帧”，移动“水滴”至舞台中央偏下的位置。在“水滴”图层第 1～20 帧任意选择一帧，执行“插入”→“创建传统补间”命令，完成效果及帧设置如图 5-51 所示。

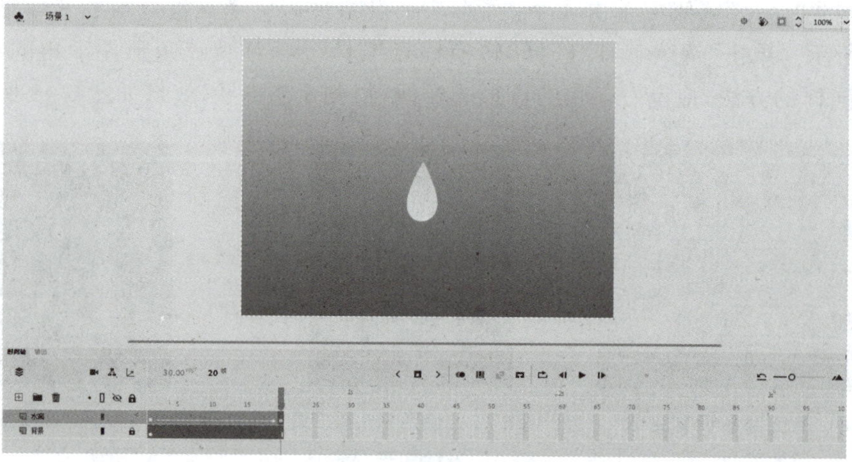

图 5-51 位移动画关键帧设置及“水滴”效果

(11) 选择“水滴”图层第 20 帧并右击，在弹出的快捷菜单中选择“复制帧”，在第 21 帧的位置右击，选择“粘贴帧”。

(12) 执行“修改”→“分离”命令，将水滴元件分离，在第 30 帧的位置右击，插入关键帧。打开屏幕右侧的“变形”面板，设置“缩放高度”为 0，在舞台上选中缩放后的水滴，适当向正下方移动约半个水滴高度的距离，水滴变形及位置移动如图 5-52 所示。在第 1～30 帧的任意一帧上右击，在弹出的快捷菜单中设置“创建补间形状”。

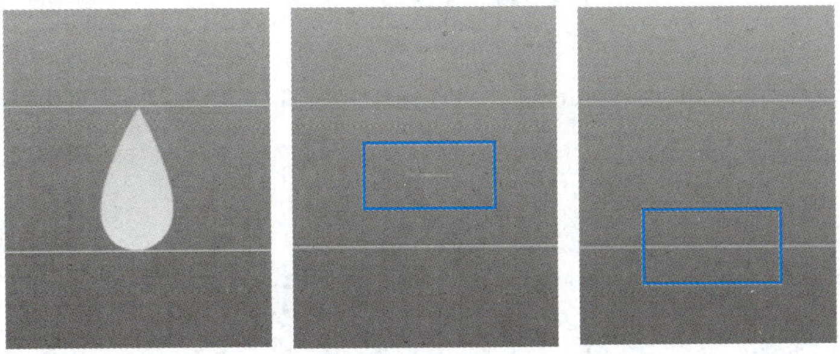

图 5-52　“水滴”变形及位置移动

(13) 新建图层，重命名为“水波”。在第 20 帧的位置右击，选择“插入关键帧”。选择“椭圆工具”，在“属性”面板中设置“填充”为无，“笔触”颜色为白色，大小为 1 像素，在屏幕左侧灰色区域绘制一个椭圆圆环。选中“圆环”，执行“修改”→“转换为元件”命令，在打开的对话框中选择默认设置，单击“确定”按钮，将圆环转换为图形元件。

(14) 将圆环移动到舞台上，放置于水滴下方。打开“变形”面板，适当设置缩放宽度和缩放高度，完成后圆环的位置和大小如图 5-53 所示。“水滴”动画制作如二维码 5-10 所示。

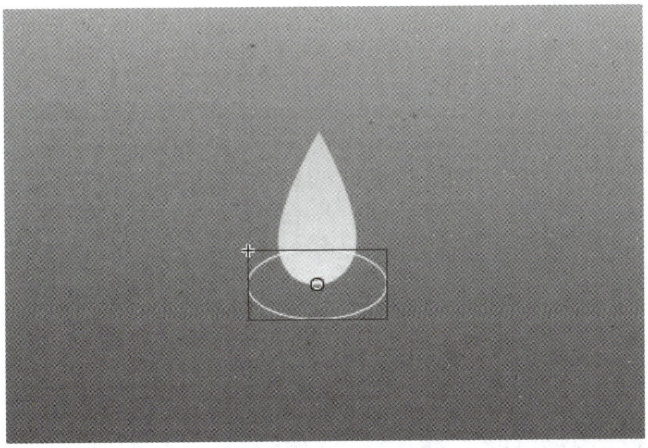

图 5-53　圆环放入舞台的位置及大小

二维码 5-10　“水滴”动画制作

(15) 在“水波”图层第 40 帧的位置右击，在弹出的快捷菜单中选择“插入关键帧”。打开“变形”面板，设置缩放宽度和缩放高度，完成后圆环的位置和大小如图 5-54 所示。

(16) 选中第 40 帧，在“属性”面板中设置“彩色效果”为“Alpha”，参数值为“0%”。参数设置如图 5-55 所示。选择第 20～40 帧的任意一帧，右击，选择“创建传统补间”动画。

(17) 选中“水波”图层第 20～40 帧，右击，在弹出的快捷菜单中选择“复制帧”。新建图层，重命名为“水波 2”。在“水波 2”第 30 帧的位置右击，在快捷菜单中选择“粘贴并覆盖帧”。继续新建图层，重命名为“水波 3”，选择第 30～50 帧创建传统补间动画。在第 40 帧的位置右击，在快捷菜单中选择“粘贴并覆盖帧”，在第 40～60 帧创建传统补间动画，帧设置如图 5-56 所示。“水波”动画制作如二维码 5-11 所示。

二维码 5-11　“水波”动画制作

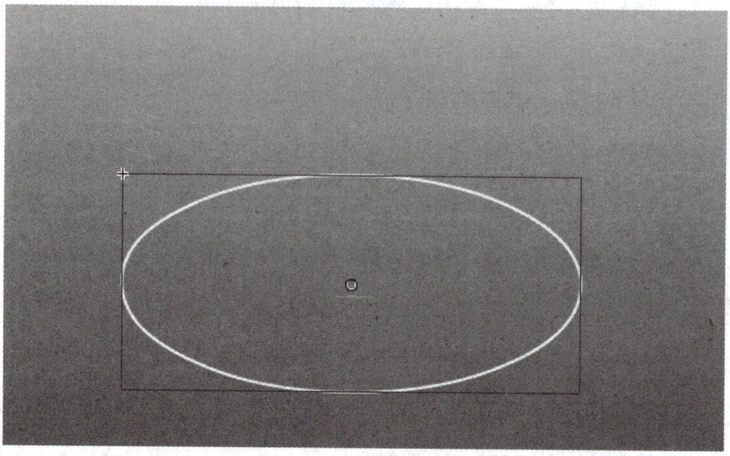

图 5-54 圆环“变形”后的大小和位置

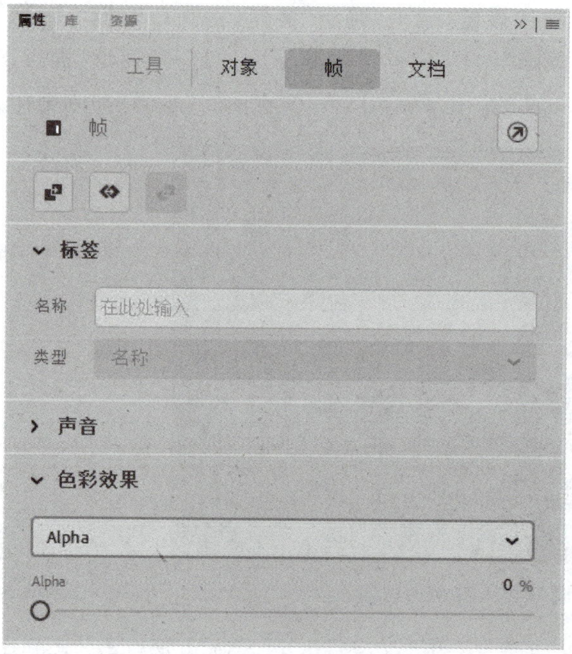

图 5-55 “属性”面板参数设置

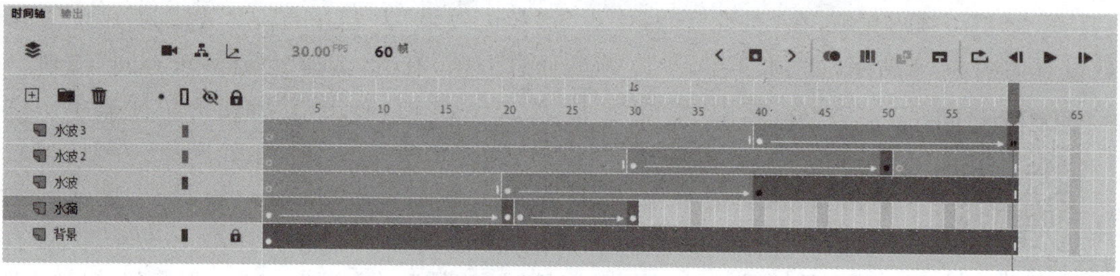

图 5-56 帧设置

(18) 执行"文件"→"导出"→"导出影片"命令，选择文件存储位置，将完成后的动画存储为"水滴滴落动画.swf"。

5.3.2 案例二 制作"海纳百川"变形文字动画

通过"补间动画"和"传统补间动画"的使用，创建如图 5-57 所示的"海纳百川"变形文字动画，掌握"文本工具"的用法和"分离"命令的使用，掌握旋转和色彩效果的设置。动画效果样张如二维码 5-12 所示。

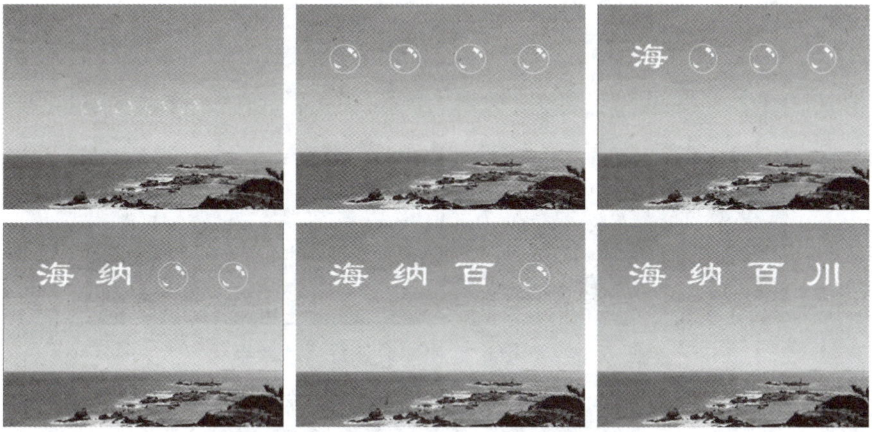

图 5-57 "海纳百川"变形文字动画

(1) 执行"文件"→"新建"命令，弹出"新建文档"对话框，选择"角色动画"，"预设"为"标准 640×480"，"帧速率"为"30fps"，"平台类型"为"ActionScript 3.0"。

二维码 5-12 变形文字动画样张视频

(2) 将"图层_1"重命名为"背景"。执行"文件"→"导入"→"导入到舞台"命令，将素材文件夹中的"1.jpg"导入舞台，移动"1.jpg"使之与舞台重合，锁定"背景"图层。在"背景"图层第 90 帧的位置插入帧。

(3) 新建图层，重命名为"气泡 1"，将素材文件夹中的"气泡.png"导入库。打开"库"面板，将"气泡.png"拖曳到舞台上，将"气泡.png"转换为图形元件，在"属性"面板中设置"X"值为"312"，"Y"值为"345"，完成后效果如图 5-58 所示。

(4) 在第 20 帧的位置右击，在弹出的快捷菜单中选择"插入关键帧"，打开"变形"面板，调整气泡的缩放宽度和高度均为"200%"，在"属性"面板中设置气泡的位置值为(X：78，Y：94)。在"气泡 1"图层第 1～20 帧的任意一帧上右击，在弹出的快捷菜单中设置"创建传统补间"，帧设置和效果如图 5-59 所示。

(5) 在"气泡 1"图层第 1 帧，在"属性"面板中设置"旋转"为"顺时针"，参数为"2"，设置"色彩效果"为"Alpha"，参数为"0%"，将第 1 帧的"不透明度"调整为"0"，参数设置如图 5-60 所示。

(6) 复制"气泡 1"图层第 1～20 帧。新建图层，重命名为"气泡 2"，在第 1 帧的位置右击，选择"粘贴并覆盖帧"，在第 20 帧处调整"气泡"的位置值为(X：211，Y：94)。

(7) 使用同样的方法新建图层"气泡 3"和"气泡 4"，在第 1 帧的位置"粘贴并覆盖帧”，在第 20 帧处调整气泡位置分别为(X：345，Y：94)和(X：492，Y：94)，完成后帧设置与效果如图 5-61 所示。

图 5-58　气泡位置和缩放设置后的效果

图 5-59　气泡缩放和移动帧设置及效果

(8) 选择“气泡 1”图层，复制第 20 帧，在第 21 帧的位置选择“粘贴帧”。执行“修改”→“分离”命令 2 次，将气泡完全分离。在第 35 帧的位置插入关键帧，删除气泡。“气泡”动画制作如二维码 5-13 所示。

二维码 5-13
“气泡”动画制作

(9) 选择“文本工具”，在舞台上输入文字“海”。在“属性”面板中设置“位置”“X”值为“78”，“Y”值为“94”，“字体”为“隶书”，“大小”为“90”，颜色为“白色”。利用“选择工具”选中文字，执行“修改”→“分离”命令，分离文字。

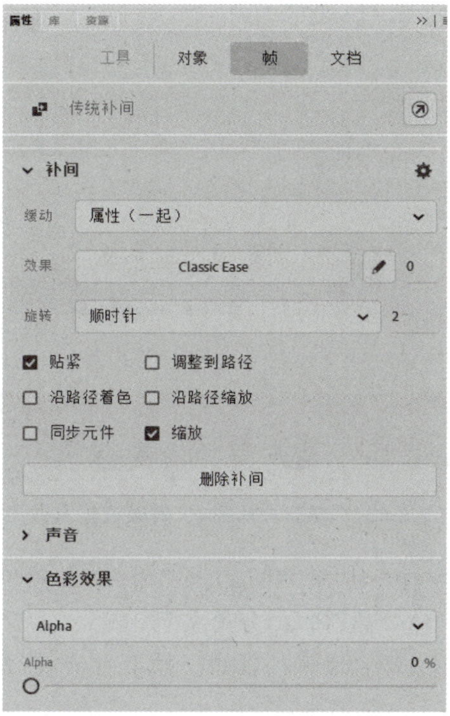

图 5-60　旋转和不透明度参数设置

图 5-61　复制帧及移动气泡位置的最终效果

(10) 在“气泡 1”图层第 21 帧处右击，在弹出的快捷菜单中选择“创建补间形状”，帧设置及效果如图 5-62 所示。

(11) 选择“气泡 2”图层，复制第 20 帧，在第 35 帧的位置粘贴并覆盖帧。执行“修改”→“分离”命令 2 次，将气泡完全分离，在第 50 帧的位置插入关键帧，删除气泡。

(12) 选择“文本工具”，在舞台上输入文字“纳”。在“属性”面板中设置“位置”“X”值

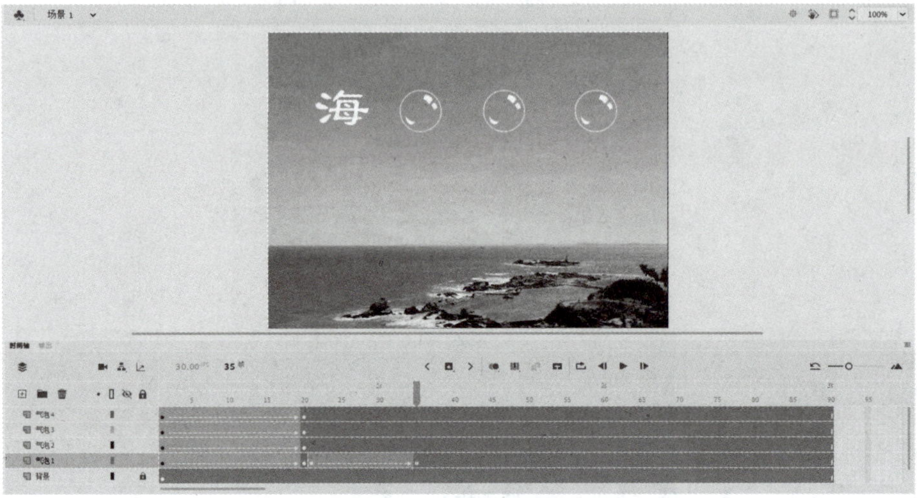

图 5-62 “创建补间形状”的帧设置及效果

为“211”,“Y”值为“94”,“字体”为“隶书”,“大小”为“90”,颜色为“白色”。利用“选择工具”选中文字,执行“修改”→“分离”命令,分离文字。

(13) 在“气泡 2”图层第 35～50 帧的任意一帧上右击,在弹出的快捷菜单中选择“创建补间形状”。

(14) 选择“气泡 3”图层,复制第 20 帧,在第 50 帧的位置粘贴并覆盖帧,分离 2 次气泡,在第 65 帧的位置插入关键帧,删除气泡。添加文本“百”,设置文字的“位置”“X”值为“345”,“Y”值为“94”,分离文字并在第 50 帧和第 65 帧之间位置创建形状补间动画。选择“气泡 4”图层,复制第 20 帧,在第 65 帧的位置粘贴并覆盖帧,分离气泡;在第 80 帧的位置插入关键帧,删除气泡。添加文本“川”,设置文字的“位置”“X”值为“492”,“Y”值为“94”,分离文字并在第 65 帧和第 80 帧之间位置创建形状补间动画,完成后帧设置与效果如图 5-63 所示。文字动画制作如二维码 5-14 所示。

图 5-63 文字变形动画的帧设置及效果

二维码 5-14　“文字变形”动画制作

(15) 执行“文件”→“导出”→“导出影片”命令，选择文件存储位置，将完成后的效果存储为“文字动画.swf”。

5.3.3　知识拓展

1. 钢笔工具

“工具”面板中的“钢笔工具”主要用于绘制曲线和各种复杂的路径。选择“钢笔工具”，可以在舞台上连续单击添加多个锚点，锚点和锚点之间自动连接一条直线，如图 5-64 所示。

在“工具”面板中右击“钢笔工具”，弹出的快捷菜单包括四个选项，分别是“钢笔工具”、“添加锚点工具”、“删除锚点工具”、“转换锚点工具”，如图 5-65 所示。利用“添加锚点工具”单击路径添加锚点，利用“删除锚点工具”单击路径上的已有锚点并删除，利用“转换锚点工具”调整锚点之间连线的弧度。

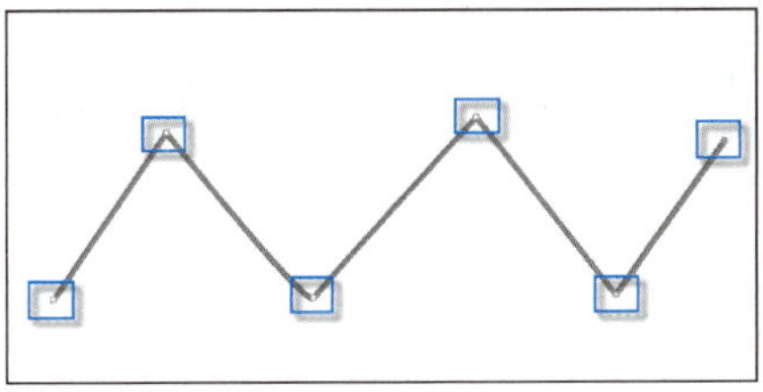

图 5-64　“钢笔工具”单击添加多个锚点

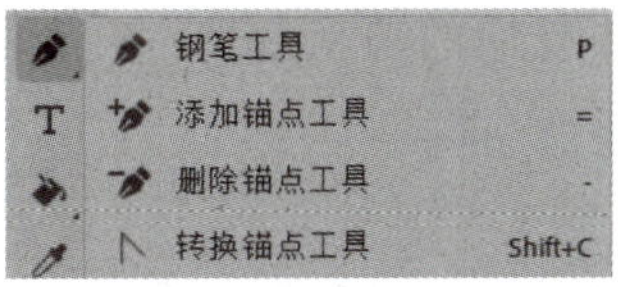

图 5-65　右击“钢笔工具”弹出的快捷菜单项

选择“转换锚点工具”在锚点上拖曳，可以得到两条摇臂，松开鼠标，可以单独拖曳左右摇臂的小圆点，更改曲线的弧度，如图 5-66 所示。

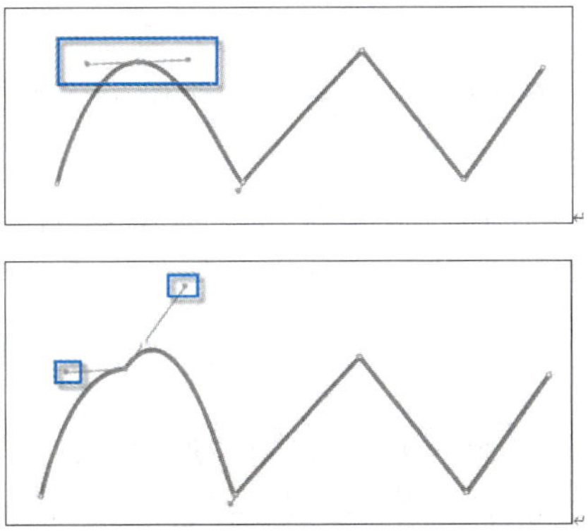

图 5-66　“转换锚点工具”更改曲线弧度

在“工具”面板中右击“选择工具”，在弹出的快捷菜单中选择“部分选择工具”，利用“部分选择工具”可以移动单个锚点的位置，如图 5-67 所示。

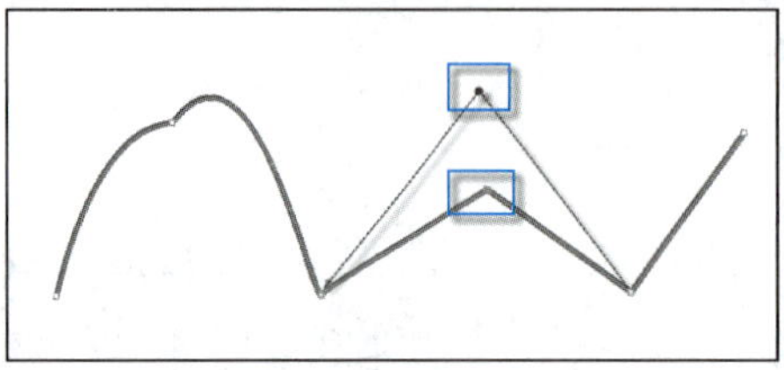

图 5-67　锚点的位置下移

2. 元件的概念和应用

元件是指在 Animate 创作环境中创建的图形、影片剪辑或者按钮，可以在整个文档或其他文档中重复使用。

1）元件的特性

（1）元件可以重复多次使用。

（2）双击元件进入编辑，可以重新编辑修改。元件具有独立的时间轴和工作区，其创作环境和主场景中的创作环境基本一致。

（3）元件中可以继续嵌套其他元件。

2）元件的分类

元件主要可以分为图形、影片剪辑和按钮。

（1）“图形”元件：图形元件主要用于静态图像，可用来创建连接到主时间轴的可重用动画片段。交互式控件和声音在图形元件的动画序列中不起作用。

（2）“影片剪辑”元件：影片剪辑元件指在 Animate 中创建的可重复使用的动画片段，它具有独立的时间轴，不受主场景和主时间轴的影响。

（3）“按钮”元件：按钮元件是一种特殊的四帧交互式影片剪辑，它只对鼠标动作做出反应，用于建立交互按钮。当鼠标做出单击、滑过及其他动作时，时间轴上的帧数将会自动转换为“弹起”“经过”“按下”和“点击”中的对应状态，从而达到鼠标对按钮有动作、按钮做出相应反应的动画效果。

3. “变形”面板

执行“窗口”→“变形”命令，打开“变形”面板，在“变形”面板中可以对所选对象的大小、旋转和倾斜方向进行设置，还可以设置 3D 旋转和 3D 中心点，“变形”面板如图 5-68 所示。

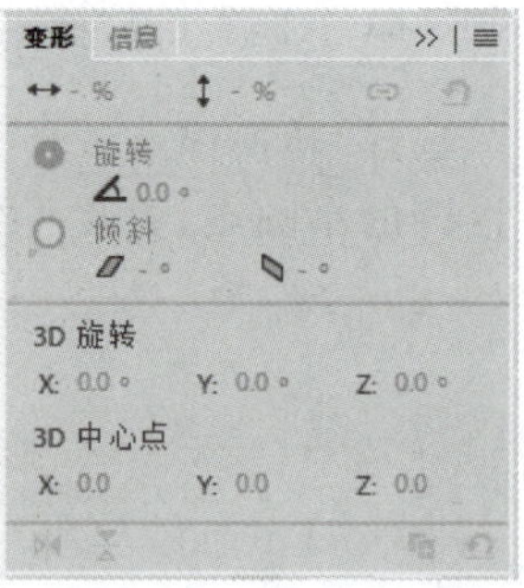

图 5-68　“变形”面板

4. 帧的基本操作

1）插入帧

（1）快捷键插入帧：在“时间轴”面板中选择要插入帧的位置，按 F5 键插入帧，按 F6 键插入关键帧，按 F7 键插入空白关键帧。

（2）右键插入帧：在“时间轴”面板中选择要插入帧的位置，右击，在弹出的快捷菜单中可以选择“插入帧”“插入关键帧”“插入空白关键帧”。

2）选择帧

（1）选择单帧：在某一帧上单击即可选中该帧。

（2）选择多个连续的帧：选择起始帧，按住 Shift 键，选择结束帧，即可将从起始到结束的所有帧选中。

(3) 选中多个不连续的帧：按住 Ctrl 键，单击选择需要的帧，即可选中多个不连续的帧。

3) 删除和清除帧

(1) 删除帧：将帧和帧内容同时删除。在“时间轴”面板中选择要删除的帧，右击，在弹出的快捷菜单中选择“删除帧”。

(2) 清除帧：删除帧内容，同时帧自动转换为空白关键帧。在“时间轴”面板中选择要删除的帧，右击，在弹出的快捷菜单中选择“删除帧”。

4) 复制帧

(1) 右键复制帧：选中所需要的帧，右击，在弹出的快捷菜单中选择“复制帧”。

(2) 拖曳复制帧：选中所需要的帧，按住 Alt 键，拖曳至指定帧位置，可以复制帧。

5) 翻转帧

翻转帧可以将一组帧按顺序从后到前翻转过来，即原来的第一帧为最后一帧，原来的最后一帧为第一帧。

5. 传统补间动画和补间形状动画

(1) 传统补间动画：主要用于实现同一个元件的大小、位置、颜色、透明度、旋转等属性的变化，所选对象必须是元件或者必须转换为元件，才能创建传统补间动画。

(2) 补间形状动画：主要用于实现对象形状的变化。在使用时，所选对象必须是矢量图形，如果不是矢量图形，则需要“分离”后再创建补间形状动画。

5.4　引导层动画

学习目标及要求

(1) 掌握“对齐”面板的使用。
(2) 掌握滤镜的添加和使用。
(3) 掌握引导线的绘制。
(4) 掌握引导层动画的创建方法。

育人目标

(1) 培养学生的探究精神，树立求真、求实的科学态度。
(2) 培养学生的人文素养和文化自信。
(3) 培养学生的创新思维和卓越品质。

5.4.1　案例一　制作“太阳、地球、月亮”运行动画

通过使用“引导层”和“被引导层”制作如图 5-69 所示的“太阳、地球、月亮运行”引导层动画，掌握图形元件和影片剪辑的区别和用法，掌握滤镜的添加使用及“对齐”面板的使

用。动画效果样张如二维码 5-15 所示。

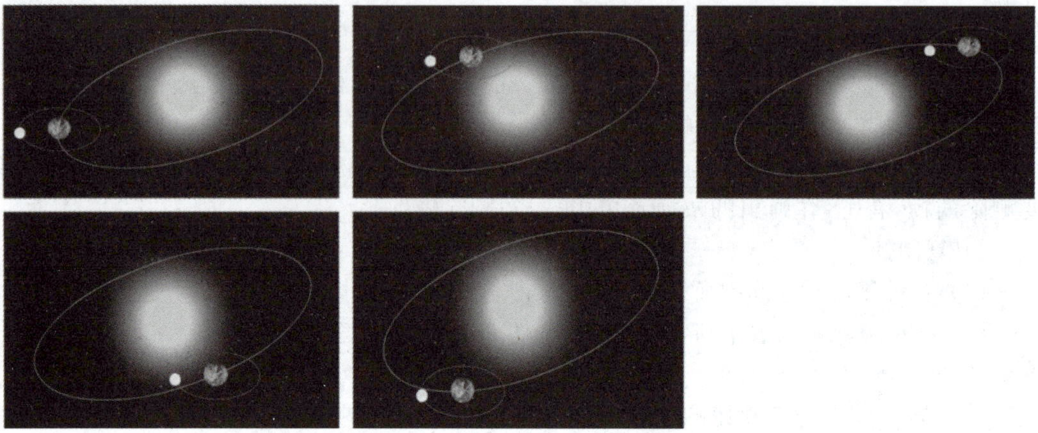

图 5-69 “太阳、地球、月亮运行”动画制作

(1) 执行“文件”→“新建”命令,弹出“新建文档”对话框,选择“角色动画”,设置宽为“800 像素”,高为“600 像素”,“帧速率”为“30”,“平台类型”为“ActionScript 3.0”。

(2) 修改“图层_1”名称为“背景”。将素材文件夹中的“星空.jpg”导入库中。将“库”面板中“星空.jpg”文件拖曳到舞台上。选中星空,打开“对齐”面板,勾选“与舞台对齐”选项,选择“匹配大小”中的匹配宽度和匹配高度,再选择“对齐”中的左对齐和顶对齐,参数设置如图 5-70 所示。

二维码 5-15 “太阳、地球、月亮运行”样张视频

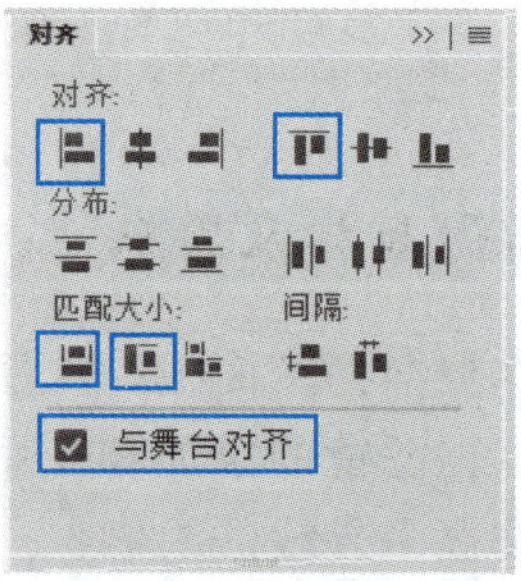

图 5-70 “对齐”面板参数设置

(3) 锁定“背景”图层。新建图层,重命名为“太阳”。选择“工具”面板中的“椭圆工具”。在“属性”面板中设置填充为“#FFCC00”,“笔触”为无。按 Shift 键在舞台上绘制一个圆形的“太阳”,选中“太阳”,设置“属性”宽和高均为“100”。

(4) 执行“修改”→“转换为元件”命令,将绘制的“太阳”转换为图形元件。选中“太阳”图层的第 1 帧,在“属性”面板中设置帧属性。在“属性”面板中选择“帧”,单击滤镜旁边的 + ,在弹出的快捷菜单中选择“模糊滤镜”,设置“品质”为“中”,“模糊 X”和“模糊 Y”的值均为 20,参数设置如图 5-71 所示。

(5) 继续添加“渐变发光滤镜”,参数设置如图 5-72 所示。设置完成后,选择“背景”图层,在第 50 帧的位置按 F5 键添加帧。选择“太阳”图层,在第 50 帧的位置按 F5 键添

加帧,锁定“太阳”所在图层。完成后效果及帧设置如图 5-73 所示。

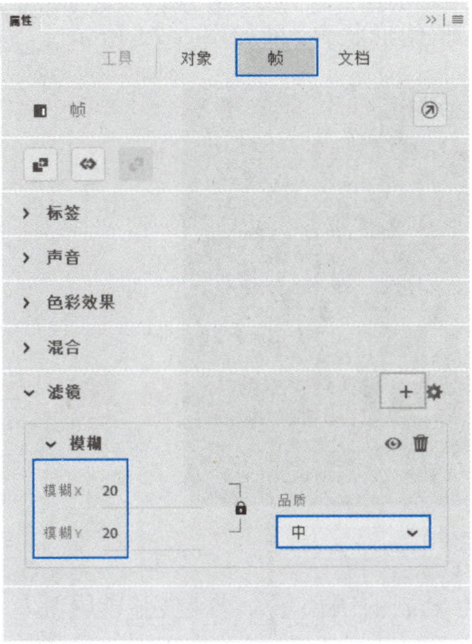

图 5-71 添加“模糊滤镜”参数设置

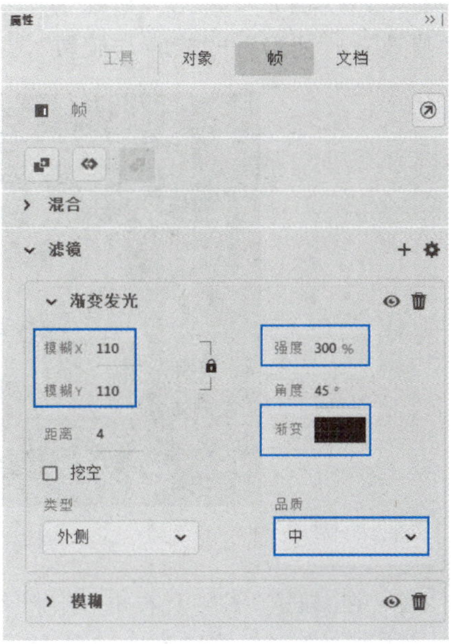

图 5-72 添加“渐变发光滤镜”参数设置

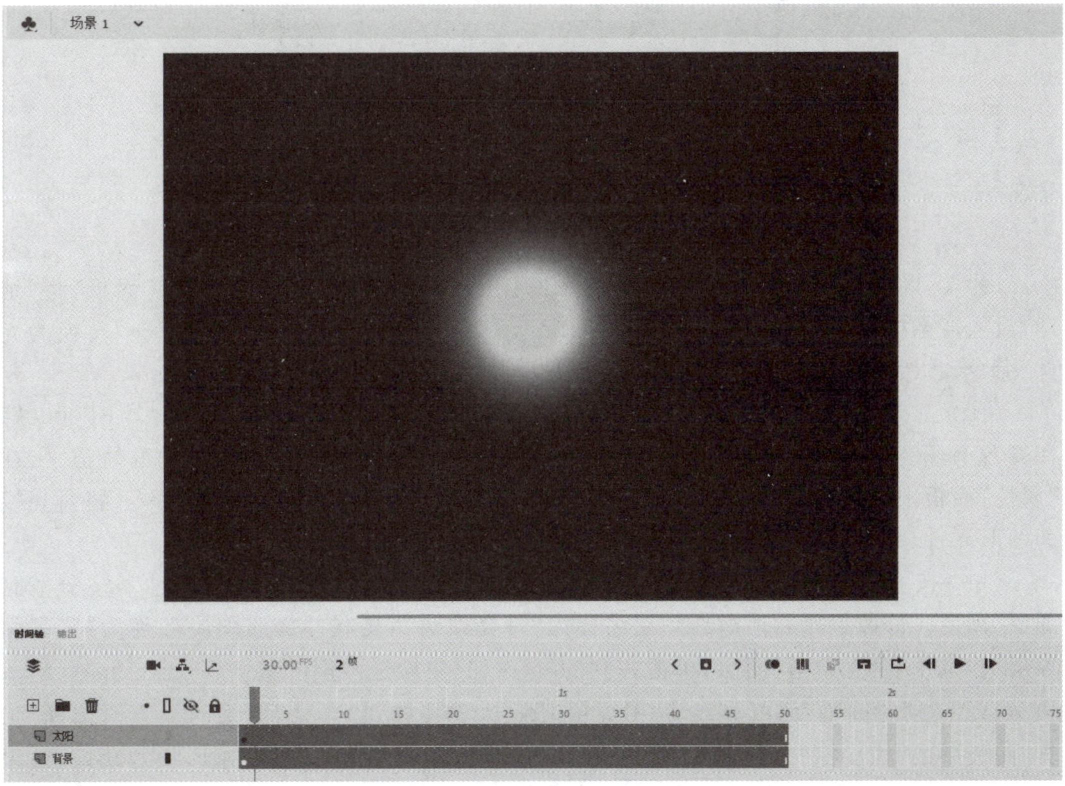

图 5-73 帧设置及“太阳”的最终效果

(6) 新建图层，修改图层名称为“轨道”。在“工具”面板中选择“椭圆工具”，在“属性”面板中设置“填充”为“无”，笔触为“#33CCFF”。在舞台上环绕“太阳”绘制“椭圆”。执行“修改”→“变形”→“旋转与倾斜”命令，修改“椭圆”的形状，效果如图 5-74 所示。

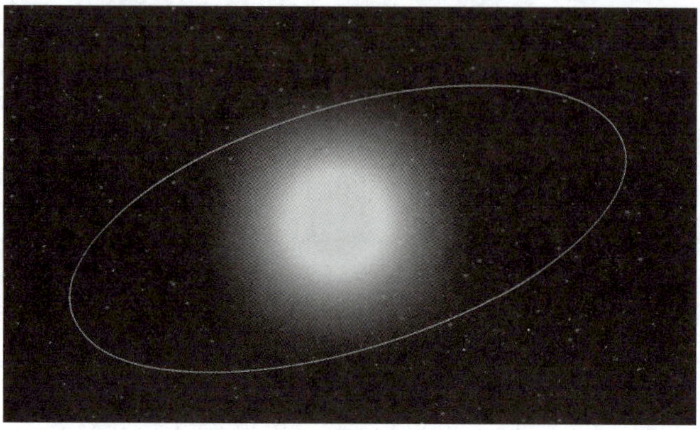

图 5-74 “椭圆轨道”效果

(7) 在“轨道”图层上右击，选择“复制图层”，将复制的图层重命名为“引导层”。

(8) 执行“插入”→“新建元件”命令，“名称”为地球月亮，“类型”为影片剪辑，参数设置如图 5-75 所示。

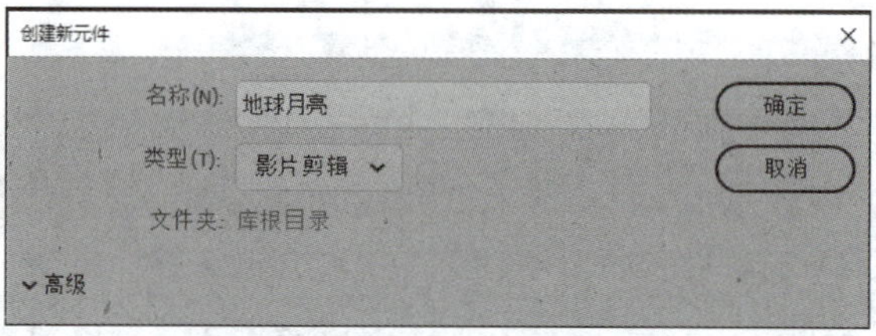

图 5-75 新建元件“影片剪辑”

(9) 将素材文件夹中的“地球. png”和“月亮. png”导入库中。打开“库”面板，将“地球”放入舞台中央，调整其大小，“宽”为“150”，“高”为“150”，并执行“修改”→“转换为元件”命令，将“地球”换转为图形元件，命名为“地球”。

(10) 选择“椭圆工具”，在“属性”面板中设置“填充”为“无”，“笔触”为“#FF0000”。在舞台上环绕“地球”绘制椭圆轨道。将“库”面板中的“月亮”放置到舞台中的轨道上，在“属性”面板中设置“宽”为“80”，“高”为“80”。执行“修改”→“转换为元件”命令，将月亮换为图形元件，命名为“月亮”，效果如图 5-76 所示。

(11) 按 Ctrl+A 组合键选择舞台上的所有内容，执行“修改”→“时间轴”→“分散到图层”命令。修改椭圆轨道所在图层名称为“月亮轨道”，复制并修改图层名称为“月亮引导层”。选中“月亮轨道”图层，单击右侧的 按钮，将轨道图层隐藏。

(12) 在“时间轴”面板上拖动“引导层”图层，将其放到“月亮”图层的上方。选择“工具”面板中的“橡皮擦”工具，在“引导层”的椭圆轨道上擦除一段轨道形状的缺口，效果如图 5-77 所示。

图 5-76　新建元件“影片剪辑”效果

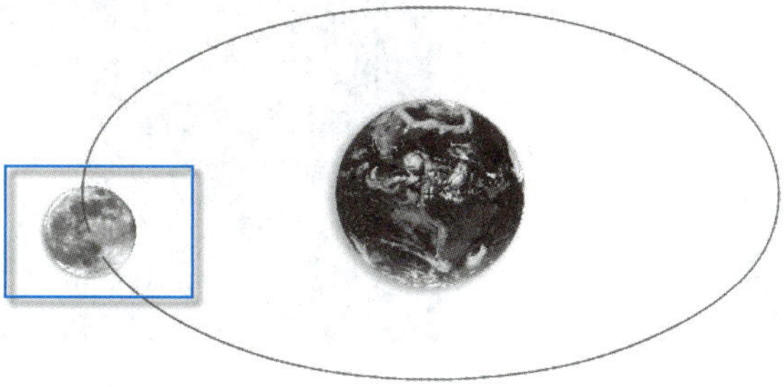

图 5-77　使用“橡皮擦”工具擦除一段轨道后的效果

（13）分别在“月亮轨道”图层、“月亮引导层”图层和“地球”图层第 30 帧的位置按 F5 键插入帧。右击“月亮引导层”图层，在弹出的快捷菜单中选择“引导层”；选择“月亮”图层，向“引导层”图层的下方拖动，使“月亮”图层与“引导层”建立关联，设置效果如图 5-78 所示。

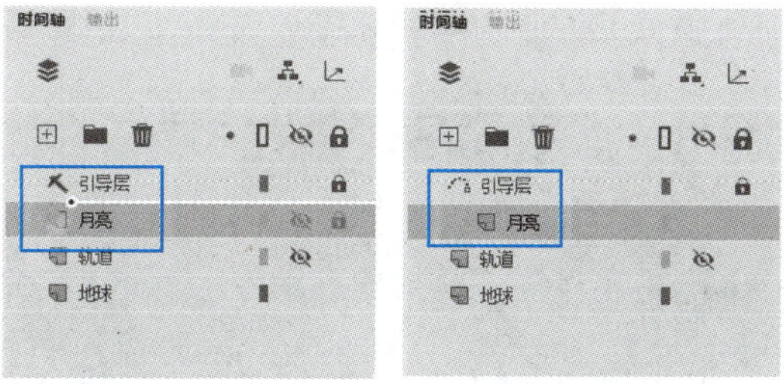

图 5-78　引导层与被引导层建立关联

（14）选择“月亮”图层，在第 1 帧的位置移动舞台上的“月亮”中心的小圆圈至椭圆轨道缺口的一端；在第 30 帧的位置按 F6 键插入关键帧，移动舞台上的“月亮”中心的小圆圈至椭圆轨道缺口的另一端，“月亮”的位置设置如图 5-79 所示。

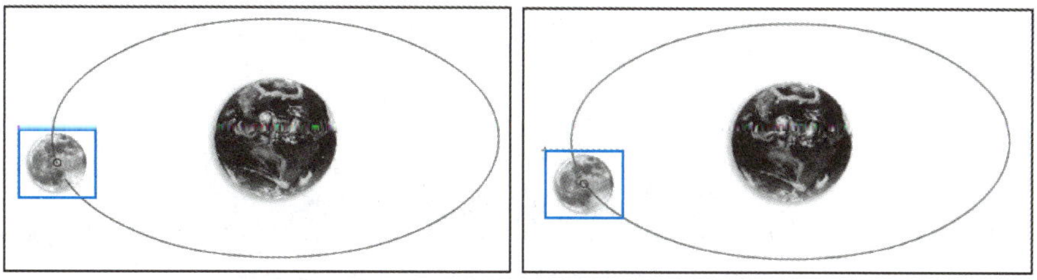

图 5-79　“月亮”的位置设置效果

(15) 在“月亮”图层上，选择第 1～30 帧的任意一帧，执行“插入”→“创建传统补间”命令，为“月亮”添加传统补间动画。单击图层右侧的按钮，隐藏“月亮引导层”图层，显示“月亮轨道”图层。“地球月亮”影片剪辑的制作如二维码 5-16 所示。

(16) 单击“工作区”左上角“地球月亮”左侧的，回到场景界面。新建并双击图层，修改图层名称为“地球月亮”。打开“库”面板，将“地球月亮”影片剪辑放到舞台上，在“属性”面板中设置“宽”为“180”，效果如图 5-80 所示。

二维码 5-16 “地球月亮”影片剪辑的制作

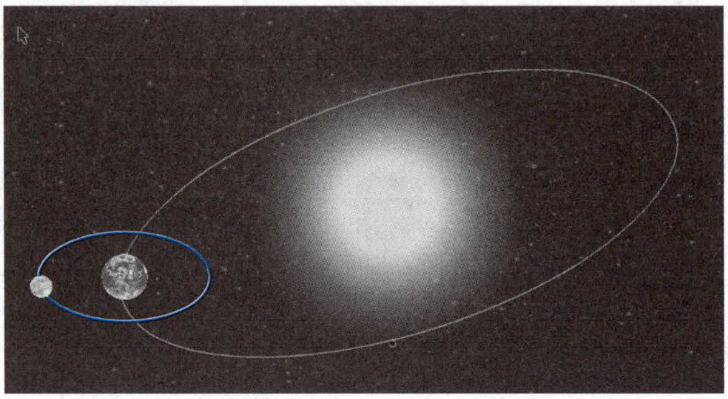

图 5-80 将“地球月亮”影片剪辑放到舞台上

(17) 隐藏“轨道”图层，选择“引导层”图层，选择“工具”面板中的“橡皮擦”工具，在“引导层”的椭圆轨道上擦除一段缺口。

(18) 选择“地球月亮”图层，在第 1 帧的位置移动舞台上的“地球月亮”中心的小圆圈至椭圆轨道缺口的一端；在第 50 帧的位置按 F6 键插入关键帧，移动舞台上的“地球月亮”中心的小圆圈至椭圆轨道缺口的另一端，帧设置及效果如图 5-81 所示。

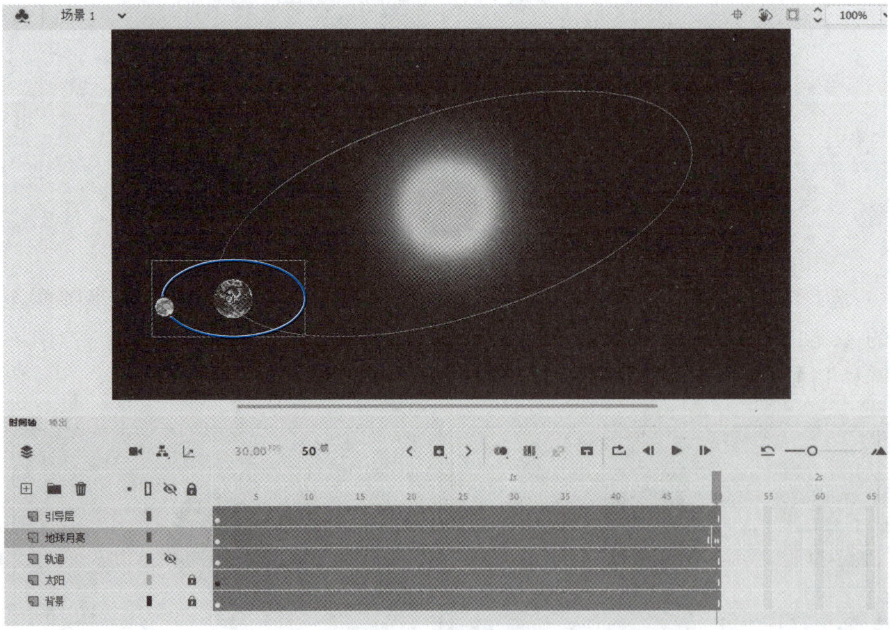

图 5-81 “地球月亮”影片剪辑的帧设置及效果

(19) 在“地球月亮”图层上选择第1～30帧的任意一帧，执行“插入”→“创建传统补间”命令，为“地球月亮”添加传统补间动画。

(20) 右击“引导层”图层，在弹出的快捷菜单中选择“引导层”。选择并拖动“地球月亮”图层至“引导层”图层的下方，使“地球月亮”图层与“引导层”建立关联。

(21) 选中“轨道”图层，单击右侧的按钮，显示隐藏的轨道图层。

(22) 执行“文件”→“导出”→“导出影片”命令，选择文件存储位置，将完成后的效果存储为“太阳地球月亮运行动画.swf”。

5.4.2 案例二　制作“古韵茶香”动画

通过“引导层”和“被引导层”的使用，制作如图5-82所示的“古韵茶香”引导层动画，同时掌握路径文字和路径动画的制作。“古韵茶香”动画样张如二维码5-17所示。

图5-82　“古韵茶香”引导层动画

二维码5-17　“古韵茶香”动画样张视频

(1) 执行“文件”→“新建”命令，弹出“新建文档”对话框，选择“角色动画”，设置“宽”为“800”，“高”为“400”，“帧速率”为“30”，“平台类型”为“ActionScript 3.0”。

(2) 将“图层_1”图层命名为“背景”。执行“文件”→“导入”→“导入到库”命令，将素材文件夹中的所有素材都导入库中。

(3) 打开“库”面板，将“茶.jpg”放入舞台，调整其位置，使之与舞台重合，锁定“背景”图层。

(4) 新建图层，重命名为“茶香”。选择“文本工具”，输入文字“茶”；选择文字，在“属性”面板中设置字体为“华文琥珀”，“大小”为“100pt”。执行“修改”→“分离”命令，分离文

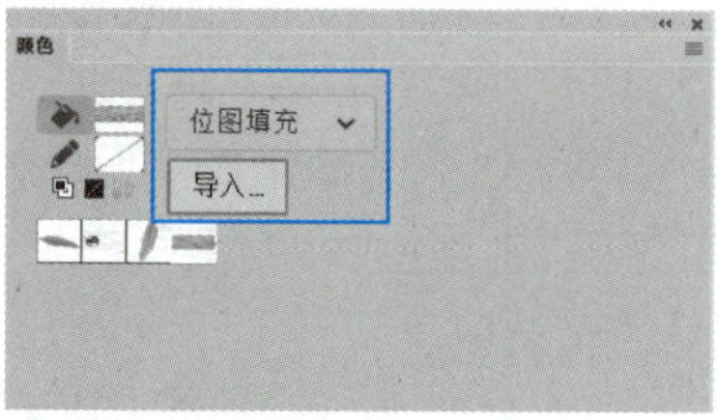

图 5-83 “颜色”面板参数设置

字，打开“颜色”面板，选择“位图填充”，在下方选择“绿叶”图片，设置绿叶填充，“颜色”面板参数设置如图 5-83 所示。

(5) 使用同样的方法输入文字“香”，调整两个文字之间的位置，锁定“茶香”图层，效果如图 5-84 所示。

(6) 新建图层并重命名为“引导层”，在“引导层”上绘制引导线。选择“钢笔工具”绘制锚点，并使用“转换锚点工具”调整线的弧度，效果如图 5-85 所示。

图 5-84 文字设置后的效果

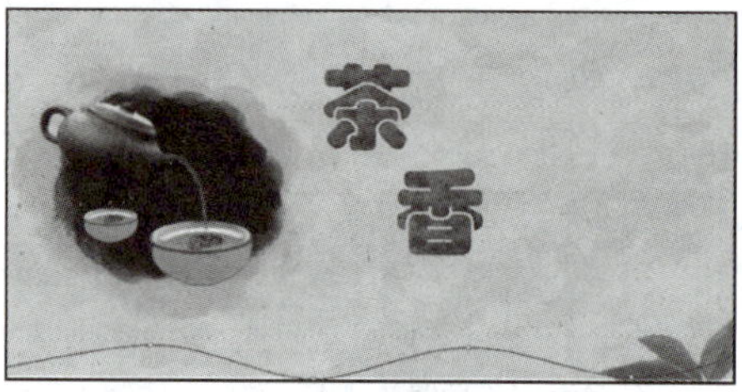

图 5-85 “钢笔工具”绘制引导线

(7) 新建图层，重命名为“一”。选择“文本工具”，在舞台上输入文字“一”，在“属性”面板中设置“字体”为“隶书”，“大小”为“25pt”。使用同样方法再新建 3 个图层，分别重命名为“品”“茗”“茶”，在图层上输入对应的文字，调整文字的位置，图层和文字排列如图 5-86 所示。

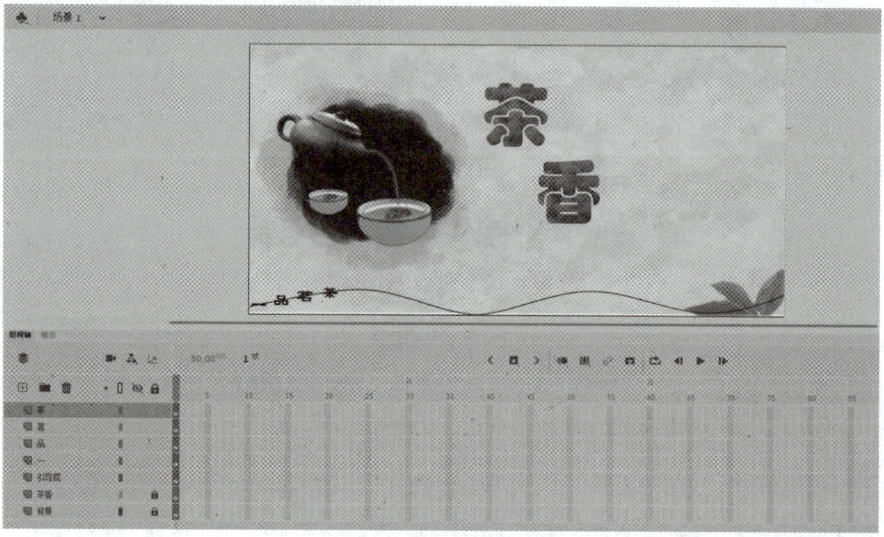

图 5-86 图层及文字排列

(8) 选择“背景”图层，在第 100 帧的位置按 F5 键插入帧。使用同样方法选择“茶香”图层和“引导层”图层，在第 100 帧的位置插入帧。调整图层位置，将“引导层”图层放置到最上方。

(9) 在“时间轴”面板中将“播放指针”移动到起始位置，选择“选择工具”，在舞台上选中“一”，执行“修改”→“转换为元件”命令，将文字转换为图形元件，将文字中间的圆圈移动到引导线上，对“品”“茗”“茶”也进行相同的操作，效果如图 5-87 所示。沿引导线输入文字如二维码 5-18 所示。

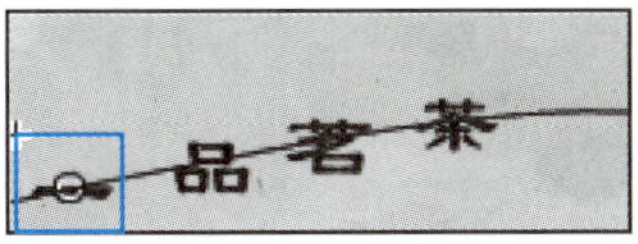

图 5-87　移动文字到引导线上

二维码 5-18　沿引导线输入文字

(10) 选择“茶”图层，在第 100 帧的位置按 F6 键插入关键帧，在舞台上移动文字到引导层的另一端。分别选择“茗”“品”“一”图层，在第 100 帧的位置插入关键帧，再移动文字位置到引导线的另一端，帧设置及文字效果如图 5-88 所示。

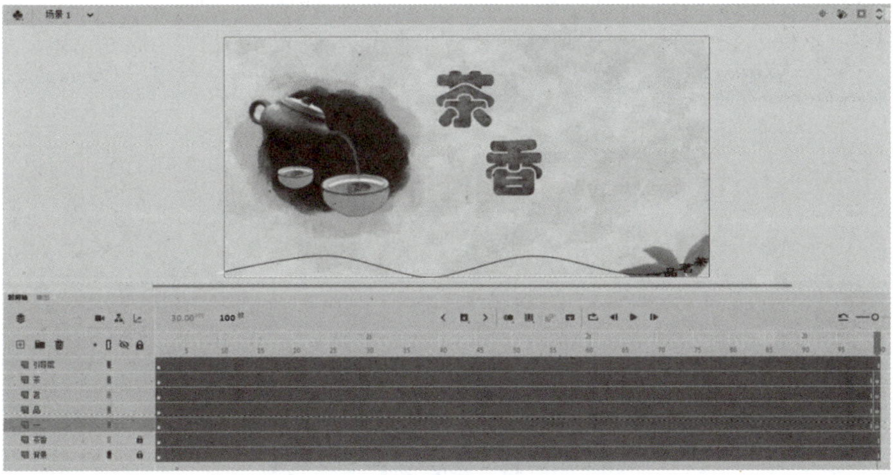

图 5-88　帧设置及文字效果

(11) 选择“引导层”图层，右击，在弹出的快捷菜单中选择“引导层”，将“一”“品”“茗”“茶”4 个图层分别与引导层建立连接，并在 4 个图层上创建传统补间动画，帧设置如图 5-89 所示。

图 5-89　帧设置(1)

(12) 在“引导层”上方新建图层，重命名为“引导层 1”。选择“流畅画笔工具”，在“属性”面板中设置“填充”为“黑色”，“大小”为“1”，在舞台上绘制一条流畅的曲线，绘制效果

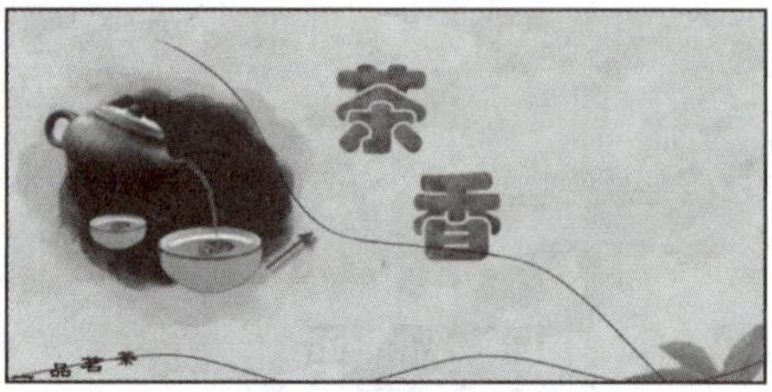

图 5-90 绘制流畅曲线

如图 5-90 所示。

(13) 新建图层,重命名为“叶 1”。打开“库”面板,将“茶叶 1.png”放入舞台上。选中“茶叶 1”,执行“修改”→“转换为元件”命令,将“茶叶 1”转换为图形元件。在“属性”面板中设置“宽”为“15 像素”,“高”为“37.25 像素”。选择“叶 1”图层,在第 1 帧将“茶叶 1”中心的圆圈移动到引导线的上端;在第 100 帧按 F6 键插入关键帧,将“茶叶 1”移动到引导线的下端,并在第 1~100 帧创建传统补间动画。

(14) 选择“引导层 1”图层,右击,在弹出的快捷菜单中选择“引导层”,将“叶 1”图层与“引导层 1”建立连接,帧设置及“茶叶 1”的效果如图 5-91 所示。

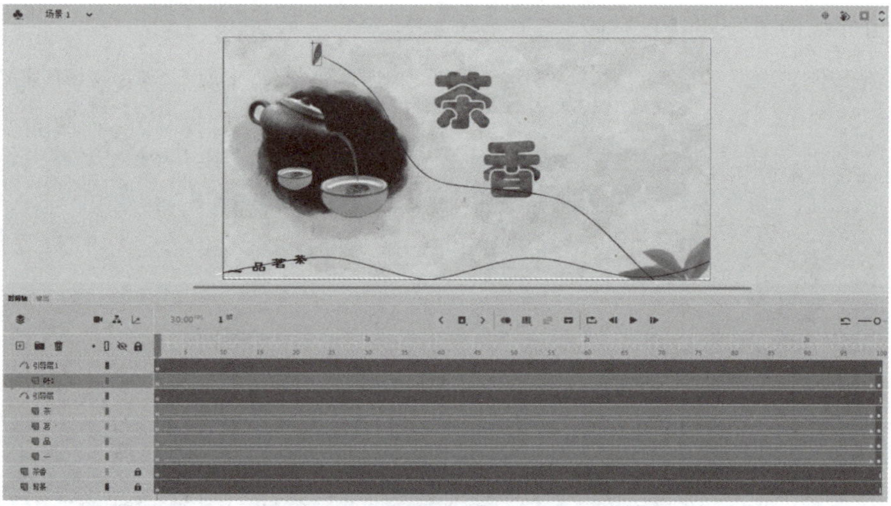

图 5-91 帧设置及“茶叶 1”的效果

(15) 选择“叶 1”图层,选择第 1~100 帧中的任意一帧,在“属性”面板中设置旋转为顺时针,参数为 1。“茶叶”动画制作如二维码 5-19 所示。

(16) 在“引导层 1”上右击,在弹出的快捷菜单中选择“复制图层”,重命名为“引导层 2”。选择“引导层 2”,使用“选择工具”选中舞台上的曲线,并移动其位置,移动后的效果如图 5-92 所示。

二维码 5-19 茶叶动画制作

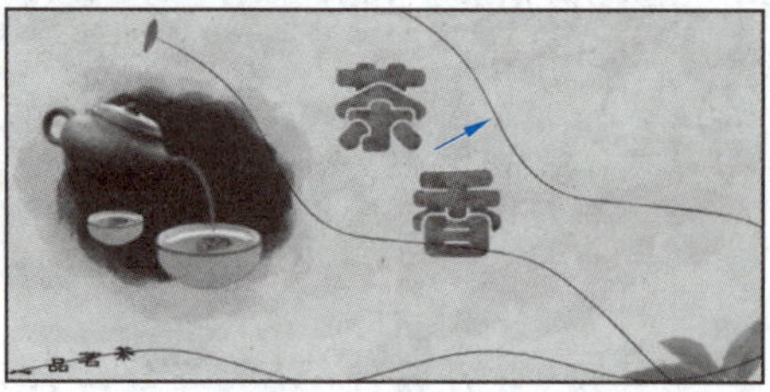

图 5-92 移动曲线后的效果

(17) 新建图层，重命名为“叶 2”。打开“库”面板，将“茶叶 2. png”放入舞台上。选中“茶叶 2”，执行“修改”→“转换为元件”命令，将“茶叶 2”转换为图形元件。在“属性”面板中设置“宽”为“25pt”，“高”为“6. 65pt”。选择“叶 2”图层，在第 20 帧位置将“茶叶 2”中心的圆圈移动到右侧引导线的上端，在第 100 帧位置按 F6 键插入关键帧，将“茶叶 2”移动到右侧引导线的下端，并在第 1～100 帧创建传统补间动画。

(18) 将“叶 2”图层与“引导层 2”建立连接。帧设置及“茶叶 1”的效果如图 5-93 所示。在“叶 2”图层第 1～100 帧任意选择一帧，在“属性”面板中设置“旋转”为“顺时针”，参数为 1。

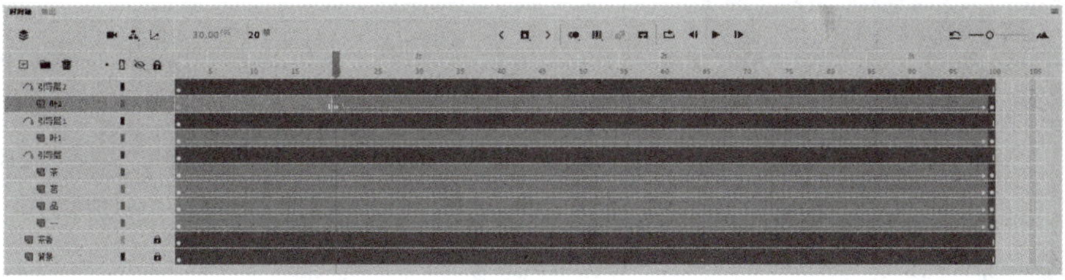

图 5-93　帧设置(2)

(19) 执行“文件”→“导出”→“导出影片”命令，选择文件存储位置，将完成后的效果存储为“古韵茶香动画. swf”。

5.4.3　知识拓展

1. “对齐”面板

执行“窗口”→“变形”命令，打开“对齐”面板，在“对齐”面板中可以设置舞台上多个对象的排列方式，比如对齐、分布、匹配大小和间隔，“对齐”面板如图 5-94 所示。

2. “滤镜”的使用

使用滤镜可以为文本和元件增添丰富的视觉效果，在舞台上选中某一个元件，在“属性”面板中单击滤镜旁边的“＋”可以添加滤镜。在 Animate 2022 版本中可以添加投影、模糊、发光、斜角、渐变发光、渐变斜角和调整颜色 7 种滤镜，滤镜的添加如图 5-95 所示。

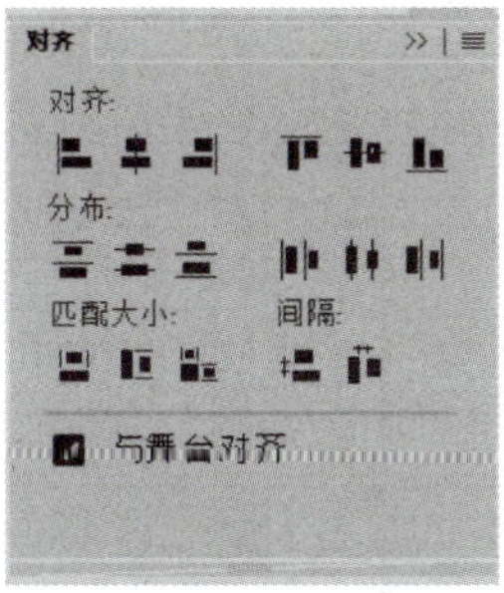

图 5-94　“对齐”面板

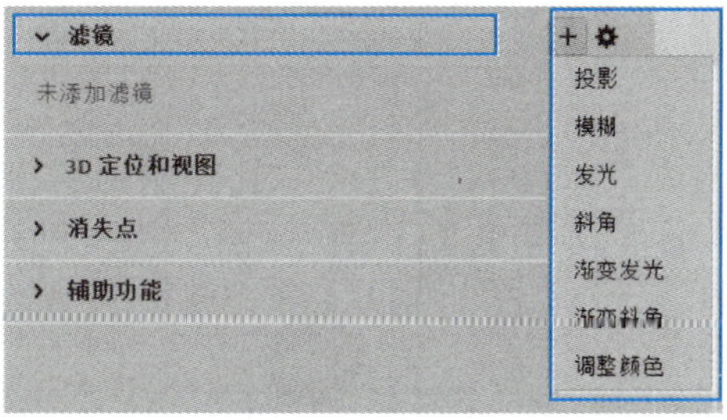

图 5-95　滤镜的添加

单击滤镜旁边的 按钮设置滤镜，可以完成滤镜的复制、粘贴、删除、启用、禁用、重置及另存为预设等操作，滤镜的设置如图 5-96 所示。

3. 引导层动画

引导层动画又称路径动画，是指对象沿着复杂路径移动的动画。引导层动画至少包括两个图层，一个是引导层，里面是引导线(绘制的运动路径)；另一个是被引导层，里面放置运动对象。通过创建引导层动画，可以实现树叶飘落、小鸟飞翔、蝴蝶飞舞等效果，引导层和被引导层如图 5-97 所示。

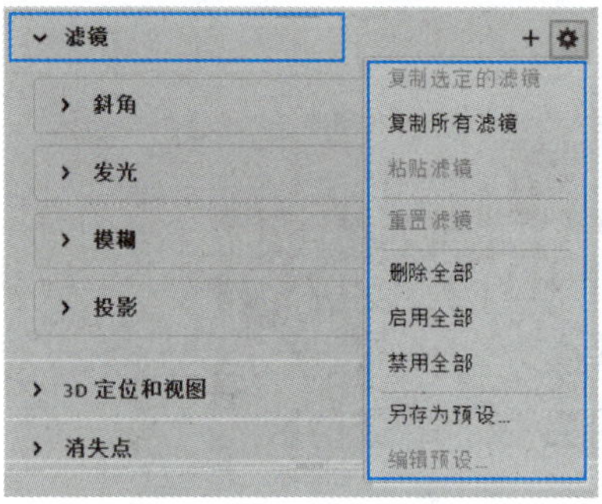

图 5-96 滤镜的设置

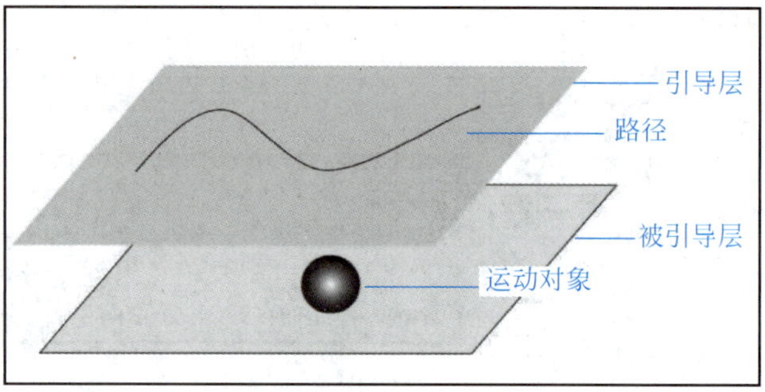

图 5-97 引导层和被引导层

在引导线所在的图层上右击，在弹出的快捷菜单中选择“引导层”，则图层前端变为小锤子形状，引导线所在的图层变为引导层。拖曳运动对象所在的图层到小锤子图标的下端，实现对被引导层的添加，效果如图 5-98 所示。

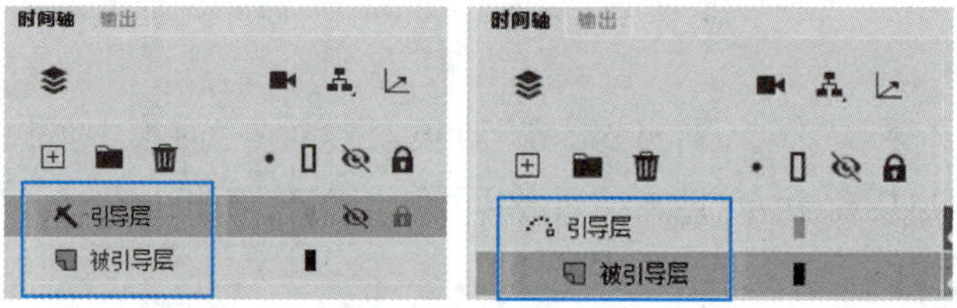

图 5-98 引导层和被引导层的创建

在被引导层上添加关键帧来设置对象的运动。在第 1 帧的位置添加关键帧，移动小球到引导线的一端，在第 40 帧的位置添加关键帧，移动小球到引导线的另一端，在两个关键帧之间创建传统补间动画，运动对象即沿着引导线运动，效果如图 5-99 所示。

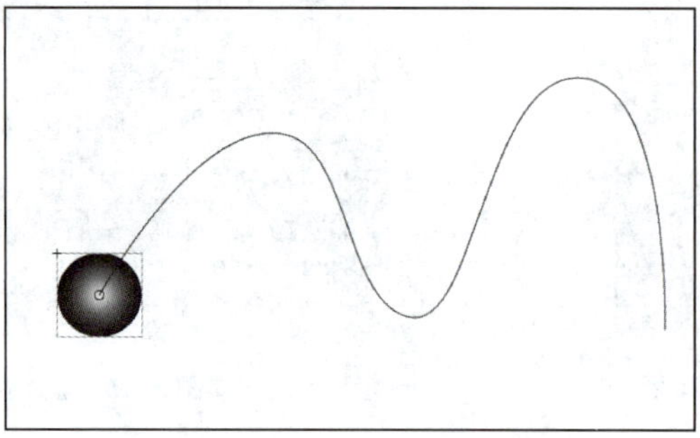

图 5-99 被引导层动画

注意：一个引导层上可以有一条或多条引导线，一个引导层可以有多个被引导层，引导线在最终生成动画时并不显示。

5.5　遮罩层动画

学习目标及要求

（1）掌握任意变形工具的使用。
（2）掌握魔术棒工具的使用。
（3）理解遮罩层动画的概念。
（4）掌握遮罩层动画的创建。

育人目标

（1）引导学生发现美、欣赏美，培养学生的审美能力。
（2）培养学生的想象力和创造力。

5.5.1　案例一　制作“遮罩文字”动画

通过“遮罩层”和“被遮罩层”的应用创建如图 5-100 所示的“遮罩文字”动画，掌握遮罩层的设置与使用，动画样张如二维码 5-20 所示。

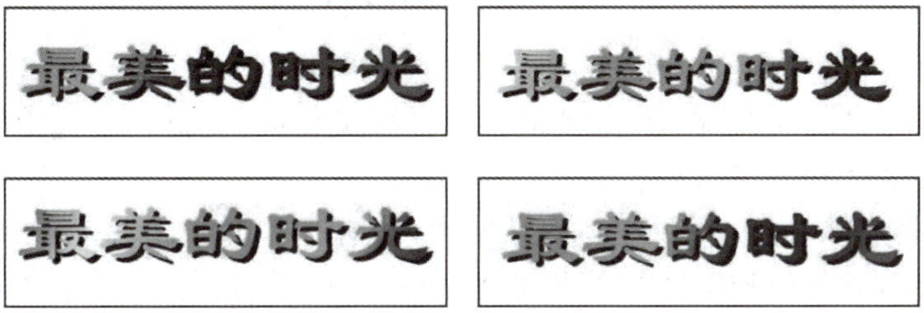

图 5-100　“遮罩文字”动画效果

二维码 5-20
“遮罩文字”
动画样张视频

（1）执行“文件”→“新建”命令，弹出“新建文档”对话框，选择“角色动画”，预设“宽”为“600”，“高”为“200”，“帧速率”为“30”，“平台类型”为“ActionScript 3.0”。

（2）将“图层_1”图层命名为“颜色渐变”。选择“矩形工具”，在“属性”面板中设置“填充”为彩色渐变，“笔触”为无，绘制一个矩形，选中矩形，在“属性”面板中设置“宽”为“800”，“高”为“200”，“X”值为“－100”，“Y”值为“0”，如图 5-101 所示。

（3）在“工具”面板中右击“任意变形工具”，在弹出的快捷菜单中选择“渐变变形工具”，在舞台上单击选中矩形，拖曳右上角的圆圈处并长按鼠标左键，顺时针旋转渐变方

图 5-101　绘制彩色渐变矩形

向，如图 5-102 所示。

图 5-102　旋转彩色渐变方向

（4）新建图层，重命名为“文字”。选择“文本工具”，在舞台上输入文字“最美的时光”。在“属性”面板中设置“位置”“X”值为“50”，“Y”值为“40”，“字体”为“隶书”，“大小”为“95”、颜色为“黑色”，效果如图 5-103 所示。

图 5-103　添加文字效果

（5）选择“颜色渐变”图层，选中第 1 帧。在舞台上选中矩形，在“属性”面板中设置“X”为“−260”，“Y”为“0”。在第 30 帧的位置插入关键帧，在舞台上选中矩形，在“属性”面板中设置“X”为“50”，“Y”为“0”。

（6）复制第 1 帧，在第 60 帧的位置粘贴，右击第 1～30 帧中的任意一帧，在弹出的快捷菜单中选择“创建传统补间”，在弹出的“将所选的内容转换为元件以进行补间”对话框中单击“确定”按钮。使用同样的方法在第 30～60 帧创建传统补间动画，帧设置如图 5-104 所示。

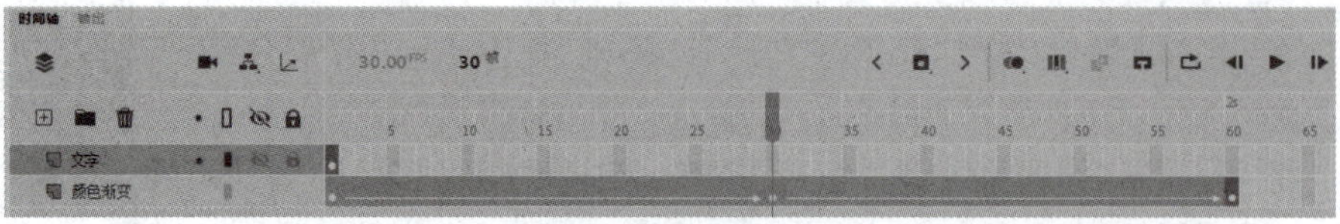

图 5-104　帧设置

（7）在“文字”图层第 60 帧的位置按 F5 键插入帧，单击“确定”按钮。复制“文字”图层，并重命名为“文字 1”。拖动“文字 1”图层，将其放置于最下方，图层顺序如图 5-105 所示。

（8）锁定“文字”图层和“颜色渐变”图层，选择“文字 1”图层，在舞台上选中文字，在

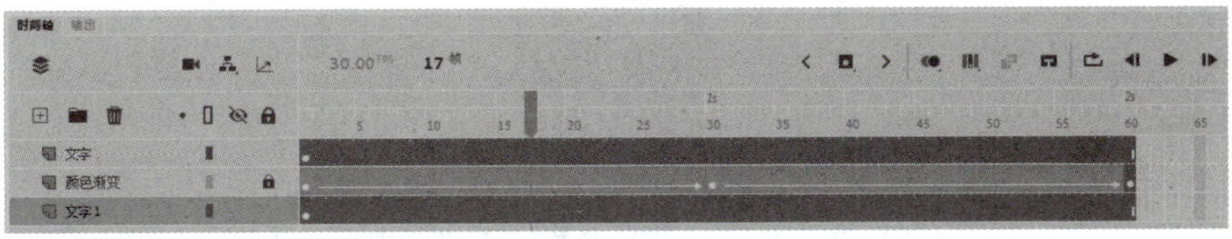

图 5-105 图层顺序

“属性”面板中设置“X”值为“55”,“Y”值为“45”。

(9) 右击“文字”图层,在弹出的快捷菜单中选择“遮罩层”,设置完成后效果如图 5-106 所示。文字遮罩动画制作如二维码 5-21 所示。

图 5-106 设置遮罩后的文字效果

二维码 5-21 文字遮罩动画制作

(10) 执行“文件”→“导出”→“导出影片”命令,选择文件存储位置,将完成后的效果存储为“文字遮罩动画.swf”。

5.5.2 案例二 制作“折扇展开”动画

通过使用“遮罩层”和“被遮罩层”,创建如图 5-107 所示的“折扇展开”动画,同时掌握“任意变形工具”和“魔术棒”工具的使用,掌握“重置选区和变形”按钮的使用及旋转中心的设置,动画样张如二维码 5-22 所示。

图 5-107 “折扇展开”动画效果

(1) 执行“文件”→“新建”命令,弹出“新建文档”对话框,选择“角色动画”,“预设”为“标准 640×480”,“帧速率”为“30”,“平台类型”为“ActionScript 3.0”。

(2) 将“图层_1”图层命名为“扇柄”。执行“视图”→“标尺”命令,在舞台上方的标尺

二维码 5-22 “折扇展开”动画样张视频

处拖曳一条水平参考线至“350”的位置，在舞台左侧的标尺处拖曳一条垂直参考线至“320”的位置。标尺设置如图 5-108 所示。

图 5-108 标尺设置效果

（3）将素材文件夹中的“材质.jpg”素材导入库中，在“场景 1”的右上角设置舞台“显示比例”为“300%”，选择“矩形工具”，在“属性”面板中设置填充为“材质”图片，“笔触”为“黑色”，在舞台上绘制“矩形”。执行“修改”→“变形”→“扭曲”命令将右侧变窄，效果如图 5-109 所示。按 Ctrl+A 组合键选中“矩形”，在“属性”面板中设置“宽”为“250”，“高”为“15”，设置“X”值为“110”，“Y”值为“343”。

（4）在“场景 1”右上角将画面显示比例设置为“100%”。执行“修改”→“转换为元件”，名称为“扇柄”，将“扇柄”转换为图形元件。

（5）选择“工具”面板中的“任意变形工具”，将矩形中间的圆圈向右移动至两条参考线交叉的位置，完成后效果如图 5-110 所示。

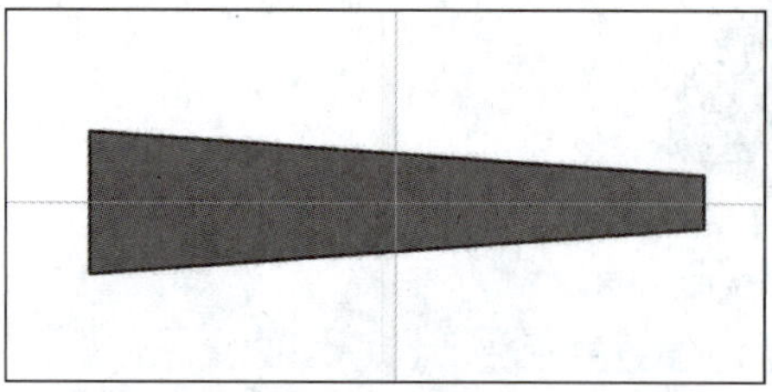

图 5-109 绘制矩形并扭曲后的效果

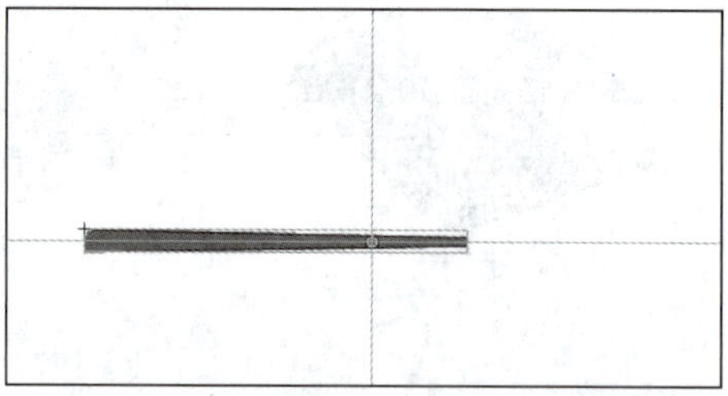

图 5-110 扇柄中心位置移动后的效果

（6）打开“变形”面板，设置旋转角度为 20°，将扇柄顺时针旋转 20°，连续 7 次单击“变形”面板右下角的“重置选区和变形”按钮，完成扇柄的 7 次复制，完成后效果如图 5-111

所示。

(7) 按 Ctrl＋A 组合键选择所有“扇柄”，执行“修改”→“时间轴”→“分散到图层”命令，将所有“扇柄”分到不同的图层。在所有“扇柄”图层的第 40 帧处按 F6 键插入关键帧，完成后帧设置如图 5-112 所示。

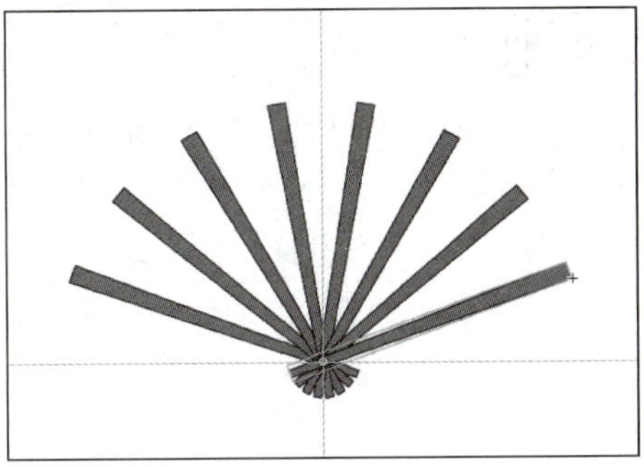

图 5-111　多次“重置选区和变形”后扇柄的效果

(8) 选中最上面“扇柄”图层的第 1 帧，打开“变形”界面，设置“旋转角度”为“20 度”。将其他“扇柄”图层的第 1 帧旋转角度均设置为“20 度”。选中每个“扇柄”图层，执行“插入”→“创建传统补间”命令，为所有“扇柄”图层创建传统补间动画，完成后效果及帧设置如图 5-113 所示。“扇柄”绘制及动画制作如二维码 5-23 所示。

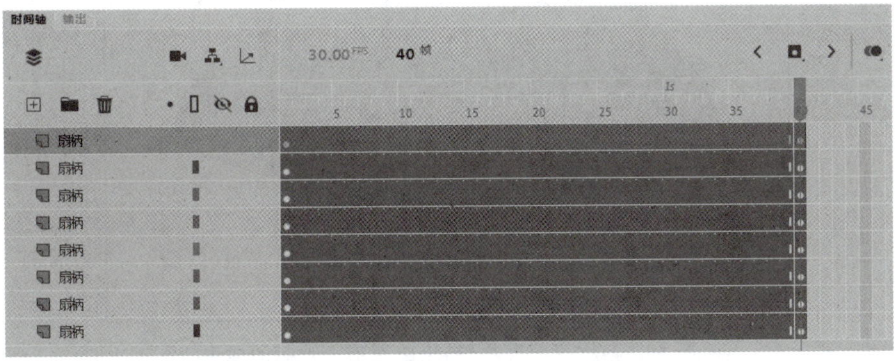

图 5-112　关键帧设置

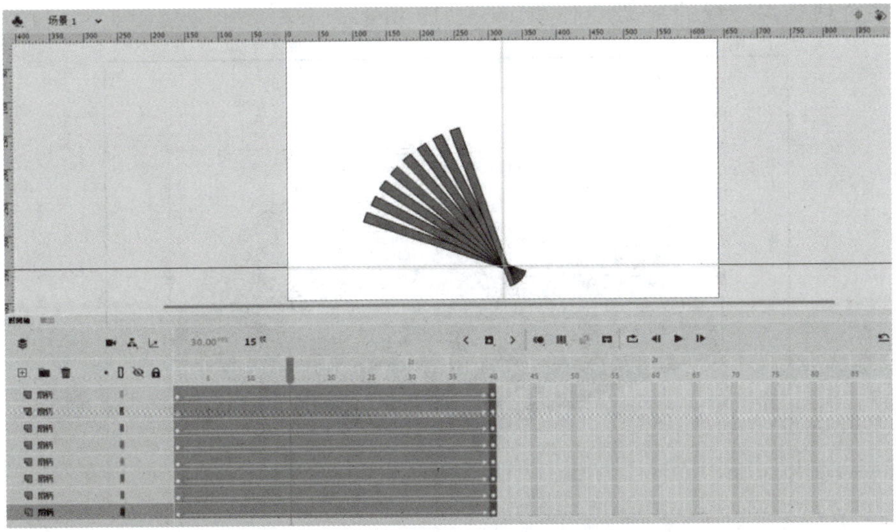

图 5-113　“扇柄”动画效果及关键帧设置

二维码 5-23
"扇柄"的绘制
及动画制作

(9) 选中最上面的"扇柄"图层新建图层,将图层名称修改为"扇面"。将素材文件夹中"扇面素材.jpg"导入库中。打开"库",将"扇面素材"放入舞台,选中"扇面素材",执行"修改"→"分离"命令,将图片分离。

(10) 在"工具"面板中右击套索工具,在弹出的快捷菜单中选择"魔术棒",在"属性"面板中设置"阈值"为10。用"魔术棒"选中"海"的黑色背景,按 Delete 键删除,没有完全删除的残留线框用"工具"面板中的"橡皮擦"擦除。

(11) 选中"扇面素材",执行"修改"→"转换为元件"命令,将"扇面素材"转换为图形元件。在"属性"面板中设置"宽"为"395","高"为"189","X"值为"120","Y"值为"137"。设置完成后的效果如图5-114所示。

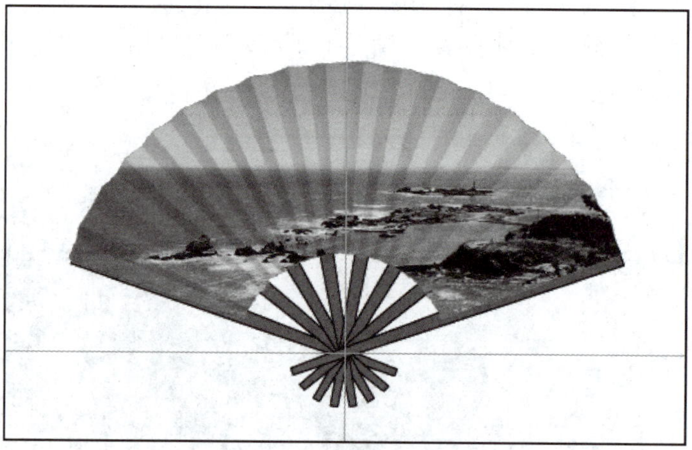

图 5-114 "扇面素材"转换为图形元件后的效果

(12) 在"扇面"图层选择"工具"面板中的"任意变形工具",将舞台上"扇面素材"中间的圆圈移至两条参考线的交叉点上,如图5-115所示。

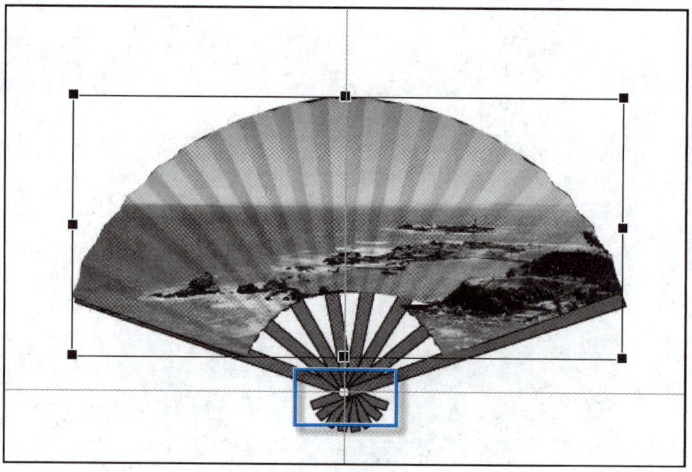

图 5-115 "扇面素材"的中心点下移后的效果

（13）新建图层，重命名为“遮罩”，将“扇面”图层的第 1 帧复制到“遮罩”图层的第 1 帧位置。

（14）选中“扇面”图层，在第 40 帧的位置按 F6 键插入关键帧，帧设置如图 5-116 所示。

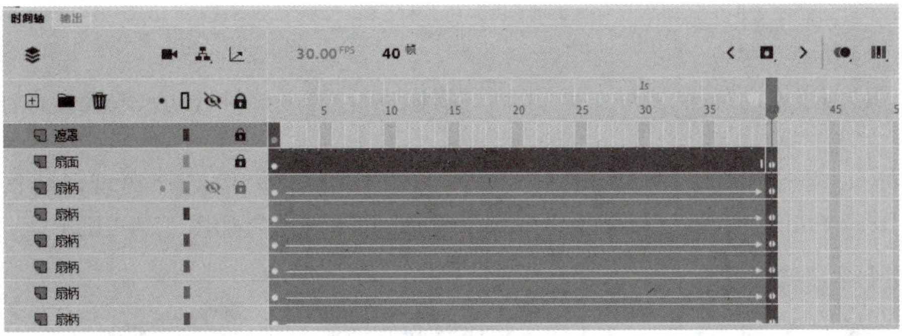

图 5-116　关键帧设置

（15）选中“扇面”图层的第 1 帧，打开“变形”面板，设置“旋转”为“－140”。右击第 1～40 帧中的任意一帧，在弹出的快捷菜单中选择“创建传统补间”命令。

（16）在“遮罩”图层第 40 帧的位置按 F5 键插入帧。在“遮罩”层上右击，在弹出的快捷菜单中选择“遮罩层”命令，完成后的帧设置及效果如图 5-117 所示。“扇面”动画制作如二维码 5-24 所示。

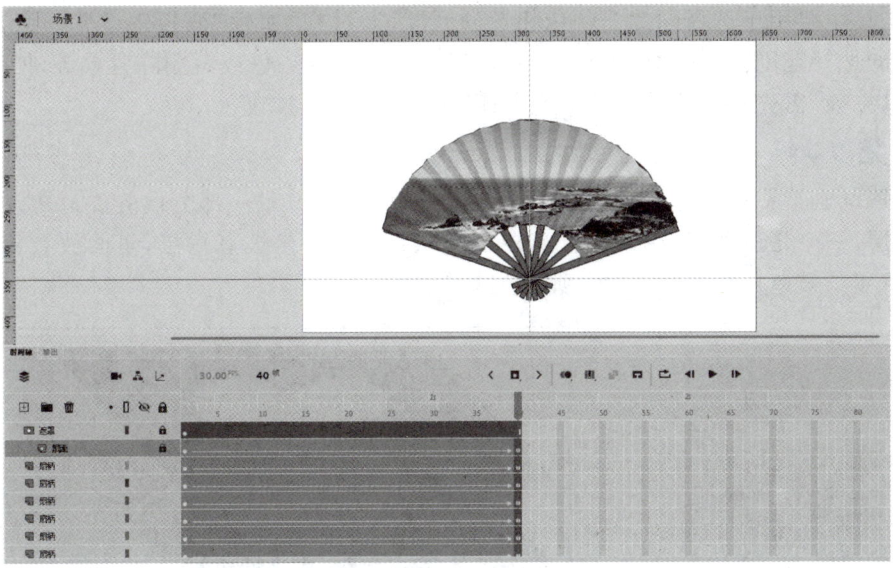

图 5-117　遮罩层的设置及效果

二维码 5-24　“扇面”动画制作

(17) 执行“文件”→“导出”→“导出影片”命令，选择文件存储位置，将完成后的效果存储为“折扇展开动画.swf”。

5.5.3 知识拓展

1. 任意变形工具

“工具”面板中的“任意变形工具”可以对物体进行缩放、旋转、倾斜、透视等，如图 5-118 所示。

选择“任意变形工具”，按 Shift 键可以实现等比例缩放，按 Ctrl 键可以调整扭曲效果，按 Ctrl＋Shift 组合键可以调整透视效果，扭曲和透视效果如图 5-119 所示。

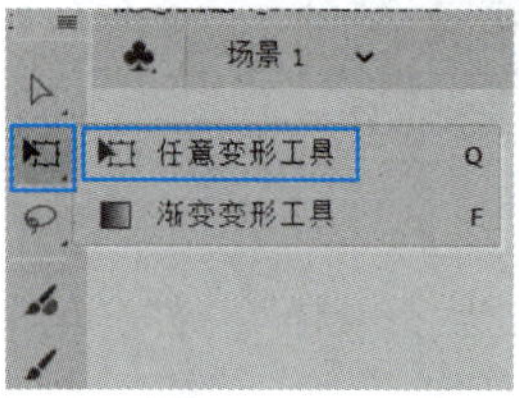

图 5-118 任意变形工具

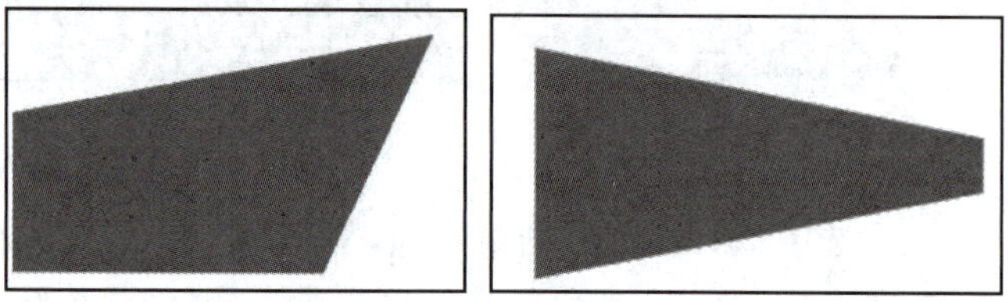

图 5-119 扭曲和透视效果

2. 魔术棒工具

在“工具”面板中右击套索工具，在弹出的快捷菜单中选择“魔术棒”工具。“魔术棒”工具主要用于选择图片上颜色相近的区域，通过在“属性”面板中设置阈值，可以调整颜色的选择范围。利用“魔术棒”工具可以修改对象的颜色或者删除背景等，使用“魔术棒”工具之前，需先将图片“分离”，“魔术棒”工具如图 5-120 所示。

3. 遮罩动画

遮罩动画是一种常见的动画效果，主要用于显示或隐藏一部分内容。遮罩动画包括两个图层，一个是遮罩层，用来放置遮罩的形状；另一个是被遮罩层，里面放置着遮罩对象，遮罩层与被遮罩层如图 5-121 所示。

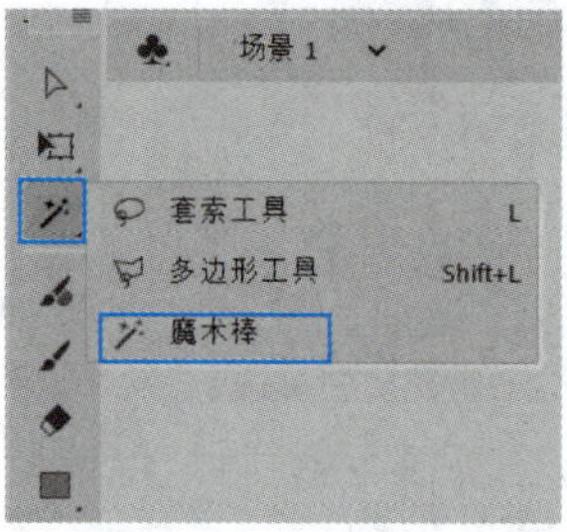

图 5-120 “魔术棒”工具

图 5-121 遮罩层和被遮罩层

在图层上右击，在弹出的快捷菜单中选择“遮罩层”，本图层变为遮罩层，其下方图层变为被遮罩层，如图 5-122 所示。在遮罩层上可以创建图形或形状，如果想在被遮罩层上放置遮罩对象，利用图形或形状对被遮罩层上的对象进行遮罩，效果如图 5-123 所示。

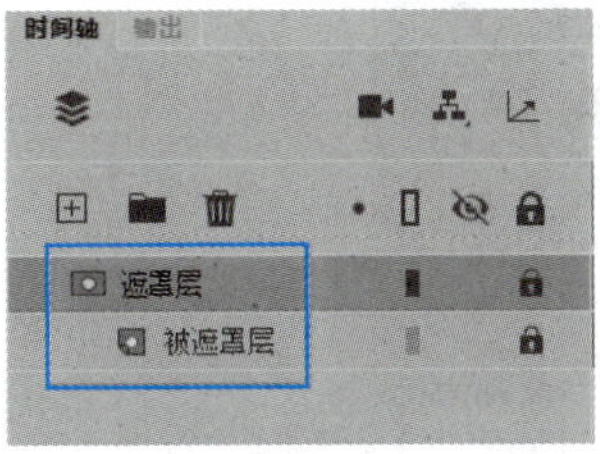

图 5-122 遮罩层和被遮罩层的创建

图 5-123 “遮罩层”动画

5.6 综合练习 制作“海阔凭鱼跃”动画

本练习综合运用 Animate 各项命令完成“海阔凭鱼跃”动画，同时掌握逐帧动画、补间动画、引导层动画和遮罩层动画的综合使用，效果如二维码 5-25 所示。

二维码 5-25 “海阔凭鱼跃”动画样张视频

(1) 执行“文件”→“新建”命令，弹出“新建文档”对话框，选择“角色动画”，预设为“标准 640×480”，帧速率为“30”，平台类型为“ActionScript 3.0”。

(2) 将“图层_1”图层命名为“背景”。执行“文件”→“导入”→“导入到库”命令，将素材文件夹中的图片全部导入库中。打开“库”面板，将“1.jpg”放入舞台，执行“修改”→“对齐”→“左对齐”命令和执行“修改”→“对齐”→“顶端对齐”命令，使背景图片与舞台重合。

(3) 在“背景”图层第 60 帧的位置按 F5 键插入帧。复制“背景”图层，并重命名为“背景 1”，锁定“背景”图层。

(4) 新建“图层_2”，重命名为“云彩”。打开“库”面板，将“云彩.png”放入舞台。执行“修改”→“转换为元件”命令，将“云彩”转换为图形元件。在“属性”面板中设置“宽”为“600”，“X”值为“−10”，“Y”值为“−20”。

(5) 选择“云彩”图层，在第 60 帧的位置按 F6 键插入关键帧，在舞台上选中“云彩”，在“属性”面板中设置“X”值为“70”，“Y”值为“−50”，在第 1～60 帧的任意一帧上右击，在弹出的快捷菜单中选择“创建传统补间”。单击图层上方的锁定或解除锁定所有的图层按钮，锁定“云彩”图层。

(6) 移动“背景 1”图层到“云彩”图层的上方。在舞台上选择背景图片，执行“修改”→“分离”命令。选择“工具”面板中的“直线工具”，沿着“海”绘制两条直线，并利用“选择工具”改变直线的弧度，效果如图 5-124 所示。

(7) 在舞台上单击“蓝天”，选中蓝天和岩石区域，按 Delete 键删除。按Ctrl+A 组合键选择余下的内容，在“属性”面板中设置笔触为无。选择“工具”面板中的“任意变形工具”，在“属性”面板中设置宽为“520”，高为“260”，并锁定“背景 1”图层。“波浪动画”制作如二维码 5-26 所示。

图 5-124　绘制"两条直线"并调整弧度后的效果

(8) 新建"图层_4",重命名为"矩形"。选择"工具"面板中的"矩形工具",在"属性"面板中设置"填充"为"黑色","笔触"为"无",在舞台上绘制"矩形"。选中绘制的"矩形",在"属性"面板中设置"宽"为"700","高"为"8","X"值为"−30","Y"值为"183"。

二维码 5-26
"波浪动画"制作

(9) 按 Ctrl+D 组合键,连续复制多个矩形。锁定除"矩形"以外的图层;按 Ctrl+A 组合键,选中所有矩形,执行"修改"→"对齐"→"水平居中"命令,效果如图 5-125 所示。

图 5-125　绘制多个"矩形"效果

(10) 选中"矩形"图层,在第 60 帧的位置按 F6 键插入关键帧,按 Ctrl+A 组合键,选中所有矩形,向下移动 7 像素(键盘上的方向键按一下移动 1 像素或 Y 值设置为 190)。在第 1～60 帧的任意一帧上右击,在弹出的快捷菜单中选择"创建补间形状"。右击"矩形”图层，在弹出的快捷菜单中选择“遮罩层”，遮罩层设置如图 5-126 所示。

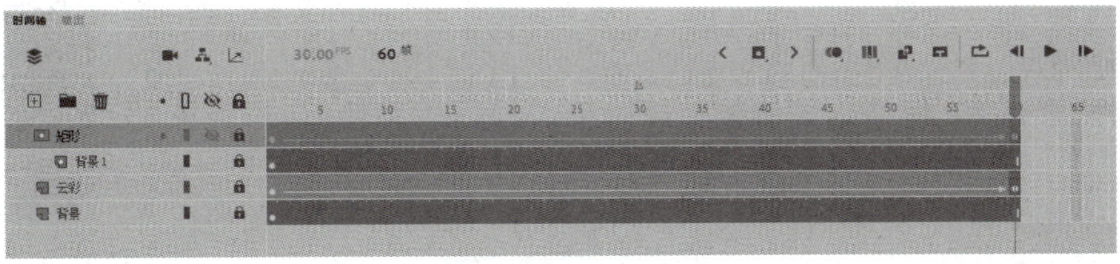

图 5-126　“遮罩层”设置

(11) 新建“图层_5”，重命名为“鱼”。将“库”面板中的“鱼.png”放入舞台，执行“修改”→“转换为元件”命令，将“鱼”转换为图形元件。在“属性”面板中设置“宽”为“55”。

(12) 新建“图层_6”，重命名为“引导线”。在“工具”面板中选择“钢笔工具”，在舞台上绘制弧形的弯曲曲线，如图 5-127 所示。选择“鱼”图层，在第 1 帧的位置，将“鱼”移动到引导线的一端，打开“变形”面板，设置“旋转”为“－66”。在第 30 帧的位置按 F6 键插入关键帧，将“鱼”移动到引导线的另一端，设置“旋转”为“44”。右击第 1～30 帧的任意一帧，选择“创建传统补间”。

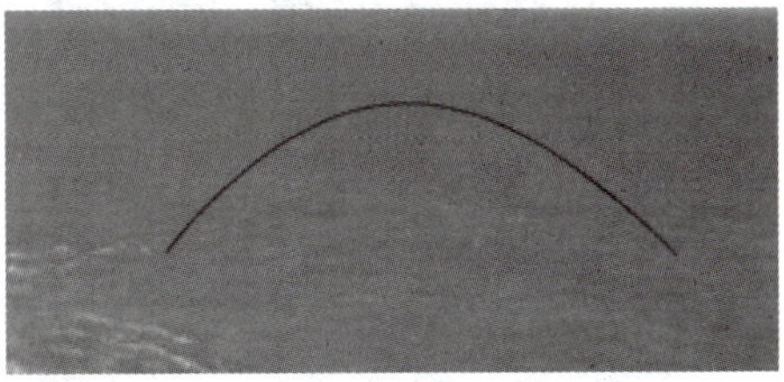

图 5-127　弧形弯曲曲线

(13) 选择“鱼”图层，在第 5 帧的位置按 F6 键插入关键帧。选择第 1 帧，在“属性”面板中设置“色彩效果”→“Alpha”的值为“0”。选中第 31～60 帧右击，在弹出的快捷菜单中选择“删除帧”命令。在“引导线”图层上右击，在弹出的快捷菜单中选择“引导层”命令，将“引导线”图层设置为引导层，将“鱼”图层设置为被引导层，隐藏“引导线”图层，完成后的效果及图层设置如图 5-128 所示。动画制作如二维码 5-27 所示。

图 5-128　“引导层”设置及效果

(14) 新建“图层_7”，重命名为“图形”。选择“矩形工具”，在“属性”面板中设置“笔触颜色”为“＃003300”，“填充颜色”为“＃00CCCC”，在舞台上绘制矩形。在“属性”面板中设置“宽”为“95”，“高”为“222”。在第25帧的位置按F6键插入关键帧。选中第1帧，在“属性”面板中设置“高”为“1”。右击第1～25帧间的任意一帧，选择“创建补间形状”。

二维码 5-27
“鱼”动画制作

(15) 新建图层，重命名为“文字”。在“文字”图层的第30帧的位置按F6键插入关键帧，选择“文本工具”，输入文字“海阔凭鱼跃”。选择文字，在“属性”面板中设置字体为隶书，大小为“40pt”，调整文字框宽度，使文字垂直摆放。执行“修改”→“分离”命令，分离文字。

(16) 选择第30～60帧间的任意一帧，执行“修改”→“时间轴”→“转换为逐帧动画”→“自定义”命令，设置参数为5，单击“确定”按钮。选中第30帧，删除“阔”“凭”“鱼”“跃”4个字；选中第35帧，删除“凭”“鱼”“跃”3个字；选中第40帧，删除“鱼”“跃”2个字；选中第45帧，删除“跃”字，完成后效果及帧设置如图5-129所示。

图 5-129 文字效果及帧设置

(17) 执行“文件”→“导出”→“导出影片”命令，选择文件存储位置，将完成后的效果存储为“海阔凭鱼跃动画.swf”。

参考文献

[1] 戴敏利. 多媒体技术与应用立体化教程(微课版)[M]. 2版. 北京：人民邮电出版社，2021.

[2] 张振花，田宏团，王西. 多媒体技术与应用[M]. 北京：人民邮电出版社，2018.

[3] 周玉姣. Audition CC 全面精通[M]. 北京：清华大学出版社，2020.

[4] 文杰书院. Adobe Audition 2022 音频编辑入门与应用[M]. 北京：清华大学出版社，2022.

[5] 敬伟. Photoshop 2022 从入门到精通[M]. 北京：清华大学出版社，2022.

[6] 孙立新，郝志强，朱小英. 视频编辑与处理实例教程——Premiere Pro 2020[M]. 北京：清华大学出版社，2023.

[7] 王世宏，杨晓庆. Premiere Pro CS6 视频编辑案例教程[M]. 北京：人民邮电出版社，2018.

[8] 赵阳光. Adobe Audition 声音后期处理实战手册[M]. 2版. 北京：电子工业出版社，2021.

[9] 陈金梅，李胡媛. Animate CC 动画制作基础与案例实战教程(微课版)[M]. 北京：人民邮电出版社，2021.

[10] 孟强. Animate CC 2018 动画制作案例教程[M]. 北京：清华大学出版社，2019.